石油高等院校特色规划教材

非常规天然气开发原理与方法
（富媒体）

赖枫鹏　李治平　编著

石油工业出版社

内 容 提 要

本书以高效开发非常规天然气储层为目的，系统阐述了非常规天然气开发的相关概念、原理、技术和方法。具体内容包括储层微观孔隙结构特征，相对渗透率曲线特征及储层渗透率变化，非常规天然气储层渗吸作用，非常规天然气储层水力压裂，储层伤害、渗吸与水锁，产能评价及动态分析，人工智能在非常规天然气开发中的应用，天然气水合物开发。为方便学习，本书以二维码为载体，加入了富媒体内容。

本书可作为石油地质类高校石油工程及相关专业本科生、研究生的教学用书，也可供从事非常规天然气开发的工程技术人员参考和使用。

图书在版编目（CIP）数据

非常规天然气开发原理与方法：富媒体 / 赖枫鹏，李治平编著 .—北京：石油工业出版社，2023.3

石油高等院校特色规划教材

ISBN 978-7-5183-5758-1

Ⅰ. ①非… Ⅱ. ①赖… ②李… Ⅲ. ①采气–高等学校–教材 Ⅳ. ① TE37

中国国家版本馆 CIP 数据核字（2023）第 012748 号

出版发行：石油工业出版社

（北京市朝阳区安定门外安华里 2 区 1 号楼　100011）

网　　址：www.petropub.com

编辑部：（010）64523693

图书营销中心：（010）64523633　（010）64523731

经　　销：全国新华书店

排　　版：保定众览广告有限公司

印　　刷：北京中石油彩色印刷有限责任公司

2023 年 3 月第 1 版　2023 年 3 月第 1 次印刷

787 毫米 ×1092 毫米　开本：1/16　印张：15.75

字数：403 千字

定价：39.00 元

（如出现印装质量问题，我社图书营销中心负责调换）

版权所有，翻印必究

前言

党的二十大报告指出:"积极稳妥推进碳达峰碳中和。实现碳达峰碳中和是一场广泛而深刻的经济社会系统性变革。立足我国能源资源禀赋,坚持先立后破,有计划分步骤实施碳达峰行动。"

在当前我国能源需求高涨及能源结构不断改善的情况下,天然气因其低碳、洁净、绿色、低污染的特性,受到越来越多的关注。与常规天然气相比,非常规天然气资源储量更高,更具开发潜力。从世界范围来看,非常规天然气资源的开发利用技术也日趋成熟,已成为各国能源发展的重要方向。

非常规天然气主要指的是致密砂岩气、页岩气、煤层气和天然气水合物,目前除天然气水合物外,均已具备成熟的开发技术。非常规天然气储层具有低孔隙度、低渗透率、强非均质性、微纳米孔发育等特点,导致储层流体渗流规律复杂、开发效果影响因素众多、生产动态不确定性强等问题。要实现非常规天然气的高效开发,需要立足于地质工程一体化、微观研究与宏观分析相结合的原则,从储层微观孔隙结构特征、气水两相渗流规律入手,考虑压裂技术对生产的影响,从而较为系统地理解非常规天然气开发涉及的基础原理与方法。

非常规天然气开发技术的发展要求油气藏工程师运用正确的理论方法,借助先进的技术手段,针对非常规天然气储层地质特点及开发特征,找出最优的开发实施管理方案,实现气藏的高效开发。这就要求对油气藏工程师的培养必须重视基础,且紧跟行业的发展。在教学阶段,通过课堂教学、课堂研讨、课后作业和上机实践等教学活动,让学生了解非常规天然气开发过程和工程设计、研究的主要内容,掌握非常规天然气开发基本方法和资料整理分析的基本技能,为学生从事非常规天然气开发工作奠定理论基础。同时,课程的学习能够帮助学生参与国家级、省部级的学科竞赛及大学生创新创业科技项目。

从2018年开始,中国地质大学(北京)能源学院开设了研究生选修课"非常规天然气开发",由笔者承担该课程的教学任务。教学内容包含微观孔隙结构特征、相对渗透率曲线特征及储层渗透率变化、渗吸作用、压裂技术、储层伤害、动态分析、人工智能在非常规天然气开发中的应用、天然气水合物开发等。经过近几年的不断完善,逐步完成了本教材的编写工作。

本教材主要突出非常规天然气开发的基础理论和基本方法,且融入了笔者多年的科研经验、科研成果及对新技术成果发展的理解，保证了内容的先进性。本书在编写过程中注重思政元素的有机融入，目的是帮助学生更全面地了解我国非常规天然气开发工作的精神内涵以及油气行业人员的高尚道德情操，树立"我为祖国献石油"的职业理想。

  本书由赖枫鹏、李治平共同编著而成，研究生周安琪、魏赫鑫、梁益生、戴玉婷、李彬册、逯广腾、施浩、史功帅、王宁、曹龙涛、王琳参与了资料收集整理和编排工作。全书由赖枫鹏统稿。

  本书编写过程中参考了大量的书籍和文献资料，已在各章列出参考文献，在此谨对这些文献的作者表示深深的谢意！

  由于水平有限，书中不妥之处在所难免，希望使用此教材的师生、读者提出批评并给予指正，以便今后不断完善。

编著者
2022 年 10 月

目 录

1 绪论 … 1
1.1 非常规天然气种类及定义 … 1
1.2 非常规天然气资源量及产量 … 1
1.3 非常规天然气开发简史 … 2
参考文献 … 4
思考题 … 5

2 储层微观孔隙结构特征 … 6
2.1 研究方法 … 6
2.2 孔隙结构的分形特征 … 28
2.3 致密气储层微观孔隙结构特征 … 30
2.4 页岩气储层微观孔隙结构特征 … 33
2.5 煤层气储层微观孔隙结构特征 … 38
参考文献 … 40
思考题 … 40

3 相对渗透率曲线特征及储层渗透率变化 … 41
3.1 相对渗透率曲线测定 … 41
3.2 相对渗透率曲线特征 … 46
3.3 相对渗透率曲线归一化 … 55
3.4 渗透率瓶颈区 … 60
3.5 储层渗透率动态变化 … 64
参考文献 … 80
思考题 … 81

4 非常规天然气储层渗吸作用 ... 82
4.1 渗吸理论及实验 ... 82
4.2 渗吸理论公式 ... 92
4.3 渗吸影响因素 ... 101
4.4 提高渗吸效果的方法 ... 106
参考文献 ... 107
思考题 ... 108

5 非常规天然气储层水力压裂 ... 109
5.1 压裂工艺 ... 109
5.2 不同储层的压裂技术 ... 118
5.3 压裂监测技术 ... 122
5.4 压裂发展方向 ... 129
参考文献 ... 130
思考题 ... 130

6 储层伤害、渗吸与水锁 ... 131
6.1 储层伤害原理 ... 131
6.2 储层伤害评价 ... 135
6.3 渗吸与水锁 ... 140
6.4 储层伤害减缓方法 ... 150
参考文献 ... 155
思考题 ... 156

7 产能评价及动态分析 ... 157
7.1 致密气藏产能评价及动态分析 ... 157
7.2 页岩气藏动态分析 ... 178
7.3 煤层气藏动态分析 ... 188
参考文献 ... 215
思考题 ... 215

8 人工智能在非常规天然气开发中的应用 ... 216
8.1 人工智能算法 ... 216
8.2 非常规气井产能非确定性预测 ... 225
参考文献 ... 232
思考题 ... 232

9 天然气水合物开发 ... 233
9.1 天然气水合物概述 ... 233
9.2 天然气水合物勘探开发进程 ... 236
9.3 天然气水合物的开发方法 ... 237
9.4 天然气水合物开发的副作用 ... 241
参考文献 ... 243
思考题 ... 243

富媒体资源目录

序号	名称	页码
视频 1	页岩气开发技术	3
视频 2	我国页岩气开发历史	3
视频 3	扫描电镜	14
视频 4	核磁共振基本原理	20
视频 5	数字岩心	25
视频 6	渗吸	82
视频 7	水平井压裂	112
视频 8	致密砂岩储层水平井的多层压裂	118
视频 9	页岩大型水力压裂	120
视频 10	人工智能	216
视频 11	天然气水合物开发方法	241

1 绪论

非常规天然气是指由于各种原因在特定时期内还不能进行盈利性开采的天然气。非常规天然气在一定阶段可以转换为常规天然气，在现阶段主要指以致密砂岩气、页岩气、煤层气、天然气水合物等形式储存的天然气，由于其成因、成藏机理与常规天然气不同，开发难度较大。本章主要介绍不同非常规天然气的定义、资源量及产量、开发简史。

1.1 非常规天然气种类及定义

致密砂岩气简称致密气，一般指赋存于孔隙度低（＜10%）、渗透率低（＜0.1mD）砂岩储层中的天然气，一般含气饱和度低（＜60%），含水饱和度高（＞40%）。致密气一般归为非常规天然气，但当埋藏较浅、开采条件较好时也可作为常规天然气开发。致密气指覆压基质渗透率小于或等于 0.1mD 的砂岩气，单井一般无自然产能或自然产能低于工业气流下限，但在一定经济条件和技术措施下可获得工业天然气产量。通常情况下，这些措施包括压裂、水平井、多分支井等。世界上没有统一的致密气标准和界限，不同国家根据不同时期的资源状况、技术经济条件、税收政策来制定其标准和界限，且在同一国家、同一地区，随着认识程度的提高，致密气的概念也在不断地更新。

页岩气是指赋存于以富有机质页岩为主的储集岩中的非常规天然气，是连续生成的生物化学成因气、热成因气或二者的混合，可以以游离态存在于天然裂缝和孔隙中，以吸附态存在于干酪根、黏土颗粒表面，还有极少量以溶解状态储存于干酪根和沥青质中，游离气比例一般在 20%~85%。

煤层气是指储存在煤层中以甲烷为主要成分、以吸附在煤基质颗粒表面为主、部分游离于煤孔隙中或溶解于煤层水中的烃类气体，是煤的伴生矿产资源，属非常规天然气。

1.2 非常规天然气资源量及产量

根据 2020 年美国联邦地质调查局评价，全球致密气、煤层气和页岩气 3 类非常规天然气可采资源量约 $920 \times 10^{12} m^3$，水合物天然气可采资源量 $(2000 \sim 3000) \times 10^{12} m^3$，是常规天然气的 8 倍以上。全球非常规天然气（煤层气、致密气、页岩气）剩余技术可采资源量合计为 $328 \times 10^{12} m^3$，其中亚太地区占 39.5%。

根据2015年全国油气资源动态评价结果，我国致密气地质资源量$22.9×10^{12}m^3$，可采资源量$11.3×10^{12}m^3$。埋深2000m以浅煤层气地质资源量$30.1×10^{12}m^3$，可采资源量$12.5×10^{12}m^3$。全国埋深4500m以浅页岩气地质资源量$121.8×10^{12}m^3$，可采资源量$21.8×10^{12}m^3$[1-2]。

根据2017年中国石油资源评价的成果，陆上致密气地质资源量$22×10^{12}m^3$，探明地质储量$3.8×10^{12}m^3$，探明率17%；煤层气地质资源量$30×10^{12}m^3$，探明地质储量$0.69×10^{12}m^3$，探明率2%；页岩气地质资源量$80×10^{12}m^3$，探明地质储量$0.54×10^{12}m^3$，探明率不足1%；天然气水合物可采资源量初步估算$53×10^{12}m^3$[3-4]。

2021年，全球天然气产量为$4.31×10^{12}m^3$，其中美国天然气产量为$9567×10^8m^3$，俄罗斯天然气产量约为$7610×10^8m^3$，中国天然气产量为$2051×10^8m^3$。其中，我国非常规天然气产量为$784.7×10^8m^3$。2021年我国天然气对外依存度接近45%。

1.3　非常规天然气开发简史

天然气作为一种清洁能源，能减少二氧化硫和粉尘排放量近100%，减少二氧化碳排放量60%，减少氮氧化合物排放量50%，并有助于减少酸雨形成，舒缓地球温室效应，从根本上改善环境质量。随着我国人民对美好生活需要的日益增长，天然气消耗量和对外依存度逐年升高。我国油气勘探开发人员弘扬大庆精神铁人精神，在非常规天然气勘探开发领域不断开拓创新，使我国非常规天然气在储量、产量两方面取得显著成绩，为保障国家能源安全做出了贡献。

1.3.1　致密气开发简史

1.3.1.1　我国致密气开发简史

探索起步阶段（1995年以前）：按照致密气的概念及评价标准，我国早在1971年就在四川盆地川西地区发现了中坝致密气田，之后在其他含油气盆地中也发现了许多小型致密气田或含气显示。但早期主要是按低渗—特低渗气藏进行勘探开发，进展比较缓慢。

发展阶段（1996—2005年）：20世纪90年代中期开始，鄂尔多斯盆地上古生界天然气勘探取得重大突破，先后发现了乌审旗、榆林、米脂、大牛地、苏里格、子洲等一批致密气田，特别是2000年以后，按照大型岩性气藏勘探思路，高效、快速探明了苏里格大型致密气田。

快速发展阶段（2005年至今）：2005年以来，按照致密气田勘探开发思路，长庆油田实现合作开发模式，采用新的市场开发体制，走管理和技术创新、低成本开发之路，实现了苏里格气田经济有效开发，从而推动苏里格地区及其他致密气田勘探开发进入大发展阶段。我国现已进入商业开发的四大致密砂岩气藏，有川西超致密含气区、鄂尔多斯深盆含气区、松辽断陷致密含气区和准南深埋致密含气区。2021年我国致密气产量达到$450×10^8m^3$。

1.3.1.2 其他国家致密气开发简史

目前,全球已有美国、加拿大、澳大利亚、墨西哥、委内瑞拉、阿根廷、印度尼西亚、中国、俄罗斯、埃及、沙特阿拉伯等十几个国家和地区已进行了致密气藏的勘探开发。其中,北美地区的美国和加拿大在致密气资源勘探开发方面处于世界领先地位[5]。

美国致密气勘探开发大致始于20世纪70年代末,当时面临天然气产量大幅下滑、供需失衡不断加剧等问题,美国政府出台了一系列税收优惠和补贴政策以鼓励低渗透气藏和非常规气体能源的开发。在政策扶持下,美国致密气勘探开发率先取得重大突破,并进入快速发展阶段。

加拿大致密气主要储集在西部地区的Alberta盆地深盆区,也称深盆气。1976年,加拿大钻成第一口工业致密气井。

1.3.2 页岩气开发简史

与美国相比,我国页岩气研究起步较晚,美国1821年开始出现第一口页岩气井,我国直到20世纪60年代才开始研究,而且初期主要关注泥页岩裂缝型油气藏。1966年我国在四川威远钻探的威5井于寒武系页岩中获日产$2.46×10^4m^3$的工业气流。

2005年以来,中国石油、中国石化、国土资源部(现为自然资源部)油气研究中心、中国地质大学(北京)、中国石油大学(北京)等单位借鉴北美成功经验,相继以老井复查、区域地质调查为基础,开展了中国页岩气形成条件和资源潜力评价,在页岩气远景区进行了地质浅井、参数井和地震勘探,获取了页岩气关键评价参数,优选了有利页岩气区带,钻探了一批页岩气评价井和页岩气开发先导试验井,建立了四川威远—长宁等国家级页岩气开发示范区[6]。

2009年,时任美国总统奥巴马访华,中美两国签署了《中美关于在页岩气领域开展合作的谅解备忘录》,国土资源部设立了"全国页岩气资源潜力调查评价及有利区优选"重大专项。

2010年,中美签署《美国国务院和中国国家能源局关于中美页岩气资源工作行动计划》,成立了国家能源页岩气研发(实验)中心。

2011年,页岩气成为我国第172个独立矿种。我国大力开展页岩气资源潜力调查评价及有利区优选、页岩气高效开发基础理论研究与工程实践工作,2012年中国石化在焦页1HF井钻获$20.3×10^4m^3/d$的高产页岩气流,我国页岩气勘探开发真正取得巨大突破。

我国科技工作者创新使用了页岩气勘探开发地球物理、钻完井、水平井压裂改造等技术,探索形成了具有中国特色的页岩气勘探开发理论体系和技术系列,实现了我国页岩气勘探开发的重大突破和迅速崛起(视频1)。2017年,我国页岩气产量$78.82×10^8m^3$,成为继美国、加拿大之后,页岩气产量排名第三的国家。2018年中国页岩气产量$108.8×10^8m^3$,稳居世界第三大页岩气生产国。2021年,我国页岩气产量达到$230×10^8m^3$(视频2)。

视频1 页岩气开发技术

视频2 我国页岩气开发历史

1.3.3 煤层气开发简史

20世纪70年代,美国的煤矿主为了寻求一条根治煤矿瓦斯事故的途径,尝试着利用石油天然气开发技术进行煤矿瓦斯地面预抽试验。经过近10年的探索,煤矿瓦斯地面抽采获得成功。之后,一些石油公司纷纷介入,在政府扶持下逐步形成了一个介于煤炭工业和石油天然气工业之间的新兴产业——煤层气开发。开发利用煤层气具有一举多得的效果:(1)降低煤矿瓦斯事故风险,为煤矿的安全生产创造条件;(2)有效减少温室气体排放,保护自然生态环境;(3)煤层气是目前能源资源日益紧张条件下的一种现实和有效的补充和接替能源[7]。

1980年12月,全世界第一个商业煤层气田——黑勇士盆地橡树林煤层气开发区建成投产,标志着美国煤层气产业进入起步阶段。20世纪末以来,澳大利亚充分吸收美国煤层气资源评价和勘探、测试方面的成功经验,针对煤层含气量高、含水饱和度变化大、原地应力高等地质特点,成功开发和应用了水平井高压水射流改选技术,使澳大利亚鲍恩盆地煤层气勘探开发取得了重大突破。2000年以来,在加拿大政府的支持下,一些研究机构根据本国以低变质煤为主的特点,开展了一系列技术研究工作,多分支水平井、连续油管压裂等技术取得了重大进展,降低了煤层气开采成本;伴随着天然气价格不断上升,煤层气的发展迎来了新的机遇[8]。

在中国东北和西北地区,规模较小的含煤层系主要形成于陆相沉积,属于低煤阶煤,甲烷含量较低。在我国南部地区,煤层规模有限、分散分布,而且由于后期构造运动的破坏,煤层分布较为零散。华北地区的煤层气主要分布在鄂尔多斯盆地东部、二连盆地和山西沁水盆地等[9]。

20世纪90年代初,我国开始研究煤层气地面开发技术,当时已有近70口煤层气试验井,尤其是辽宁铁法、山西晋城以及安徽淮北等矿区的煤层气开发试验已显示出良好的前景,有的单井日产气量达7000m³。1996年初,国务院批准成立了中联煤层气有限责任公司。2002年国家973计划设立了"中国煤层气成藏机制及经济开采基础研究"项目,从基础及应用基础理论的层面对制约我国煤层气发展的关键科学问题进行系统研究,并将其成果应用于煤层气的勘探开发中。2006年,我国将煤层气开发列入了"十一五"能源发展规划,煤层气产业化发展迎来了良好的契机。2021年,我国煤层气地面产量为$104.7×10^8m^3$,我国煤层气产量总体呈现上升趋势。

参 考 文 献

[1] 国土资源部油气资源战略研究中心. 页岩气资源动态评价 [M]. 北京:地质出版社,2017.
[2] 国土资源部油气资源战略研究中心. 煤层气资源动态评价 [M]. 北京:地质出版社,2017.
[3] 吴西顺,孙张涛,杨添天,等. 全球非常规油气勘探开发进展及资源潜力 [J]. 海洋地质前沿,2020,36(4):1-17.
[4] 周庆凡. 世界页岩和致密油技术可采资源量分布 [J]. 石油与天然气地质,2017,38(5):828.
[5] 李国欣,雷征东,董伟宏,等. 中国石油非常规油气开发进展、挑战与展望 [J]. 中国石油勘探,2022,27(1):1-11.
[6] 潘继平. 中国非常规天然气开发现状与前景及政策建议 [J]. 国际石油经济,2019,27(2):51-59.
[7] 门相勇,娄钰,王一兵,等. 中国煤层气产业"十三五"以来发展成效与建议 [J]. 天然气工业,2022,

42（6）：173-178.
[8] 黄中伟，李国富，杨睿月，等 . 我国煤层气开发技术现状与发展趋势 [J]. 煤炭学报，2022，47（9）：3212-3238.
[9] 王南，裴玲，雷丹凤，等 . 中国非常规天然气资源分布及开发现状 [J]. 油气地质与采收率，2015，22（1）：26-31.

思考题

1. 致密气、页岩气、煤层气在储层的赋存状态有何不同？
2. 通过阅读文献，分析我国页岩气储层与美国页岩气储层在地质条件及开发技术上有什么明显区别。
3. 通过阅读文献，分析我国非常规天然气开发水平在世界范围内处于什么水平。

2 储层微观孔隙结构特征

储层岩石的微观孔隙结构直接影响着储层的储集渗流能力，并最终决定油气藏产能分布的差异。因此，研究非常规储层的微观孔隙结构和分布及其对渗流特征的影响，对合理制定非常规气储层开发政策具有重要的意义。我国学者在非常规天然气微观孔隙结构特征研究方面做了大量的工作，也取得了丰硕的成果。国际多孔介质协会（InterPore）第十二届年会于 2020 年 5 月在中国青岛举行，这是 InterPore 年会首次在欧美之外的国家举行，中国首次获得举办权，这也证明近年来我国学者在该方向取得的成果得到国际认可。

本章重点介绍非常规储层微观孔隙结构特征研究方法，以及致密气、页岩气、煤层气典型区域的孔隙结构特征。

2.1 研究方法

储层孔隙结构研究属于以岩石样本为基础的微观分析，由于肉眼很难直接观察岩石的微观结构，为此储层孔隙结构特征研究主要依靠实验室仪器设备来实现。目前研究孔隙结构的实验室方法很多、发展较快，总体上分为三大类（表 2.1）。本节主要介绍压汞法、铸体薄片法、扫描电镜法、低温液氮吸附法和核磁共振法，这几种是目前微观孔隙结构研究常用的方法。本节研究方法所涉及的基本原理见参考文献 [1-6]。

表 2.1 孔隙结构研究方法分类

分类	方法
间接测定法	毛管压力法（压汞法、半渗透隔板法、离心机法、动力驱替法、蒸汽压力法），低温液氮吸附法、核磁共振法等
直接观测法	铸体薄片法、图像分析法、各种荧光显示剂注入法、扫描电镜法
数字岩心法	铸体模型法、数值重构法等

2.1.1 压汞法

毛管压力法主要有压汞法、半渗透隔板法、离心机法、动力驱替法等，常用的是前三种方法[1-4]。

半渗透隔板法把实验岩心装在半渗透隔板上,在其上施以适当压力并周期性地增加一定的数值。每次加压后要保持较长时间,使其达到静平衡状态。在每个压力下测定岩心的饱和度,得到毛管压力—饱和度关系曲线。该法适用于气—水、水—油或油—水毛管压力测定,但该方法因隔板承压的限制,常压测试压力范围小,测试时间长,不适合低渗致密储层。

离心机法是依靠离心机高速旋转所产生的离心力测定毛管压力曲线的方法,主要设备是可任意调速的高速离心机和岩样盒。将饱和液体(如油)的岩样置于离心机的岩样盒中,外部充填驱动液体(如水)。离心机在一定速度下旋转,由于油水密度差不同而产生不同的离心力,这个离心力的差值与孔隙介质内流体相间毛管压力相平衡。若岩样中液体在该离心力下被驱替出来,记录平衡时驱出的液体体积,计算该离心力下的饱和度。不断改变离心转速,由低向高增加时,与之平衡的毛管压力不断增加,记录驱出的液体体积,得到毛管压力与饱和度的关系曲线。

在利用毛管压力曲线研究储层孔隙结构的方法中,压汞法是使用较早且至今最常用的经典方法。在20世纪40年代后期,珀塞尔首先将压汞法引入石油地质研究工作中,多次测得毛管压力曲线,并以毛管束理论为依据来研究渗透率的计算方法,这也成为以后使用压汞资料研究孔隙结构的基础。

2.1.1.1 原理

压汞法又称水银注入法,用该法测定储层孔隙结构的基本原理如下。

对岩石而言,汞是非润湿相流体,若将汞注入被抽空的岩石孔隙系统内,则必须克服岩石孔隙喉道所造成的毛管阻力。因此,当某一注汞压力与岩样孔隙喉道的毛管阻力达到平衡时,便可测得该注汞压力及在该压力条件下进入岩样内的汞体积。在对同一岩样注汞过程中,可在一系列测点上测得注汞压力及其相应压力下的进汞体积,即可得到压力—汞注入量曲线,简称压汞曲线。

因为注汞压力在数值上和岩石孔隙喉道毛管压力相等,或二者等效,故注汞压力又叫毛管压力,用 p_c 表示。又因毛管压力与孔隙喉道半径 R 成反比,因此根据注入汞的毛管压力就可计算出相应的孔隙喉道半径,进汞体积就是相应孔隙与喉道的容积值,据此可求得汞饱和度,用 S_{Hg} 表示。因此,压汞曲线又称毛管压力(汞饱和度)曲线。

由此可见,压汞法可测得岩石孔隙结构的两个基本参数,即各种孔隙喉道的半径、与其相应的孔隙容积。

2.1.1.2 计算孔隙结构参数的基本公式

1)计算孔隙喉道半径的公式

孔隙喉道的阻力基本为毛管压力,其大小为

$$p_c = \frac{2\sigma\cos\theta}{R} \tag{2.1}$$

式中 p_c——毛管压力,dyn/cm^2;

σ——水银的表面张力，dyn/cm；
θ——水银的润湿接触角，(°)；
R——孔隙喉道半径，cm。

若 p_c 的单位用 kgf/cm²、R 的单位用 μm，水银润湿接触角 θ 为 146°，水银的表面张力 σ 为 480 dyn/cm，则

$$p_c = 7.9/R \tag{2.2}$$

式（2.2）为压汞法计算孔隙喉道半径的基本公式。由该式可得如下认识：

（1）以一定的外加压力将水银注入岩样，可根据平衡压力计算出相应的孔隙喉道半径值。

（2）在这个平衡压力下进入岩样孔隙系统中的水银体积，应是这个压力下相应孔隙喉道的孔隙容积。

（3）孔隙喉道越大，毛管阻力将越小，注入水银的压力也越小。因此，在注入水银时，随注入压力的增高，水银将由大到小逐次进入其相应喉道的孔隙系统中去。

2）计算含水银饱和度的基本公式

由流体饱和度概念可知

$$S_{Hg} = \frac{V_{Hg}}{\phi V_f} \tag{2.3}$$

式中　S_{Hg}——水银饱和度；
V_{Hg}——孔隙系统中所含水银的体积，cm³；
V_f——岩样的外表体积，cm³；
ϕ——岩样的孔隙度。

2.1.1.3　毛管压力曲线及其形态分析

根据实测的水银注入压力与相应的岩样含水银体积，经计算求得水银饱和度和孔隙喉道半径后，就可绘制毛管压力、孔隙喉道半径与水银饱和度的关系曲线，即毛管压力曲线（图2.1）。

毛管压力曲线反映了在一定驱替压力下水银可能进入的孔隙喉道的大小及这种喉道的孔隙容积，因此应用毛管压力曲线可以对储层的孔隙结构进行研究。影响毛管压力曲线形态特征的主要因素是：孔隙喉道的集中分布趋势，孔隙喉道的分布均匀性。这两个性质可以用孔隙喉道歪度和分选系数来表征。

分选好、粗歪度的储层具较好的储渗能力。分选好、细歪度的储层，虽具较均匀的孔隙结构系统，但因孔隙喉道太小，其渗透性可能很差。因此，根据实测毛管压力曲线的形态特征，可以对储层的储渗性能作出定性的判别。

在研究储层孔隙结构时，除应用毛管曲线形态外，还应根据其衍生图件（如孔隙喉道频率分布直方图、孔隙喉道累积频率分布图等）研究储层的微观孔隙结构。

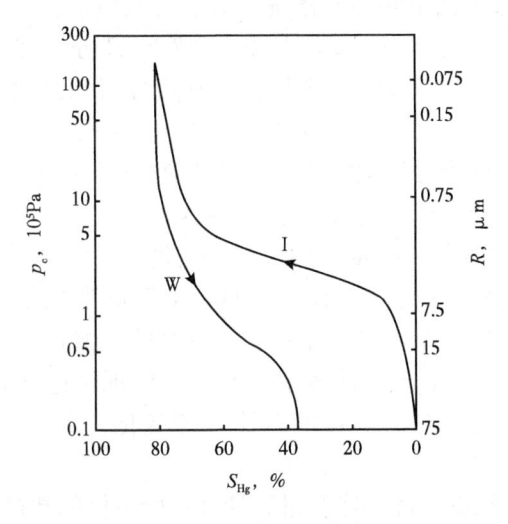

图 2.1　毛管压力曲线

I—注入曲线；W—退出曲线

2.1.2　铸体薄片法

压汞法测得的毛管压力曲线很好地揭示了岩样孔隙系统整体、三维流动特性、孔隙结构系统中喉道及与其相连通的孔隙容积的定量分布特征，但不能直观地显示、测定具体孔隙和喉道的大小、形状、分布及配置关系，而这些正是岩石薄片镜下观测所能实现的[1-4]。

2.1.2.1　铸体薄片的制备

铸体薄片通常采用带色的单体或树脂经真空与高压灌注，再经过聚合处理后磨制而成。制备的基本要求是必须保持样品的原始结构状态，在处理中不能产生人工破碎或裂纹等。制备步骤为：（1）弱固结或松散岩石再胶结；（2）清洗原油、沥青和有机物；（3）灌注岩石孔隙空间，制成铸体岩样；（4）制成铸体薄片。

2.1.2.2　铸体薄片的孔隙结构测量及参数

铸体薄片由于孔隙中灌注有染色充填剂而极易识别。在铸体薄片中能直接观察孔隙的几何特征，测量孔径大小，因此铸体薄片法是研究孔隙结构的直观方法。通过铸体薄片观测能够获得面孔率、孔隙配合数、喉道连通系数、孔径分布参数、孔隙形状、孔隙类型等数据。镜下薄片观测常用的方法是面积法和直线法。

1）面积法测定孔隙结构

面积法是指在显微镜下测定岩石孔隙结构系统时，不仅测量孔隙的直径，同时也测量其所占面积的一种统计分析研究方法。测量步骤如下。

（1）选择适宜的观测系统。应根据储层的岩性及孔隙特点，以能观测清楚绝大多数孔隙和合适的视域面积为原则，选择倍数适宜的物镜和目镜系统。经验证明，在测量相当于粗粉砂至粗砂这些粒级范围内的孔隙时，以放大一百倍为宜。由于孔隙较小，在计量时载物台微尺长度应转换成微米表示。

（2）选择合适的孔隙半径组间距并作统计表。在测量前，应在普查研究区储层孔隙大小分布的基础上，选择合适的孔隙大小分组间距，其分组间距最好是等值的，一般采用25μm，若孔隙太小可以用10μm作间距。确定分组间距后，便可制作孔隙半径统计表。

但必须注意，由于不同型号显微镜的目镜和物镜不同，放大倍数也有差别，所以在将以方格长度计量的孔隙直径换算成微米时应各自换算。

（3）孔隙直径和孔隙面积的测量。储层中的孔隙形状、大小的变化是十分复杂的，故测量孔隙直径时应注意测量方向的位置选择。对于圆形孔隙，一般用内切圆直径表示；对于椭圆形孔隙，选短轴距离加以量度。在测量孔隙直径的同时应测得其所占面积，即所占方格微尺的格数填入统计表中，所统计的视域应视孔隙大小和分布均匀性而定，一般孔隙较细而又均匀的薄片可以比孔隙变化大且分布不匀的薄片多统计些视域。

（4）计算孔隙参数。根据孔隙半径测量统计表中所提供的数据，可以绘制孔隙直方图和累积频率曲线图，并以此为基础，求出表征孔隙分布特征的一些参数。

最大与最小孔径值：这组参数可直接从孔隙直方图或孔隙半径统计表中求得。

孔径中值：累积频率曲线上50%处的孔径即为该值。

孔径平均值可根据计算求得

$$R_s = \sum R_i b_i \tag{2.4}$$

式中　R_s——孔径平均值，μm；
　　　R_i——孔径分类组中值，μm；
　　　b_i——对应于 R_i 的各类孔隙百分比。

孔径分散率的计算公式为

$$D = \sum (R_i - R_s)^2 \tag{2.5}$$

式中　D——孔径分散率；
　　　R_i——孔径分类组中值，μm；
　　　R_s——孔径平均值，μm。

面孔率即薄片中孔隙喉道面积占薄片总面积的百分数。它可以用目估法确定，也可以用显微测量法测量。面孔率和孔隙度相当，但二者数值并不相等，也不能进行简单的换算，这是因为孔隙空间的形状复杂、分布极不均匀。从测量方法来看，实际工作中多用点计法、线计法和方格网法。面孔率计算公式为

$$m = \frac{S_k}{S_s} \times 100\% \tag{2.6}$$

式中　m——面孔率；
　　　S_k——薄片观测的孔隙总面积，μm²；
　　　S_s——薄片观测视域总面积，μm²。

2）直线法测定孔隙结构

直线法测定孔隙结构是在载物台上安装机械台以使薄片沿测线而移动，在移动过程中用目镜微尺测量测线通过每个孔隙的交切点的长度（截距）来测量孔径大小（图 2.2）。

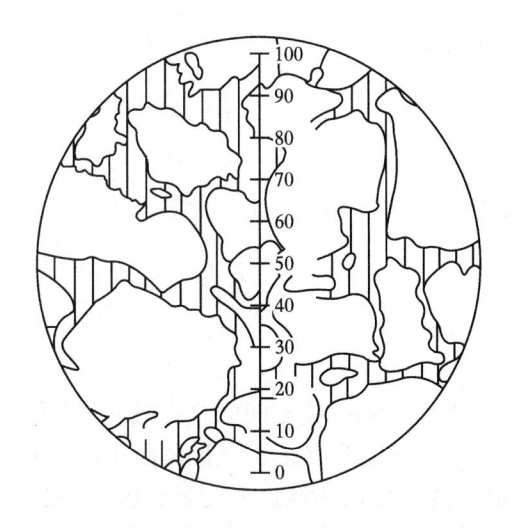

图 2.2 孔隙截距测量示意图

具体测量方法与面积法相似，所不同的是面积法统计的是各类孔径孔隙所占的面积，直线法统计的是各类孔径孔隙所出现的频次。

在统计各类孔径的孔隙出现的频次时，可以将数据记录于孔隙统计记录表中或次数组织图中。在实际测量时，并不需要对每个测点读出精确的数值，只需确定孔径所处的级序位置就可以。

根据孔隙统计记录表中的数据，可绘制截距频率分布置方图和频率累积曲线图，并以这些图件为基础，求得孔隙结构特征参数。直线法研究孔隙结构，常用的参数如下。

（1）最大截距与频率分布最大值，可在截距频率分布直方图上直接求得。

（2）孔隙线密度，计算公式为

$$m_s = \frac{N}{L} \tag{2.7}$$

式中　m_s——孔隙线密度；
　　　N——累积频数；
　　　L——测线总长度，μm。

（3）孔隙截距平均宽度，计算公式为

$$\bar{e} = \frac{\sum N_i I_i}{N} \tag{2.8}$$

式中　$\bar{e}$——孔隙截距平均宽度，μm；
　　　N_i——各级级序对应的组中值，μm；
　　　I_i——各级级序对应的频数。

（4）分散率 σ，计算公式为

$$\sigma = \sqrt{\frac{\sum N_i(I_i - \bar{e})}{N-1}} \qquad (2.9)$$

（5）变异系数 C，计算公式为

$$C = \frac{\sigma}{\bar{e}} \qquad (2.10)$$

（6）孔隙度 ϕ，计算公式为

$$\phi = \frac{\sum N_i I_i}{L} \qquad (2.11)$$

3）裂缝的测定

在储层的孔隙系统中，裂缝所占储集空间的总容积的比例是很小的。与孔隙相比，裂缝所能提供流体储存的空间是极其有限的。但从流体面孔隙系统中的渗滤特征考虑，裂缝却对改善储层特别是极低渗透性储层的渗透能力具有极其重要的作用。正如人们对裂缝性碳酸盐岩油气层所描述的那样：孔隙是油气储存的主要空间，裂缝是油气渗流的主要通道。

通过薄片观察裂缝，不仅可以了解岩石成分与结构、裂缝的分布与数量、裂缝的张开度与充填状况，以及成岩后各种作用的影响，而且可以求得描述裂缝特征的结构参数。这些资料对于油气田的开发具有一定的作用。

根据薄片观察获得的裂缝结构参数如下。

（1）裂缝率（m_r）：

$$m_r = \frac{bL}{S} \qquad (2.12)$$

式中　b——裂缝宽度，μm；
　　　L——薄片中裂缝长度，μm；
　　　S——薄片面积，μm^2。

（2）裂缝体积密度（T）：

$$T = 1.57\frac{L}{S} \qquad (2.13)$$

（3）裂缝渗透率（K_r）：

$$K_r = \frac{Ab^3 L}{S} \qquad (2.14)$$

式中　A——裂缝系数，与裂缝和所切薄片的夹角有关，见表2.2。

表2.2 常见裂缝系统的 A 值

裂缝系统的几何形态	A
只有一组平行（对层面而言）裂缝系统	$3.42×10^{-6}$
两组相互垂直正交的裂缝系统	$1.71×10^{-6}$
三组互相垂直的裂缝系统	$2.28×10^{-6}$
杂乱分布的裂缝系统	$1.71×10^{-6}$

此外，铸体薄片法还可进行孔隙配合数、喉道连通系数的测量及孔隙形态描述和孔隙类型鉴定。

薄片人工观测是铸体薄片法孔隙结构研究的基础，但其测量、统计较慢，工作量很大。为此，显微图像自动识别技术很有必要，也是该领域的发展方向。

2.1.3 扫描电镜法[1-3]

扫描电镜是扫描电子显微镜的简称。因电子显微镜分辨能力比光学显微镜提高约1000倍，使微观研究进入一个新的领域。光学显微镜［图2.3（a）］自16世纪发明以来，使人们对微观世界的认识取得了突破性进展。20世纪30年代德国科学家M.Knoll提出了扫描电子显微镜的设计思想。直到1959年才由英国剑桥大学C.W.Oatley教授试制成第一台有实用价值的扫描电镜，1965年英国剑桥科学仪器公司第一次制成商品。

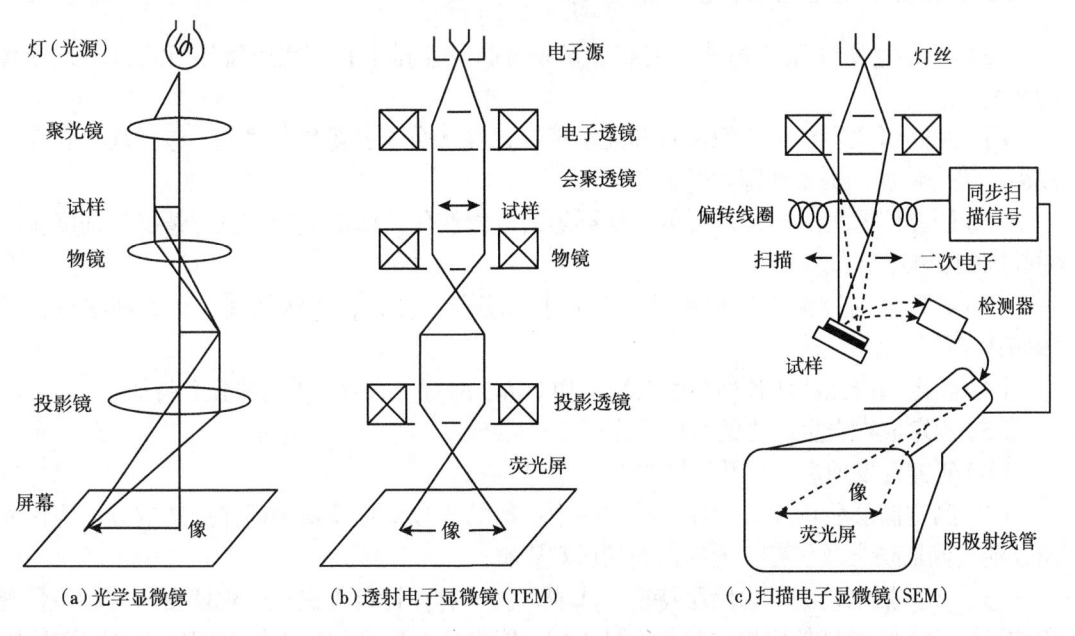

图2.3 光学显微镜和两种电子显微镜原理图
（a）光学显微镜 （b）透射电子显微镜（TEM） （c）扫描电子显微镜（SEM）

电子显微镜是用高速定向运动的电子流形成的电子束作为"光源",通过电磁场使电子束折射并聚焦后直接轰击样品,产生电子信号,通过各类检测器接收放大处理后成像显示记录的显微镜。电子显微镜按工作方式和功能不同主要分为四种:透射电子显微镜(简称透射电镜,TEM)[图2.3(b)]、扫描电子显微镜(简称扫描电镜,SEM)[图2.3(c)]、分析电子显微镜(AEM)、电子探针(EPM)。

我国在20世纪50年代初开始引进透射电镜,1974年开始引进扫描电镜并进行研制。冶金和化工部门在我国最早引进和使用电子显微镜,石油地质部门也相继引进并使用。

2.1.3.1 扫描电镜原理

电子束直接轰击样品表面,接收从样品表面激发反射出的二次电子、背散射电子等信息,并将逐点扫描的信息经探测、放大及处理在荧光屏上同步成像(视频3)。

视频3 扫描电镜

导电的样品不用制样即可直接分析,不导电的样品(如沉积岩样品)一般需真空喷镀金膜(碳膜、铝膜效果较差)后方可得到良好的图像,并可对具代表性的图像进行显微摄影(黑白照片),通常拍摄的是二次电子图像。二次电子图像主要反映样品表面的形貌,可获得很柔和的立体图像,其分辨率一般可小于100Å(埃,1Å=10^{-10}m),工作距离15mm时为60Å,工作距离59mm时为50Å。

在扫描电镜上配上接收X射线的检测装置——能谱仪或分光谱仪,还可对电子束轰击,对不同元素产生的特征X射线进行检测。根据X射线的波长或能量,就可获得测点样品组成成分的谱图和数据,从而对样品组成成分进行定性或半定量分析。

2.1.3.2 扫描电镜主要研究内容

在薄片鉴定研究和X射线衍射黏土矿物分析的基础上,扫描电镜还可进行下列内容的研究:

(1)观察研究岩样中孔隙发育和充填情况,深入分析孔隙结构类型(包括次生孔隙)、成因、组合特征,测量孔隙和喉道的大小;

(2)研究碎屑大小排列及石英、长石等的成岩演化,即次生加大发育情况和程度及其对孔隙的影响;

(3)鉴定和研究黏土矿物的种类、大小、组合、分布、产状及其对孔隙和渗透性的影响;

(4)鉴定和研究其他各种自生胶结矿物(如浊沸石、方解石等)的分布特征;

(5)确定成岩自生矿物的生成顺序;

(6)研究开发前后储层孔隙结构变化等;

(7)测定储层酸化及流动性试验样品中矿物的成分变化及新的固体产物成分,为深入研究油气储层伤害及伤害机理提供新的微观资料。

总之,扫描电镜法可为储层特征、成岩作用、物性评价等提供微观依据。上述各种现象均可选代表性视域拍摄黑白照片(图2.4)。能谱分析配合扫描电镜观察中对疑难矿物需了解成分特征时使用,可根据分析需要而定。

(a)吴141井2235.2m处残余粒间孔图像

(b)吴47井2301.67m处残余粒间孔图像

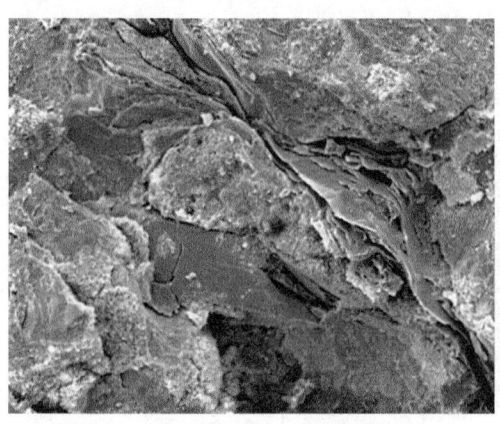

(c)曾16井2040.01m处微裂隙图像

(d)薛46井1598.78m处溶孔图像

图2.4 扫描电子显微镜孔隙结构图像

2.1.4 低温液氮吸附法

该法主要对储层纳米级孔隙进行研究，可以有效地对比表面积、孔容进行测定，从而了解气体在储层中的吸附与解吸情况。该法采用"静态容量法"进行吸附实验，岩样大小20~60目，每件试样约2.5g，吸附介质选用温度为77K（即液氮温度）、纯度大于等于99.999%的氮。最终岩样比表面积、孔径及孔容分布可根据液氮吸附数据进行测算与统计，比表面积依据BET（Brunauer、Emmett、Teller三位学者姓名的简写）多分子层吸附公式计算得出，孔径及孔容分布则使用BJH（Barrett、Joyner、Halenda三位学者姓名的简写）模型计算得出。

2.1.4.1 比表面积计算一般原理

比表面积是单位质量固体物质所具有的表面积。该法测定比表面积是通过吸附等温线计算单分子层饱和吸附量，再根据其所占有的面积计算吸附剂的表面积。通常采用BET方程式对单分子层饱和吸附量进行计算。

2.1.4.2 孔径分布计算一般原理

孔径分布计算通常采用的模型有圆筒孔、平行板孔以及球腔形孔等等效模型。由于圆筒孔曲率介于平板孔以及球腔形孔之间，因此通常以圆筒孔来计算统计孔隙。将岩心孔隙划分为半径不等的圆筒孔，当岩心在液氮温度下时，氮气吸附于岩石孔隙中。氮气压力不断升高，吸附于岩石孔隙表面的氮气增多。当氮气吸附压力逐渐下降时，半径由大到小的孔中氮气依次蒸发。

根据毛细孔中的热力学原理可知，发生蒸发时，孔的临界凯尔文半径与临界相对压力的关系由凯尔文（Kelvin）方程式描述：

$$r_K = \frac{-2\gamma V_m \cos \Phi}{RT \ln x} \quad (2.15)$$

而临界孔半径 r 则为

$$r = r_K + t \quad (2.16)$$

式中 r_K——临界凯尔文半径，m；
r——临界孔半径，m；
V_m——吸附质摩尔体积，m³/mol；
Φ——接触角，（°）；
t——孔壁上吸附层厚度，m；
γ——吸附质的表面张力，N/m；
R——通用气体常数，J/(mol·K)；
T——温度，K；
x——临界相对压力。

这里认为凝聚液的表面张力及摩尔体积与大块液体的相同。所以，以氮作吸附质，在液氮温度达到平衡，则有 T=77.3K，V_m=3.47×10⁻⁵m³/mol，γ=0.00971N/m，Φ=0° 以及 R=8.314J/(mol·K)。于是凯尔文方程式可变为

$$r_K(\text{Å}) = -4.14(\lg x)^{-1} \quad (2.17)$$

对于未充满凝聚液的孔来说，其壁上吸附层厚度与临界相对压力的关系则由郝尔赛方程式（2.18）描述：

$$t = t_m \left(\frac{-5}{\ln x}\right)^{\frac{1}{3}} \quad (2.18)$$

式中 t_m——单分子层厚度。

由于氮的 t_m=4.3Å，故郝尔赛方程可变为

$$t = -5.57(\lg x)^{-\frac{1}{3}} \quad (2.19)$$

上面所述的吸附和凝聚现象,是计算孔径分布所依据的基本原理。

2.1.4.3 计算公式

1）BET 多点法求待测样品比表面积 SBET-M

$$\text{SBET-M}（\text{m}^2/\text{g}）=4.36V_m$$

2）BJH 法孔径分布计算

BJH 法通常认定在微小圆筒孔中发生了多层吸附。图 2.5 表明了在不同压力条件下,孔壁吸附层脱附的过程。

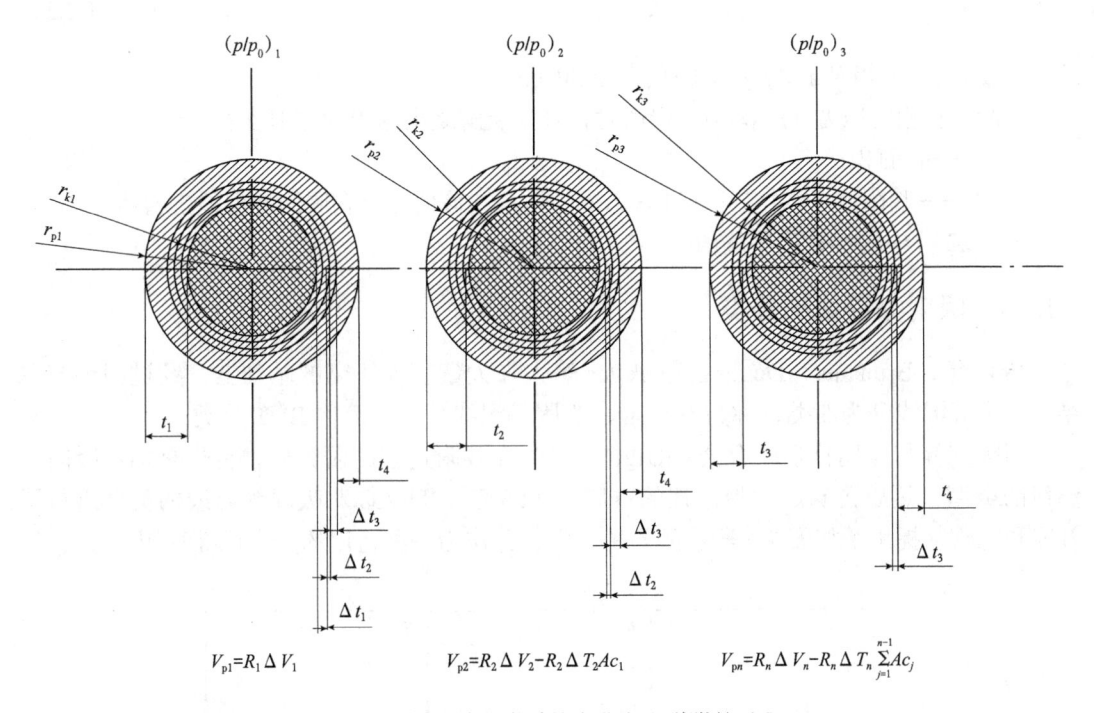

图 2.5 充填满吸附质的中孔发生脱附的过程

当分压趋近于 1 时,吸附剂上所有的孔都充满吸附质（最大孔径为 r_{p1},吸附层厚度为 t_1,凝聚体体积为 V_{k1}）,当相对压力由 $(p/p_0)_1$ 降至 $(p/p_0)_2$ 时,脱附的体积为 ΔV_1,则

$$V_{p1}=\Delta V_1 - \frac{r_{p1}^2}{(r_{K1}+\Delta t_1)^2}=R_1\Delta V_1 \tag{2.20}$$

当相对压力由 $(p/p_0)_2$ 降至 $(p/p_0)_3$ 时,脱附的体积为 ΔV_2,则

$$V_{p2}=\frac{r_{p2}^2}{(r_{K2}+\Delta t_2)^2}(\Delta V_2-\Delta V_{\Delta t_2})=R_2(\Delta V_2-\Delta V_{t2}) \tag{2.21}$$

其中,$\Delta V_{t2}=\Delta t_2 A c_1$,因此有

$$V_{p2} = R_2\Delta V_2 - R_2\Delta t_2 Ac_1 \qquad (2.22)$$

因此，对于多次脱附过程，第 n 次脱附体积可表示为

$$V_{pn} = R_n\Delta V_n - R_n\Delta T_n \sum_{j=1}^{n-1} Ac_j \qquad (2.23)$$

$$c = \left(\overline{r}_p - t_{\overline{r}}\right)/\overline{r}_p \qquad (2.24)$$

$$R_n = r_{pn}^2 / \left(r_{Kn} + \Delta t_n\right)^2 \qquad (2.25)$$

式中　r_p、r_K——相对压力 p/p_0 下的孔半径和Kelvin半径；

　　　Δt——相对压力 p/p_0 减小一定值时，吸附层解凝出的吸附层厚度；

　　　A——孔面积；

　　　ΔV——吸附层 Δt 对应的标准状态下的体积，该值可以在吸附等温线上直接读出。

式（2.24）中的参数为平均值。

2.1.4.4　吸附等温线的分类

1940 年，Brunauer、Deming 和 Teller 等人在大量前人研究的基础上，经过归纳与总结将吸附等温线分为 5 类，称为 Brunauer 吸附等温线分类，简称 BDT 分类。

国际纯粹与应用化学联合会（IUPAC）认为在吸附过程的研究中，首先是确定吸附等温线的类型，然后再确定吸附过程的本质。1985 年，IUPAC 对吸附等温线的类型进行了补充和完善，提出了如图 2.6 所示的 6 种分类，并作为一种通用的分类标准沿用至今。

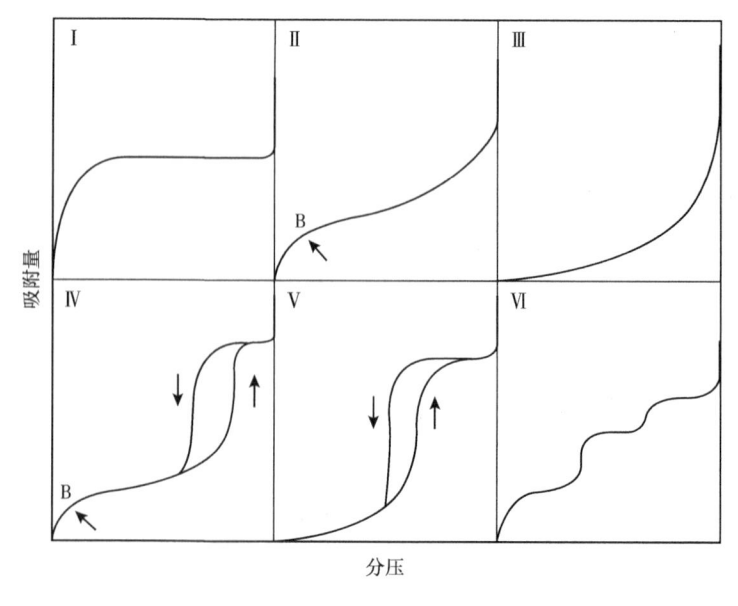

图 2.6　IUPAC 吸附等温曲线的分类

类型Ⅰ是Langmuir型等温线，描述了吸附剂孔径略大于吸附质分子尺寸的单分子层吸附或者微孔吸附剂多层吸附及毛细凝聚。该类吸附等温线沿吸附量坐标方向上凸，在分压较低时，气体吸附量增加非常迅速，这归因于微孔充填，随后水平或接近水平的平台表明，微孔已经充满，没有进一步的吸附发生。当分压到达某一值后，气体的吸附量不再明显变化，逐渐趋于一个恒定值。

类型Ⅱ呈反S形，表示在大孔吸附剂上的吸附情况，为吸附质与吸附剂相互作用力比较强的多分子层吸附。在吸附初期，发生类型Ⅰ吸附，低分压处拐点B的出现代表着单分子层吸附的完成，而随着分压的增大，吸附机理由单分子层向多分子层过渡。用BET方程可以很好地描述该类型的等温线，其特征为：低分压时曲线凹向吸附量轴，曲线斜率比较大；当吸附压力达到气体饱和蒸气压时，发生液化，此时吸附量在分压不变的情况下垂直上升，没有滞留回环。

类型Ⅲ是反Langmuir型曲线，等温线向分压轴凸起，也表征了在大孔吸附剂上的吸附情况。当吸附质与吸附剂分子之间的作用力比较弱，而被吸附分子之间的作用力比较强时，发生此类吸附。类型Ⅲ等温线对于比表面积和孔结构的分析价值比较小，其特点为在低分压区吸附量少，且不存在B点，说明此时吸附剂和吸附质之间的作用力很弱。随着分压的增大，吸附量也有明显的增大，此时有孔被充填。

类型Ⅳ是类型Ⅱ的变形，适用于描述介孔吸附剂上的吸附行为，反映了多分子层吸附机理和中孔的毛细孔凝聚。在临界温度以下，气体在中孔吸附剂上发生吸附时，首先形成单分子层吸附。当单分子层吸附接近饱和时出现拐点，并开始向多分子层吸附转变，可以用BET方程进行描述。当分压达到与发生毛细凝聚的Kelvin半径所对应的值时，毛细凝聚开始发生。当孔全部被填满时，吸附达到饱和。由于吸附过程和脱附过程中所得的Kelvin半径不一样，导致吸附曲线和脱附曲线不重合，脱附线在吸附线的上方，存在滞留回环。吸附平衡压力与孔径的关系可以通过Kelvin方程进行计算。

类型Ⅴ不太常见，与类型Ⅲ相同的是此类曲线也是在吸附剂与吸附质之间作用力比较微弱时出现，同样不具备分析比表面积和孔结构的价值。它与类型Ⅲ等温线的区别为在高分压情况下（0.5以后）经常会有一个拐点，与类型Ⅳ等温线一样存在滞留回环。

类型Ⅵ呈阶梯状，适用于描述非极性分子在表面均匀的非多孔吸附剂上的多层吸附，每个阶梯的高度代表着每个吸附层的单层吸附能力。

毛细凝聚现象是IUPAC分类方法对BDDT分类最主要的补充，其多发生于中孔吸附剂中。IUPAC将吸附等温线滞留回环的现象分为了4种类型（图2.7）。

类型H1：吸附和脱附曲线都很陡，几乎是竖直方向且近乎平行，滞留回环比较狭窄。这种情况多出现在有较窄的孔径分布的材料中，具有这种滞留回环的吸附剂大多为两端开口的圆筒孔和立方体孔。

类型H2：在中等压力处脱附曲线比较陡峭，吸附曲线相对平缓，因此形成的滞留回环比较宽大。具有这种滞留回环的吸附剂大多具有细颈广体的墨水瓶孔等无定形孔隙。

类型H3：吸附曲线和脱附曲线对应的吸附量随着分压的升高而缓慢增大，当分压接近于1时，气体吸附量有明显的增大，滞留回环比较小。这类曲线多出现在具有四周开放的狭长平行板孔结构的吸附剂当中。

类型H4：吸附和脱附曲线均上升比较平缓，与H1型曲线不同的是吸附曲线和脱附曲线几乎是水平的，滞留回环比较小。

以上 4 种情况中，H1 与 H4 是两种极限情况，而 H2 和 H3 则介于两种极限情况之间。

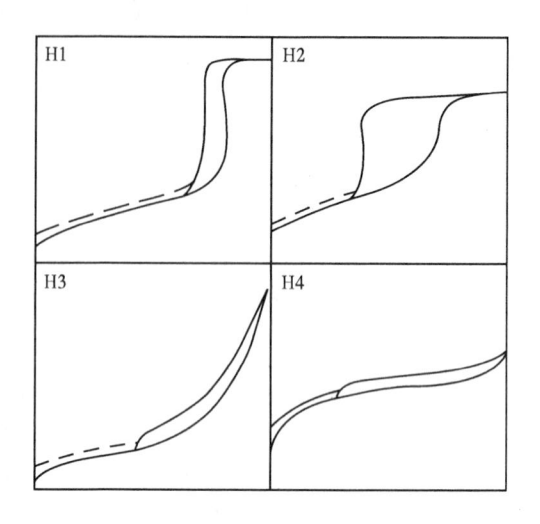

图 2.7　IUPAC 滞留回环的分类

2.1.5　核磁共振法

核磁共振法是近年发展起来的一种岩心实验分析手段，其研究对象为地层孔隙中的流体，测量结果基本不受岩石骨架矿物成分的影响。随着非常规油气勘探和开发的不断深入，核磁共振法因其快速、无损、单机多参数等测试特点，已经被广泛应用于特低渗及非常规储层岩心的物性表征中。

2.1.5.1　核磁共振现象

从微观角度来说，物质是由原子组成的，核磁共振的主要研究对象是原子核。原子核由带正电的质子和不带电的中子（电中性）组成，可以根据有无自旋磁矩分为磁性核和非磁性核两种。处于外加磁场中的磁性核吸收外界施加的电磁波，从低能态跃迁至高能态的物理现象即核磁共振。自然界中的磁性核种类繁多，石油勘探开发领域中研究最深入的氢核是其中最简单的一种。由于地层岩石不含氢原子，因此岩石骨架无法产生核磁共振信号，而岩石孔隙中的有机质和油、水等流体可以通过核磁共振探测到，因此通过核磁共振手段可以获得岩石孔隙及其中流体特征。在石油勘探开发领域中，核磁共振现象可以表述为：处于外部磁场中的自由流体或孔隙中的流体中的氢核，吸收外部施加的射频信号，从低能态跃迁至高能态，产生核磁共振现象（视频 4）。

2.1.5.2　弛豫时间

视频 4　核磁共振基本原理

N 极、S 极两个磁极形成方向沿 z 轴的固定主磁场 $\boldsymbol{B}_0$（图 2.8），含氢核的被测样品在主磁场中处于平衡状态。外加由通电线圈产生的磁场 $\boldsymbol{B}_1$，方向垂直于 z 轴。氢核吸收 $\boldsymbol{B}_1$ 的能量，由低能态向高能态跃迁。当撤去外加磁场 $\boldsymbol{B}_1$ 时（射频脉冲结束），高能态的自旋核子将从外界获得的能量传递给周围介质返回到低能态，使得体系恢复到 B_0 场的平衡分布，这个过程便称为弛豫。简而言之，弛豫过程表征的是氢核通过能量传递由高能态恢复到低能态的过程。

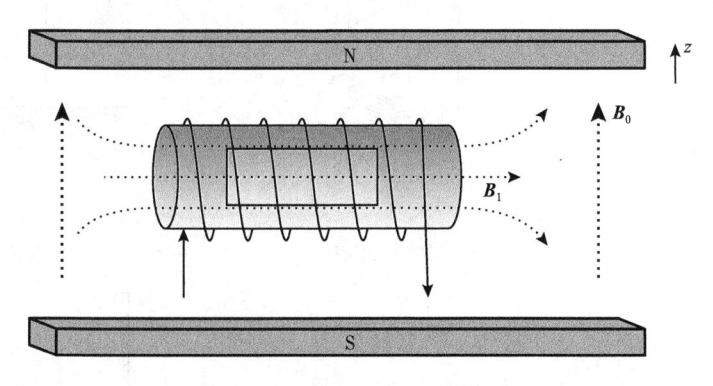

图 2.8　主磁场中通电线圈示意图

具体的弛豫过程为：

处于主磁场中的待测样品，在射频脉冲施加之前，处于平衡状态。此时，虽然单个质子的自旋方向存在差异，但其横向分量相互抵消，因此，系统中的磁化矢量 M_0 方向平行于主磁场 B_0，如图 2.9（a）所示。

假设施加沿 x 方向的射频磁场，则磁化矢量 M_0 将以顺时针方向沿 zOy 平面旋转，磁化矢量 M_0 在时间 t 内偏转的角度表示为 $\theta=\omega_1 t$。矢量 M_0 可以分解成垂直于主磁场方向的分量 $M_\perp=M_0\sin\theta=M_0\sin\omega_1 t$ 和平行于主磁场方向分量 $M_z=M_0\cos\theta=M_0\cos\omega_1 t$，如图 2.9（b）所示。

撤去射频脉冲后，自旋系统仅受到主磁场的作用，并逐渐恢复平衡状态，从不平衡恢复到平衡状态的物理过程被称为弛豫。垂直于主磁场的分量 $M_\perp$ 逐渐衰减的过程称为横向弛豫，而平行于主磁场的分量 M_z 逐渐增大的过程称为纵向弛豫。

横向弛豫，又称自旋—自旋弛豫，针对磁化强度矢量的横向分量（xOy 平面分量），撤去射频脉冲后，自旋系统中氢核的状态虽略有差别但基本一致，其核磁矩沿着 y 轴方向分布，但作为一个小磁体的自旋的质子在局部产生微磁场。因此，每一个原子核受到的磁场不同，最终产生自旋系统相位的发散，如图 2.9（c）所示。

纵向弛豫，又称自旋—晶格弛豫，是针对磁化强度矢量的纵向分量（y 轴分量），撤去射频脉冲后，自旋系统仅受到主磁场的影响，沿主磁场方向的磁化矢量试图增大到平衡状态。通常，纵向弛豫时间大于横向弛豫时间，因此当 xOy 平面均匀分布磁旋矩时，纵向分量尚未恢复，如图 2.9（d）所示。

整个弛豫过程，是横向弛豫和纵向弛豫两个过程的叠加，磁化矢量沿 z 轴盘旋向上，如图 2.9（e）所示。假设将一个接收线圈放置于 xOy 平面中，在其中将会产生 NMR 信号，即核磁共振的原始信号。实际应用中，通过不同的数学模型对原始信号进行处理，来分析研究对象。图 2.9（f）为 FID 信号（核磁共振—自由衰减信号）变化曲线，其特点为从原始值逐渐振荡衰减至 0。

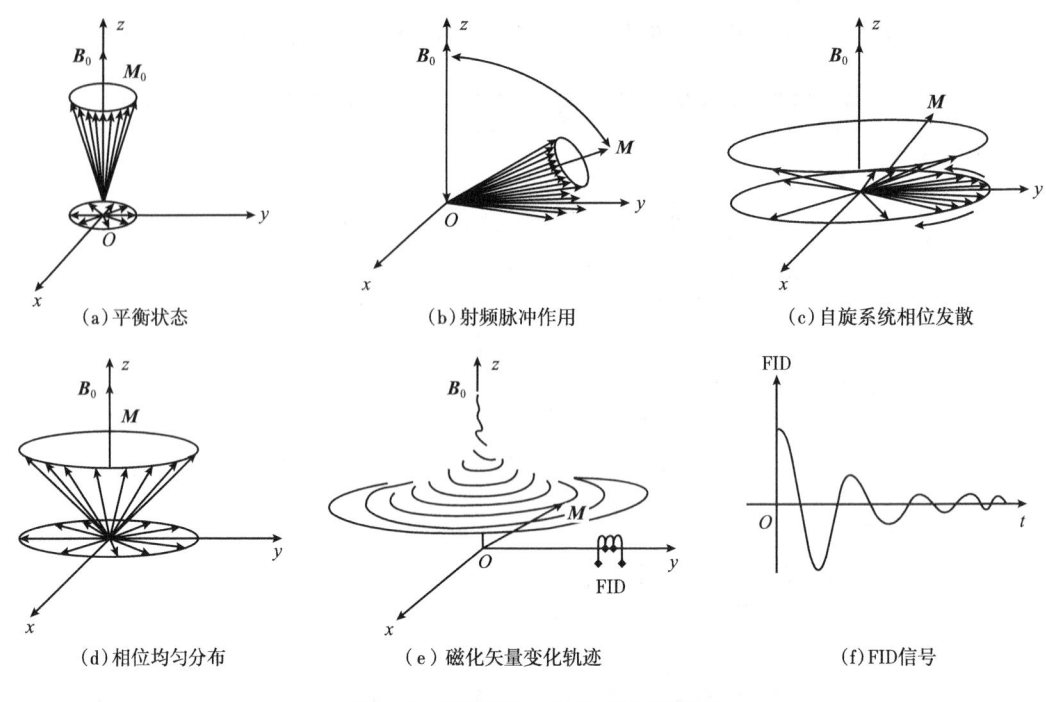

(a)平衡状态 (b)射频脉冲作用 (c)自旋系统相位发散

(d)相位均匀分布 (e)磁化矢量变化轨迹 (f)FID信号

图 2.9　宏观磁化矢量的变化示意图

2.1.5.3　岩石中流体的弛豫机制

多孔介质中流体的弛豫速率及弛豫时间受固体表面作用力的影响，其弛豫机制包括三部分：表面弛豫、流体弛豫及分子扩散弛豫。当快速扩散的条件满足时，总的弛豫速率可以通过单个弛豫速率相加得到。因此，多孔介质中流体的弛豫时间可以表示为

$$\frac{1}{T_2} = \left(\frac{1}{T_2}\right)_S + \left(\frac{1}{T_2}\right)_B + \left(\frac{1}{T_2}\right)_D \tag{2.26}$$

式中　$\left(\dfrac{1}{T_2}\right)_S$——表面弛豫；

$\left(\dfrac{1}{T_2}\right)_B$——流体弛豫；

$\left(\dfrac{1}{T_2}\right)_D$——分子扩散弛豫。

1）表面弛豫

分子会在自扩散运动（Brown motion）过程中产生位移，因而在核磁共振测试过程中流体分子与孔隙表面发生多次碰撞，并将从外界电磁波中吸收的自旋能量向岩石表面传递，同时自旋相位发生不可恢复的相散，对于大多数岩石来说，表面弛豫是影响弛豫时间

的最主要因素。表面弛豫主要受岩石矿物组成及孔隙比表面积影响，表示为

$$\left(\frac{1}{T_2}\right)_S = \rho\left(\frac{S}{V}\right) \tag{2.27}$$

式中 $\frac{S}{V}$——孔隙的比表面积；

ρ——表面弛豫强度，与孔壁表面性质有关，不受温度、压力等因素的影响。

2）流体弛豫

当流体存在于较大的岩石孔隙中时，自由衰减过程将会产生，称为流体弛豫或者自由弛豫。在大孔隙中，由于空间不受任何限制，所以自由弛豫不会与孔隙表面产生任何作用，只受润湿性、黏度等流体自身性质的影响。在石油勘探开发领域中，尤其在低孔、超低渗或者特低渗的致密砂岩中，核磁共振的自由弛豫机制可以忽略不计。但对于孔洞或者裂缝比较发育的岩石来说，流体分子与孔隙表面碰撞的概率十分微小，自由弛豫不可忽略。同时，对于稠油等黏度很大的流体，自由扩散相对较弱，自由弛豫也不能被忽略。

3）分子扩散弛豫

当分子处于非均匀的静磁场中时，扩散作用会导致相位分散的发生，进而引发 T_2 弛豫过程，而纵向弛豫过程不受扩散作用和磁化率效应的影响，只与表面弛豫和流体弛豫有关。分子的无规则运动导致相位分散的产生，且其不可被脉冲重新聚焦，故而分子扩散弛豫产生，表示为

$$\left(\frac{1}{T_2}\right)_D = \frac{D(\gamma G T_E)^2}{12} \tag{2.28}$$

式中 D——扩散系数；

T_E——回波间隔；

G——磁场梯度；

γ——旋磁比，$(T \cdot s)^{-1}$。

由式（2.28）可知，分子扩散弛豫过程主要受 G 和 T_E 影响，在石油勘探开发研究中，使用的核磁共振磁场梯度较低，使用的回波间隔（T_E）较小，分子扩散弛豫忽略不计。但在油水两相测试中，为了区分两相流体，需要用特定序列对扩散效应进行放大，此时分子扩散系数不可忽略。

2.1.5.4 核磁共振 T_2 谱的获得

采用核磁共振手段可以获取由各个孔隙中流体衰减信号叠加而成的 T_2 衰减曲线。全饱和岩心所测得的回波信号，实际上是不同弛豫信号的叠加（图2.10）。

用数学反演技术对 T_2 衰减曲线进行处理，可以得到流体在不同尺寸孔隙所占的比例，即核磁共振 T_2 谱。流体在孔隙中满足指数递减的规律，不同尺寸孔隙所对应的时间特征常数用 T_{2i} 表示，因此测得的总信号可以通过不同特征常数所对应的流体弛豫加权叠加得到：

$$M(t) = \sum A_i e^{\frac{t}{T_{2i}}} \quad (2.29)$$

式中 A_i——权重；

T_{2i}——弛豫特征常数。

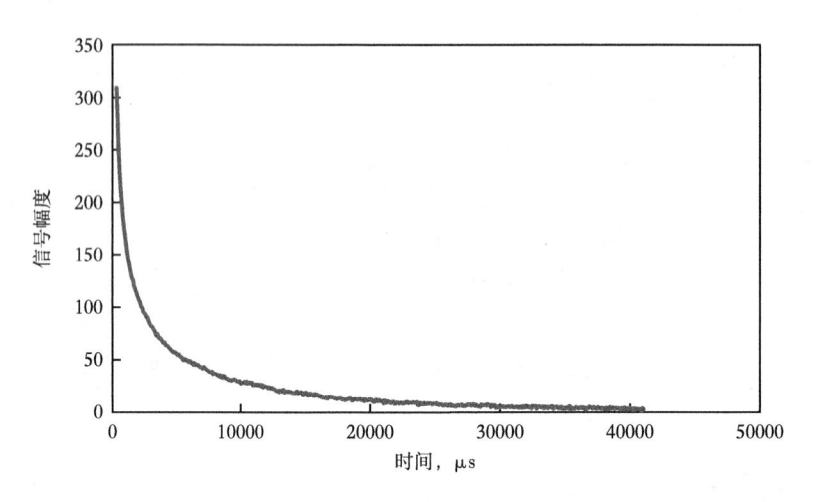

图 2.10 回波信号实例图

如图 2.11 所示，A、B、C、D 四条曲线分别代表了特征常数不同的流体弛豫，弛豫速率依次减小，因此特征时间依次增加。在实际反演中，为了达到最佳拟合效果，多会选择 64 或 128 个不同特征常数。

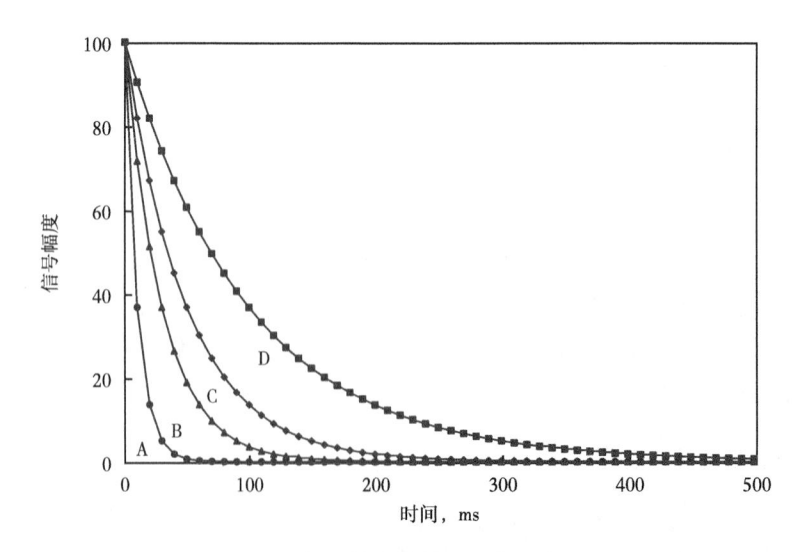

图 2.11 特征常数的流体弛豫

图 2.12 为某砂岩岩心的 T_2 谱，横坐标为弛豫时间，纵坐标为不同弛豫时间对应的信号幅度。

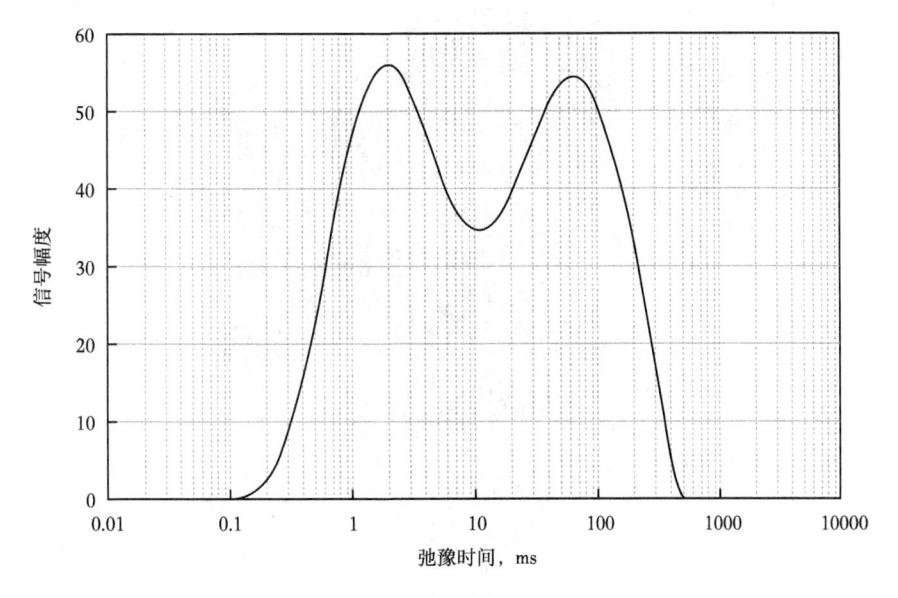

图 2.12 某砂岩岩心 T_2 谱

孔隙尺寸决定了其中流体弛豫时间的长短，通常孔隙较大时对应的弛豫时间也比较长，反之弛豫时间短时，对应的孔隙也较小。因此，核磁共振 T_2 谱代表了岩样中不同尺寸的孔隙在总孔隙中所占比例，能够表征岩心的孔径分布。

岩心孔隙表面与内部流体之间作用力的大小与孔隙结构、矿物组成、流体性质、孔壁性质等多种因素有关。T_2 弛豫时间受孔隙内流固作用力的影响，因此能够综合表征孔隙结构、矿物组成以及内部流体性质。

核磁共振 T_2 谱可以用来分析多孔介质中流体的分布状态，当孔隙中流固作用力比较强时，流体弛豫时间比较短，流体处于不可动状态，为束缚流体；反之，当流固作用比较弱时，流体弛豫时间较长，流体处于自由状态，为可动流体。当岩石孔隙半径小到一定程度时，流体将被黏滞力束缚而无法流动，故核磁共振 T_2 谱上存在一个区分可动流体和束缚流体的界限值，该值称为可动流体 T_2 截止值。T_2 谱上大于 T_2 截止值的曲线所包围的面积与曲线包围的总面积之比即为可动流体所占比例。

2.1.6 数字岩心法

数字岩心法作为岩石物理研究方法之一，在岩石微观属性研究中发挥着越来越重要的作用。岩石的微观孔隙结构决定了岩石的宏观物理属性，孔隙结构表征对于分析岩石孔隙空间特性以及开展物理属性模拟具有重要作用。获得整体岩样的孔隙结构三维模型是孔隙结构研究的难点和最高要求之一，无论是压汞法、铸体薄片法还是扫描电镜法都难以实现。

利用数字岩心孔隙结构三维模型不但可以开展孔隙结构的多参数定量计算和任意切片、任意角度的三维彩色显示（图 2.13），还可进行微米级各种孔喉、厘米级岩心、米级网格的流体流动及渗流机理模拟（视频 5），因此它是孔隙结构研究领域的重大进展[5]。

视频 5　数字岩心

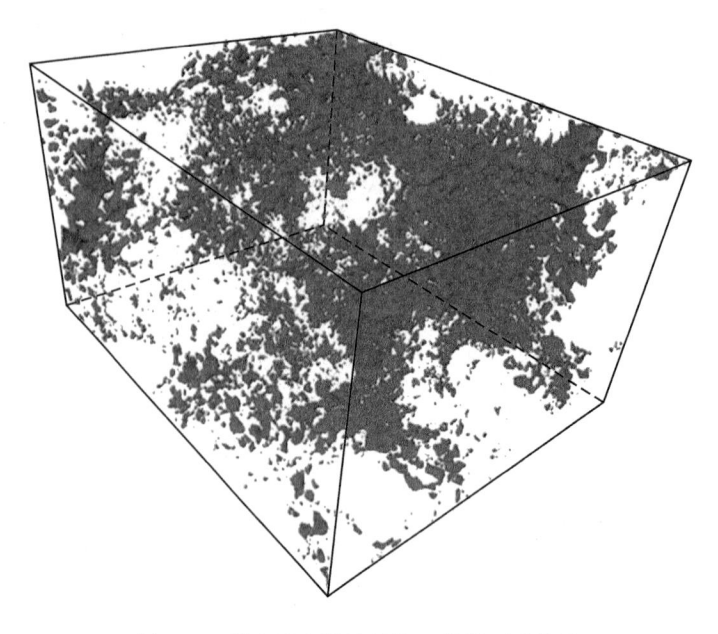

图 2.13　数字岩心孔隙结构三维模型重构图

2.1.6.1　铸体模型法

原理类似于铸体薄片的制取，即在对岩样进行一系列前期处理后，经抽真空及高压灌注高抗腐蚀性注剂并聚合，最后将岩样颗粒、杂基及胶结物溶蚀或剥离，所剩铸体即为岩样的三维孔隙喉道系统，由此得到整体岩样的孔隙结构三维模型。但是因注剂难以注入岩样的微小孔喉，颗粒、杂基和胶结物难以剥离，故该方法也难以应用。

2.1.6.2　二维薄片叠加成像法

首先准备待研究的岩心样品，确定样品的视域范围，然后通过电子束对样品表面进行抛光处理，利用电子显微镜等高精度设备拍照成像，获得样品在该平面的二维图像，重复对该样品进行抛光和拍照，从而获得一系列二维图像，每张二维图像都反映了一定深度的孔隙结构信息，最后按照不同深度将系列二维图像进行排列叠合，从而建立反映样品三维信息的三维数字岩心。

在利用电子束对样品进行抛光处理时，会出现静电作用，从而对建模结果产生不利影响。针对这一问题，通过引入离子束抛光技术，解决了电子束所产生的静电问题，该方法应用于二维薄片叠加成像中，使其成像分辨率大大提高，甚至达到纳米级别。该方法最主要的缺点是建模时间长，例如一个 $50\mu m \times 50\mu m$ 的样品，需要几分钟时间才能抛光 $0.1\mu m$ 的厚度，岩心抛光准备和图像扫描都需要花费大量的时间和精力，从而导致该方法在建模中几乎不使用。

2.1.6.3　共焦激光扫描法

首先需要使实验样品的孔隙空间充满环氧树脂，该过程通过高压设备来完成。环氧树脂在激光的激发下会产生荧光作用，然后通过共焦激光显微镜探测不同位置及深度的荧光，荧光出现的位置反映了岩心样本的孔隙空间分布。该方法的扫描分辨率能达到亚微米级，并且不损坏岩心样品，但是该方法最大的缺点是仅能够扫描一定深度的信息，只反映一定深度的孔隙结构特征，因此该方法无法建立准确的三维数字岩心。

2.1.6.4 CT扫描法

CT扫描仪最先应用于医学领域，由于早期该设备分辨率较低且价格昂贵，并未在其他领域广泛使用。20世纪90年代，CT技术应用于石油工程领域，一定程度上提高了扫描分辨率，达到岩石孔隙结构级别。相比于二维薄片叠加成像法，CT扫描法具有不损坏样品、成像效果好等优点。随着CT扫描技术的进一步发展，国内外众多学者应用该技术广泛开展了各类岩心的三维建模。应用普通台式微CT扫描仪，其扫描分辨率基本能够满足常规砂岩的建模需求，然而对于孔隙结构极其致密的非常规岩石，如页岩、碳酸盐岩等，台式微CT扫描仪的分辨率已经不能满足孔隙结构准确识别的要求，这时需要应用同步加速CT扫描仪才能构建孔隙结构更小、更复杂的储层的三维数字岩心。

2.1.6.5 数值重构法

高精度二维薄片图像在地质及石油领域是常用的资料之一，通过二维图像能够提取岩石的统计信息（如孔隙度、粒径分布、孔隙结构特征等），这些统计资料是利用数值方法构建三维数字岩心的基础。

1）随机方法

1974年出现了构建数字岩心的高斯场法。该方法对骨架和孔隙定义为不同的相函数，骨架用0表示，孔隙用1表示，通过建模统计信息的约束，使三维空间中的相函数与真实二维图像的孔隙结构不断接近，当满足条件时，三维空间中的高斯场分布即为所建立的三维数字岩心。

1997年出现了模拟退火方法。该方法考虑了更多的统计信息作为约束条件，使重建的数字岩心与二维图像性质尽可能保持一致。在约束条件下，对数字岩心模型进行多次迭代，最终使数字岩心结果保持稳定并趋于一致。相比于高斯场法，该方法在建模过程中考虑更多的约束条件，从而使构建的数字岩心效果更好，与真实岩心更为接近。

2003年出现了顺序指示模拟法；2004年出现了多点地质统计学方法。

2）过程法

与随机方法建模原理不同，1992年出现了模拟岩石形成过程重建数字岩心的方法，称为过程法。该方法以高精度二维岩石图像为基础，提取孔隙度和颗粒粒度分布等建模信息，利用计算机编程模拟实现沉积岩石在形成过程中所经历的基本过程，主要包括沉积过程、压实过程和成岩过程，从而建立与真实岩心孔隙空间等价的三维数字岩心。

与随机方法相比，过程法所建模型孔隙空间连通效果较好，模拟计算的渗透率与实验测试结果更为接近。与CT扫描法构建的数字岩石相比，过程法具有经济高效的优点，可以系统地建立孔隙结构和孔隙度逐渐变化的三维数字岩心。

2.1.6.6 基于数字岩心的渗流模拟

基于数字岩心，利用数学算法程序，能够模拟微观孔隙中的流体渗流。在宏观和微观两个层面上，渗流模拟具有不同的计算方法。宏观上，假设岩石为连续介质，满足一定的边界条件，通过直接求解 Navier-Stokes 方程，从而计算渗流参数。微观上，开展渗流模拟研究的方法主要分为三种：玻耳兹曼方法、有限元（或有限差分）法和孔隙网络模型法。玻耳兹曼方法基本原理来源于格子气自动机，通过将三维空间划分为离散的数字化单元，在每个格子上进行流体粒子的演化来实现渗流模拟，该方法主要用于渗流机理研究。孔隙网络模型法以数字岩心提取的孔隙网络模型为平台，根据逾渗理论和达西定理，开展流体渗流模拟研究。

在数字岩心建模方面，可以采用高斯场法、过程法、模拟退火法和 CT 扫描法等多种技术；在物理属性模拟方面，可以采用有限差分法和玻耳兹曼方法。当数字岩心模型孔隙度很小时，基于高斯场法和模拟退火方法建立的数字岩心模型的孔隙连通性较差，基于过程法构建的模型孔隙结构连通关系较好。

以数字岩心为直接模拟平台，通过玻耳兹曼方法开展渗流模拟是常用的方法之一。该方法由于计算量很大，程序计算时间长，很难应用于较大的三维数字岩心模型，因此通常用于开展渗透机理的研究，在储层预测方面仍然存在困难。直接以三维数字岩心为平台开展渗流模拟，具有计算量大非常耗时等缺点，针对这一问题，目前常用的方法是以数字岩心为基础，提取其信息并建立与其孔隙结构等价的孔隙结构模型，再以此为平台开展渗流模拟研究。孔隙网络模型法是表征孔隙结构及其连通关系最新发展起来的方法，该模型有效表征了储层岩石的孔隙结构信息，基于该模型能够开展岩石的单相和多相流体渗流模拟研究。目前，该模型已广泛应用于石油工程、地球物理、水文地质等领域。

2.2 孔隙结构的分形特征

1919 年 Hausdorff 提出了维数可以是分数的重要概念，突破了长期在人们心目中形成的只有欧几里得整数维的观点。Hausdorff 创立了 Hausdorff 测度并定义了 Hausdorff 维数。自 1982 年 Mandelbrot 出版《自然界中的分形》以来，分形几何成为研究不规则物体、复杂现象的有力工具，突破了欧几里得几何的许多局限。

前述对于孔隙结构常规描述的基础是经典欧几里得几何理论。这些描述虽然在一定程度上成功地预言了多孔岩石的输运特性，并在石油工业中得到广泛的应用，但作为唯象模型只能预言其统计平均性质。欧几里得几何学以研究连续性、渐变性、光滑性对象为特点，难以给出孔隙空间分布的较普适性规律，难以表征孔隙结构的不确定性。这种模型在描述激烈起伏的岩石性质、粗糙复杂的孔隙结构及其形成演化机理时遇到了困难。分形几何是描述突变性、粗糙性、颗粒性对象最恰当的工具。从分形几何概念出发建立的孔隙模型恰可以弥补在传统观念基础上建立的上述唯象模型的缺陷[6]。

在孔隙结构的研究中，目前广泛采用的是自相似分形，即采用一个分形维数来进行描述。在研究孔隙—裂缝双重介质的分形结构和渗流问题时，往往还要引入反常扩散指数和谱维数等概念来进行更加精确的描述。虽然目前已经提出了一些孔隙分形结构生长的模型，然而由于问题的复杂性，这个问题还没有得到最终解决。

根据分形几何原理，对压汞曲线进行分析，建立利用压汞曲线求取孔隙分形维数的方法。在孔隙结构的研究中，也可以采用这种方法求取分形维数。

根据分形几何原理，若砂岩孔径分布符合分形结构，则储层中孔径大于 r 的孔隙数目 $N(>r)$ 与 r 有如下幂函数关系：

$$N(>r) = \int_{r}^{r_{max}} f(r) dr = ar^{-D} \tag{2.30}$$

式中 r_{max}——储层中最大孔喉半径，μm；
$f(r)$——孔径分布密度函数；
a——比例常数；
D——孔隙分形维数。

对式（2.24）求导可得

$$f(r) = \frac{dN}{dr} = a'r^{-D-1} \tag{2.31}$$

其中
$$a' = -D$$

式中 a'——比例常数。

储层中孔径小于 r 的孔隙累积体积 $V(<r)$ 为

$$V(<r) = \int_{r_{min}}^{r} f(r) br^3 dr \tag{2.32}$$

式中 b——与孔隙形状有关的常数，对于立方体孔隙 $b=8$，对于球形孔隙 $b=4\pi/3$；
r_{min}——储层中最小孔隙半径，取决于测量条件。

对式（2.26）进行积分得

$$V(<r) = a''\left(r^{3-D} - r_{min}^{3-D}\right) \tag{2.33}$$

其中
$$a'' = a'b/(3-D)$$

式中 a''——比例常数。

同理，储层的总孔隙体积 (V) 为

$$V = a''\left(r_{max}^{3-D} - r_{min}^{3-D}\right) \tag{2.34}$$

则孔径小于 r 的累积孔隙体积分数 (S) 为

$$S = \frac{V(<r)}{V} = \frac{r^{3-D} - r_{min}^{3-D}}{r_{max}^{3-D} - r_{min}^{3-D}} \tag{2.35}$$

由于 $r_{min} \to 0$，远小于 r_w 或 r，式（2.35）可以简化为

$$S = \left(\frac{r}{r_{max}}\right)^{3-D} \tag{2.36}$$

由此得到孔径分布的分形几何公式：

$$\lg S = (3-D)\lg r - (3-D)\lg r_{max} \tag{2.37}$$

由于

$$p_c = \frac{2\sigma\cos\theta}{r} \tag{2.38}$$

$$S = \left(\frac{p_c}{p_{min}}\right)^{3-D} \tag{2.39}$$

所以

$$\lg S = (3-D)\lg p_c - (3-D)\lg p_{min} \tag{2.40}$$

式中　p_c——孔径 r 对应的毛管压力；

p_{min}——储层最大孔径 r_{max} 对应的毛管压力，即入口毛管压力。

根据压汞数据，在双对数坐标图上作出润湿相饱和度与 r 或者 p_c 的关系，求出直线的斜率和截距，就可以求出分形维数 D、最大孔径 r_{max} 和入口毛管压力 p_{min}。

2.3　致密气储层微观孔隙结构特征

国内致密气储层主要是三种砂体结构：透镜体多层叠置致密砂岩（如苏里格）、多层状致密砂岩（如川中须家河组）和块状致密砂岩（如塔里木），储层泥岩夹层隔层变化大。国外主要是厚层块状"前积叠置"致密砂岩，内部泥质夹层结构不明显。国内致密气储层"微米—纳米"连续孔隙分布，储层交错叠置，非均质性强；国外致密气储层"纳米"孔隙突出分布，非均质性相对弱。针对我国致密气储层的特点，国内学者充分利用多种技术手段和理论方法，对储层微观孔隙结构进行研究，特别是在核磁共振参数解释利用、数字岩心和分形理论方面取得了众多优秀成果，为致密气储层评价和渗流特征研究提供了科学支撑。

定量分析和定性评价是目前进行微观孔隙研究的最主要手段，通过扫描电镜和铸体薄片等方法能够得到孔隙类型、喉道形态及孔喉连通性等直观图像信息，应用低温液氮吸附、高压压汞及恒速压汞技术能够定量表征孔喉大小、分选性、孔喉比等特征参数[7]。

本节以鄂尔多斯盆地吴起地区致密气储层为例，阐述微观孔隙结构具体特征。由铸体薄片及扫描电镜结果鉴定分析可知，吴起区块致密气储层孔隙包括粒间孔（图 2.14）、长石溶孔（图 2.15）、岩屑溶孔（图 2.16）、晶间孔和微裂隙（图 2.17）等五种类型，其中粒间孔和长石溶孔发育普遍，是研究区最主要的孔隙类型。储层的孔隙组合类型主要包括四类，分别为溶孔—粒间孔、粒间孔—溶孔、溶孔和微孔（表 2.3）。

图 2.14　粒间孔图

图 2.15　长石溶孔图

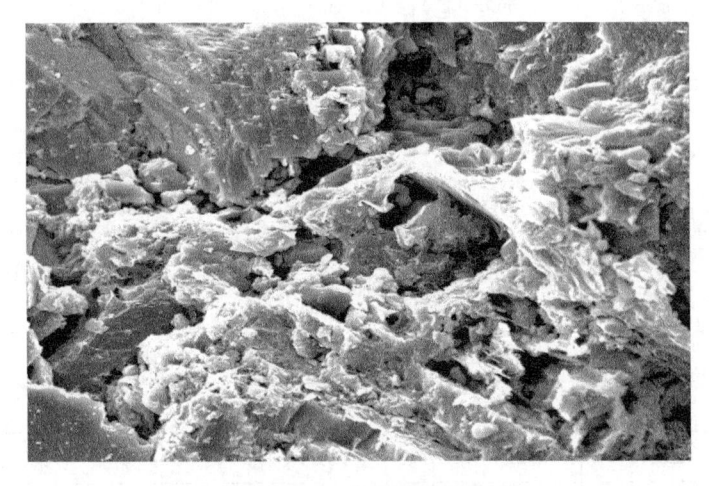

图 2.16　岩屑溶孔图

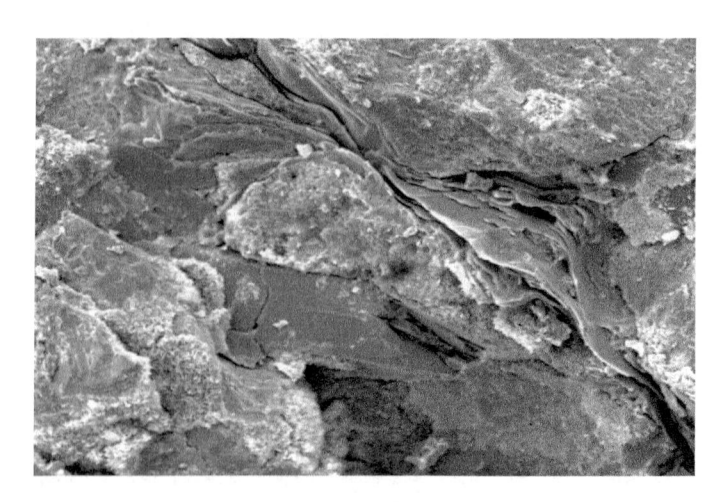

图 2.17 微裂隙图

表 2.3 孔隙组合参数表

孔隙组合类型	面孔率,%	平均孔径,μm	孔隙度,%	渗透率,$10^{-3}\mu m^2$
溶孔—粒间孔	3.3	32.2	12.3	0.32
粒间孔—溶孔	2.3	27.3	9.7	0.21
溶孔	1.1	17.2	7.5	0.13
微孔	\	\	7.3	0.03

对 24 块吴起地区致密气储层天然露头岩心进行了低温液氮吸附分析测试,结果如表 2.4 所示。

表 2.4 低温液氮吸附实验结果数据表

岩心编号	比表面积 m^2/g	孔体积 mL/g	平均孔径 nm	累积孔面积 m^2/g	出现概率最大的孔径 nm
1	3.4286	0.0194	14.67	3.76	2.5
2	3.3544	0.0193	14.32	3.69	2.45
3	3.9263	0.0156	11.14	5.6	2.25
4	3.7201	0.0154	11.08	5.43	2.23
5	0.8462	0.0045	10.11	4.67	3.71
6	4.8105	0.0195	11.93	6.54	2.14
7	4.9763	0.0202	11.95	3.89	2.13
8	5.1479	0.0272	14.02	9.78	2.59
9	2.6515	0.0139	9.12	4.36	3.87
10	4.0072	0.0166	11.41	5.82	2.35

续表

岩心编号	比表面积 m²/g	孔体积 mL/g	平均孔径 nm	累积孔面积 m²/g	出现概率最大的孔径 nm
11	3.0304	0.0138	11.9	4.64	2.34
12	4.9788	0.0296	16.49	7.18	2.6
13	2.8996	0.0102	9.4	4.34	3.93
14	2.2009	0.0131	15.01	3.49	2.59
15	2.2299	0.0125	16.84	2.97	2.62
16	2.7431	0.0072	8.23	2.39	3.5
17	1.8053	0.0091	12.26	2.97	2.47
18	8.1306	0.0297	11.02	10.39	2.59
19	2.5134	0.0145	13.22	4.32	2.66
20	3.5239	0.0195	15.23	5.12	2.49
21	3.326	0.0144	11.68	4.93	2.22
22	3.6063	0.0196	14.28	7.27	2.34
23	2.6262	0.0133	13.1	4.06	2.63
24	2.5587	0.0393	13.88	4.64	2.62

根据IUPAC的分类，该地区致密砂岩样品的吸附等温曲线与类型Ⅳ等温曲线类似。曲线主要包括三部分：初始段、过渡段和上翘段。当分压较低时，吸附量缓慢上升，此时致密砂岩与液氮互相作用，发生单层吸并且填充微孔；在中等分压的情况下，曲线近似线性，此时在岩石表面发生多分子层吸附；在曲线后部（分压为0.8~1.0），等温线急剧上升，此时在致密砂岩表面氮气形成毛细孔凝聚；一直到分压接近1.0时也未出现吸附饱和现象，表明样品中含有一定量的中孔和大孔。

对32块采自吴起地区致密气储层的天然露头岩心进行了高压压汞分析，其结果表明：吴起地区致密气储层的排驱压力介于0.05~3MPa，平均值为1.41MPa；最大连通孔喉半径介于0.25~14.71μm，平均值为1.35μm；连通孔喉半径中值介于0.01~0.33μm，平均值为0.09μm；中值压力介于2.24~97.33MPa，平均值为20.05MPa；孔喉平均半径介于0.03~1.94μm，平均值为1.35μm；退汞效率介于12.2%~45.87%，平均值为31.96%；均值系数介于0.02~0.66μm，平均值为0.08μm；歪度介于0.21~1.87，平均值为1.46；结构系数介于0.01~2，平均值为0.34；变异系数介于0.1~0.59，平均值为0.28。根据鄂尔多斯延长组的孔喉分类结果来看，研究区为中排驱压力微细喉道型储层。

2.4 页岩气储层微观孔隙结构特征

相互连通的纳米到微米级页岩基质孔隙，与天然裂缝一起构成了流体运移网络，是非常规泥页岩储层中气体的天然渗透通道。泥页岩中孔隙大小范围中较大的部分通常也不足几微米，多数都小于1μm。裂缝的发育程度对泥页岩的储集性能的影响是把"双刃剑"：一方面，微裂缝既可提供页岩气聚集空间，增加游离气含量，也可提供运移通道有利于页岩气的产出，相互连通的或开启的多套天然裂缝网络能改善页岩极低的渗透率，可增加页岩气储层的产量；另一方面，微裂缝发育并与较大型的断裂沟通时，极不利于页岩气的保存，同时地层水也可能会通过裂隙进入页岩层[8]。

美国3套页岩气储层孔隙度普遍较高，Barnett页岩和Marcellus页岩孔隙度分别为4.0%~5.0%和9.0%~11.0%，渗透率小于$0.001\times10^{-3}\mu m^2$；Haynesville页岩孔隙度为8.0%~9.0%，渗透率小于$0.001\times10^{-3}\mu m^2$（图2.18、表2.5）。中国2套页岩气储层孔隙度变化范围大且比美国的低。五峰组—龙马溪组页岩孔隙度为1.2%~12%，平均为4.75%，比表面积为6~32 m^2/g，平均为15 m^2/g；筇竹寺组页岩孔隙度为0.4%~3%，平均为1.7%，为五峰组—龙马溪组的1/3，比表面积为10~210 m^2/g，平均为5m^2/g。两者的渗透率为$(0.00001~0.0009)\times10^{-3}\mu m^2$。五峰组—龙马溪组富有机质页岩微米—纳米级孔隙发育，包括粒间孔、粒内孔和有机质孔3种类型。其中高—过成熟海相页岩的有机质纳米级孔隙发育，呈圆形、椭圆形、网状、线状等，孔径介于5~750nm，平均值为100~200nm，占比超过60%。

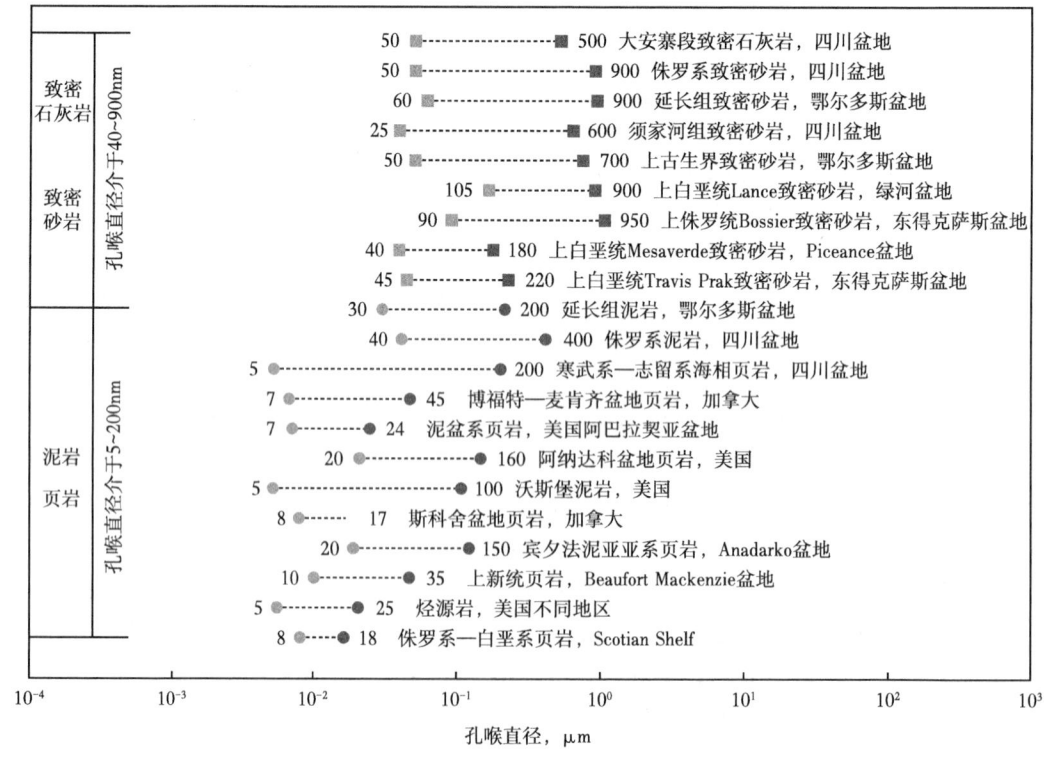

图2.18 典型致密储层孔喉分布特征统计图[9]

表 2.5 国内外主要页岩气储层相关参数对比表[9]

对比参数	美国页岩气层系					中国海相页岩气田	
	Fayetteville	Barnett	Haynesville	Marcellus	Utica	涪陵	川南
沉积盆地	Arkoma	Fort Worth	Louisiana salt	Appalachian	Appalachian	四川	四川
地层时代	石炭纪	石炭纪	侏罗纪	泥盆纪	奥陶纪	奥陶纪—志留纪	奥陶纪—志留纪
地层名称	Fayetteville	Barnett	Haynesville	Marcellus	Utica	五峰组—龙马溪组	五峰组—龙马溪组
分布面积, $10^4 km^2$	2.30	1.55	2.30	24.60	28.00	0.70	0.76
深度, m	330~2300	1980~2591	3350~4270	1200~2400	2100~4300	2000~4000	2000~4500
净厚度, m	6~60	30~180	61~107	18~83	20~300	40~80	40~60
TOC, %	4.0~9.8	4.0~5.0	0.5~4.0	4.4~9.7	3.0~8.0	2.0~8.0	2.5~8.5
R_o, %	1.00~4.00	0.80~1.40	1.80~2.50	1.23~2.56	0.60~3.20	2.65	2.50~3.80
总孔隙度, %	2.0~8.0	4.0~5.0	8.0~9.0	9.0~11.0	3.0~6.0	1.2~8.1	2.0~12.0
孔径范围, nm	5~100	5~750	20	10~100	15~200	50~200	50~100
基质渗透率, $10^{-6} \mu m^2$	0.10~0.80	0.07~0.50	0.05~0.80	0.10~0.70	0.80~3.50	0.001~5.70	0.02~1.73
含气量, m^3/t	1.70~6.23	8.50~9.91	2.83~9.34	1.70~2.83	—	1.30~6.30	2.00~6.00
游离气比例, %	60~80	80	80	40~90	20~65	70~80	60~80
脆性矿物含量, %	70~80	30~60	50~70	40~70	70~80	50~80	55~80
泊松比	0.23	0.23~0.27	0.20~0.30	0.15~0.35	0.20~0.30	0.11~0.29	0.15~0.25
压力系数	0.98	0.97~1.00	1.60~2.00	0.45~0.91	1.10~1.35	1.55	1.20~2.10
2021年产量, $10^8 m^3$	105	191	1299	2586	1154	85	128

本节选取渝东南地区彭水区块龙马溪组页岩岩心为具体研究对象，以高压压汞、低温液氮吸附实验为手段，对页岩微观孔隙结构特征进行分析。对彭水地区2块页岩岩心（1、2号岩心）进行了高压压汞实验，测试仪器为 Micromeritics Auto Pore Ⅳ 9505 型高压压汞仪，测试结果如图 2.19 所示。

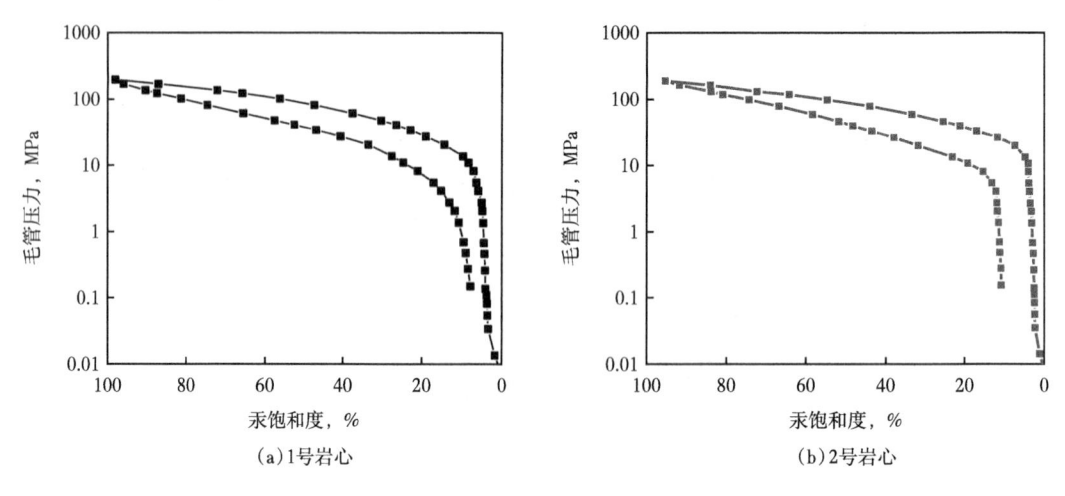

图 2.19　页岩岩样高压压汞毛管力曲线

在数据分析的基础上，得到了两块岩心的排驱压力、孔喉半径中值、汞饱和度中值压力、最大汞饱和度、渗透率分布峰值和孔隙分布峰值等特征参数（表 2.6）。

表 2.6　高压压汞实验结果

岩心编号	1号	2号
排驱压力，MPa	13.775	13.776
孔喉半径中值，μm	0.009	0.008
汞饱和度中值压力，MPa	89.029	93.713
最大汞饱和度，%	97.955	95.751
渗透率分布峰值，%	56.847	41.743
孔隙分布峰值，%	18.909	21.117

当进汞压力为 20~200 MPa 时，进汞曲线倾斜角度较小，表明测试页岩中孔径位于 4~40 nm 范围内的孔隙比较多，占孔径分布的主要部分（图 2.19）。从孔喉分布来看，两块岩心中半径小于 10 nm 的孔隙对渗透率的贡献率约为 70%，最大孔径均为 40 nm，渗透率贡献率分别为 10.8% 和 5.7%（图 2.20），孔径半径中值为 8~9nm。页岩的这种孔隙结构不利于页岩气的生产和压裂液的返排。

为了进一步研究页岩微观孔隙结构特征，对 6 块岩心进行了低温液氮吸附实验，基于 BJH 理论计算得到的结果如图 2.21 所示。

(a)1号岩心

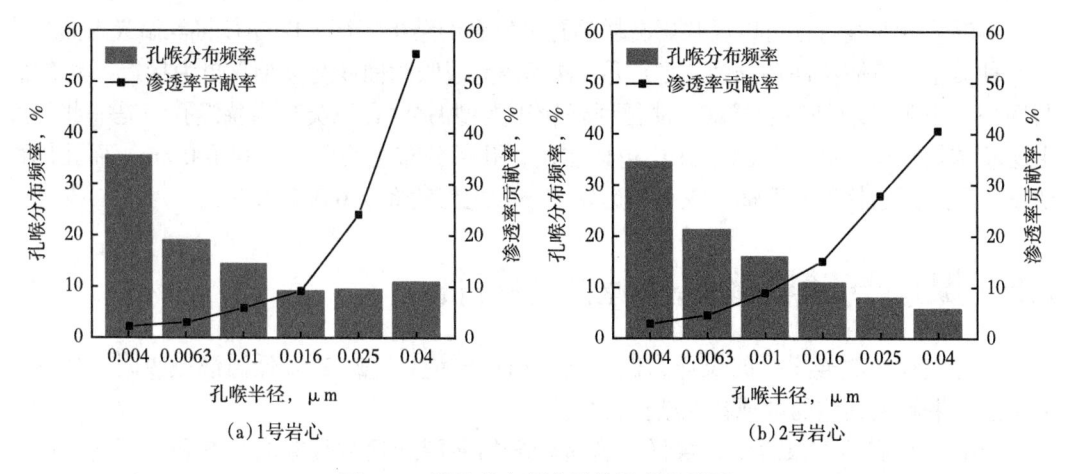

(b)2号岩心

图2.20 孔隙分布频率及渗透率贡献图

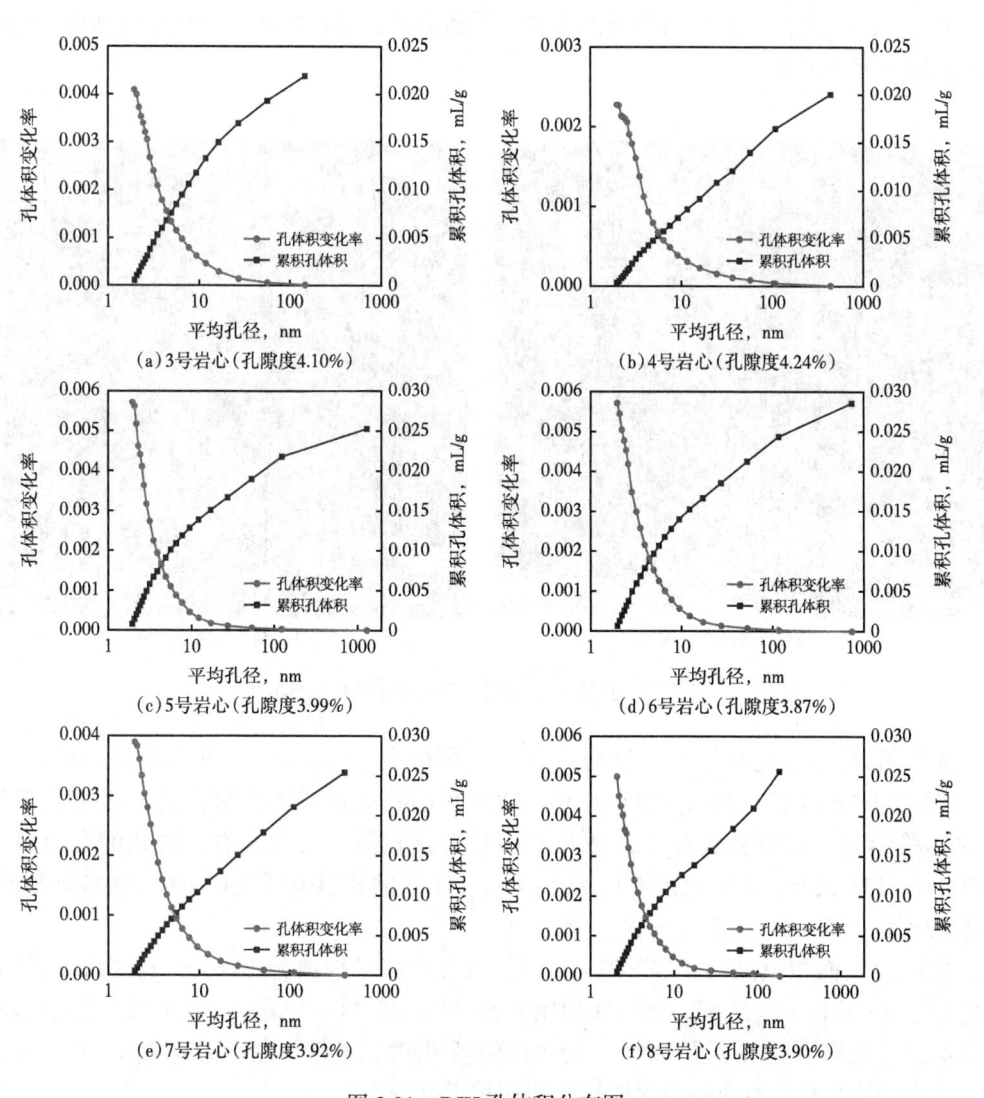

(a)3号岩心(孔隙度4.10%)

(b)4号岩心(孔隙度4.24%)

(c)5号岩心(孔隙度3.99%)

(d)6号岩心(孔隙度3.87%)

(e)7号岩心(孔隙度3.92%)

(f)8号岩心(孔隙度3.90%)

图2.21 BJH孔体积分布图

等温吸附曲线特征可以反映岩石样品孔隙发育的结构特征，IUPAC将等温吸附曲线分为6种类型，将滞留回环分为4类。页岩样品的等温吸附曲线与类型Ⅳ更为接近，具有滞留回环，吸附机理是毛管凝聚。滞留回环属于类型H4，孔隙类型为狭缝孔，是一些类似由层状结构产生的孔。从图2.21中可以看出，孔径分布主要区间为0~100 nm，而孔体积变化率则从开始就迅速下降，在粒径达到10 nm之前就降至0.001以下。

2.5 煤层气储层微观孔隙结构特征

以赵庄煤矿3号煤层的煤样为例，基于扫描电镜（图2.22）、低温液氮吸附、核磁共振实验结果阐述具体的微观孔隙结构特征。

扫描电镜实验结果表明，煤样中含有较多的微裂缝且微裂缝的长度和宽度均有所差异。统计发现，在赵庄煤矿3号煤储层中，微裂缝的长度范围在100~800μm之间，宽度范围在1~10μm之间，且多与层理面垂直。整体来看，赵庄煤矿3号煤层气储层中裂缝之间的连通关系并不好。

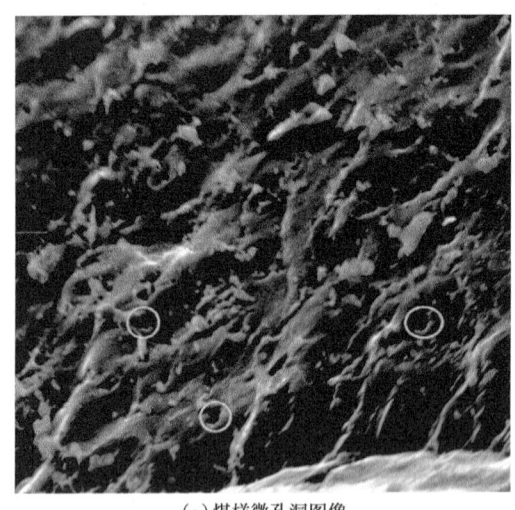

(a) 煤样微孔洞图像　　　　　　(b) 煤样微裂隙图像

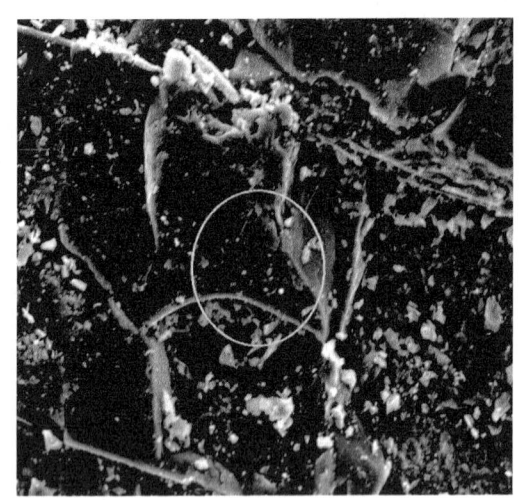

图 2.22　赵庄 3 号煤层气储层煤样扫描电镜图

煤体孔径的分类参照十进制分类系统，即微孔（<10nm）、小孔（10~100nm）、中孔（100~1000nm）和大孔（>1000nm），微孔和小孔又被统称为吸附孔。根据低温液氮吸附实验结果，在所测煤样中，微孔及小孔占比较高。具体来看，微孔的孔容范围是0.0051~0.0124mL/g，孔容比范围是21%~41%；小孔的孔容范围是0.0071~0.0290mL/g，孔容比范围是40%~59%；中孔占比为0%~30%。

煤样比表面积范围为11.47~32.12m^2/g（表2.7），平均值为16.85m^2/g。微孔的比表面积分布于4.90~10m^2/g之间，比表面积比为52.31%~61.78%。煤层中微孔和小孔占比较高，中孔偏少。孔容主要由小孔贡献，比表面积主要由微孔贡献。在小孔范围内，比表面积与孔径的大小成反比，且小孔对煤储层比表面积贡献较小。

表 2.7 煤样孔隙结构参数表

编号	比表面积 m²/g	总孔体积 cm³/g	平均孔径 nm	出现概率最大的孔径, nm 吸附	出现概率最大的孔径, nm 脱附
2	12.24	0.0191	16.03	16.65	16.18
4	15.28	0.0229	51.00	31.06	29.32
5	11.47	0.0167	25.75	2.63	3.66
6	15.68	0.0158	16.04	2.64	3.64
7	13.62	0.0245	29.39	3.65	3.87
10	16.17	0.0174	17.44	2.64	3.04
12	18.19	0.0234	33.24	33.49	31.45
20	32.12	0.0561	28.29	4.06	4.26

样品饱和矿化水后，利用核磁共振测试得到 T_2 谱曲线，如图 2.23 所示。

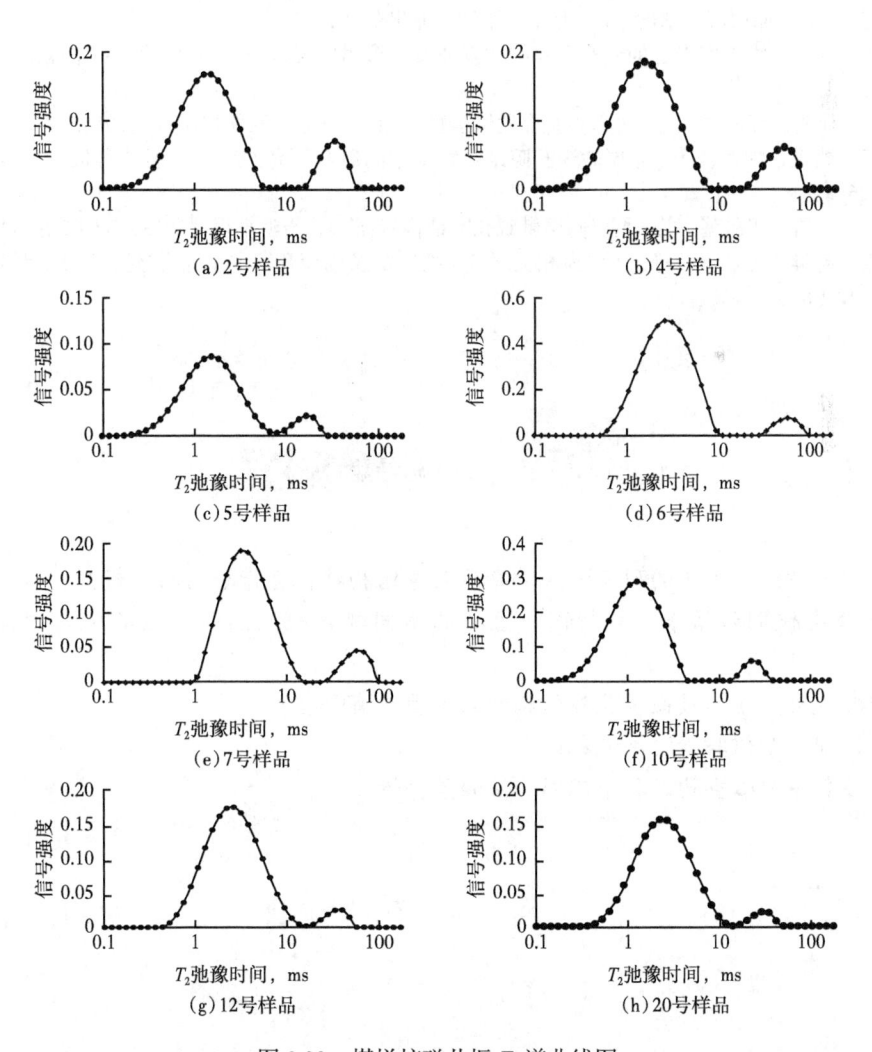

图 2.23 煤样核磁共振 T_2 谱曲线图

煤样两个谱峰分别反映了 2 种孔裂隙类型，T_2 谱形态靠左，代表孔隙发育，可动流体少。2、4、5、10 号煤样谱峰基本位于 1.5ms 处，6、7、12、20 号煤样谱峰基本位于 2.6ms 处。根据曲线与坐标轴所围面积可看出，0~10ms 处曲线与横坐标所围面积整体大于 10~100ms 处曲线与横坐标所围面积。因此整体上微孔、小孔和中孔发育，裂隙不发育，以吸附孔为主，含较少渗流孔。由 T_2 谱曲线图可看出曲线均为双峰结构，两峰谱之间连续性较差，说明孔隙大小分布不连续，不利于煤层气的富集和运移。其中 5、12、20 号煤样两峰间连续，2、4、10、6、7 号煤样两峰间不连续，说明前者连通性较后者好。

参考文献

[1] 陈昭年. 石油与天然气地质学 [M]. 北京：地质出版社，2005.
[2] 戴启德，纪友亮. 油气储层地质学 [M]. 东营：中国石油大学出版社，1996.
[3] 于兴河. 油气储层地质学基础 [M]. 北京：石油工业出版社，2009.
[4] 裘亦楠. 碎屑岩储层沉积基础 [M]. 北京：石油工业出版社，1987.
[5] 李小彬. 基于三维数字岩心的岩石孔隙结构表征及弹渗属性模拟研究 [D]. 武汉：中国地质大学（武汉），2021.
[6] 郁伯铭，徐鹏，邹明清，等. 分形多孔介质输运物理 [M]. 北京：科学出版社，2014.
[7] 黄述旺，蔡毅，魏萍，等. 储层微观孔隙结构特征空间展布研究方法 [J]. 石油学报，1994，15（增刊）：76-80.
[8] 杨峰，宁正福，胡昌蓬，等. 页岩储层微观孔隙结构特征 [J]. 石油学报，2013，34（2）：301-311.
[9] 邹才能，赵群，王红岩，等. 中国海相页岩气主要特征及勘探开发主体理论与技术 [J]. 天然气工业，2022，42（8）：1-13.

思考题

1. 如何有效组合不同的研究方法对微观孔隙结构特征进行全面的分析？
2. 综合文献调研结果，分析同一盆地的不同非常规天然气储层孔隙结构特征有何差别。
3. 非常规天然气储层微观孔隙结构的影响因素有哪些？
4. 分形理论如何与微观渗流相结合？
5. 简述数字岩心重构过程中不同算法的差异性。

3 相对渗透率曲线特征及储层渗透率变化

相对渗透率曲线的形态可以综合反映储层的孔隙结构特征以及流体间的相互作用关系，是研究多孔介质内两相流动的核心问题。非常规气藏的气—水相对渗透率曲线在气藏动态分析、开发指标计算以及采收率预测等方面得到了广泛应用，研究气—水相对渗透率曲线能够为非常规气藏的高效开发提供科学支撑。

本章主要介绍相对渗透率曲线测定、相对渗透率曲线特征、相对渗透率曲线归一化、渗透率瓶颈区和储层渗透率动态变化。

3.1 相对渗透率曲线测定

气—水相对渗透率曲线的测定方法共分为两种，一种为稳态法，另一种为非稳态法[1]。

3.1.1 岩样准备

3.1.1.1 岩样的保存和钻取

（1）选择的岩样是直径大于或等于 2.5cm 的圆柱，长度不小于直径的 1.5 倍；
（2）实验之前测定岩样的孔隙度和气测渗透率，并用氦气法直接测定孔隙体积。

3.1.1.2 岩样饱和

（1）将岩样烘干并称重，抽真空饱和地层水。
（2）将饱和模拟地层水后的岩样称重，即可按式（3.1）求得有效孔隙体积：

$$V_\mathrm{p} = \frac{m_1 - m_0}{\rho_\mathrm{w}} \tag{3.1}$$

式中 V_p——岩样有效孔隙体积，mL；
m_1——岩样饱和模拟地层水后的质量，g；

m_0——干岩样质量,g;
ρ_w——在测定温度下饱和岩样的模拟地层水的密度,g/cm³。

(3)岩样饱和程度的判定:将岩样抽空饱和地层水后得到的孔隙体积与氦气法孔隙体积对比,二者数据应满足式(3.2)给出的关系。

$$\left|1-\frac{V_p}{V_{pHe}}\times 100\%\right|\leqslant 2\% \tag{3.2}$$

式中 V_{pHe}——氦气法孔隙体积,mL。

3.1.2 实验用流体

3.1.2.1 实验用水

根据地层水和注入水的成分分析资料,配制地层水和注入水或等矿化度的标准盐水。实验用水应在试验前放置1d以上,然后用G5砂芯漏斗或0.45μm微孔滤膜过滤除去杂质,并抽空。标准盐水配方为

$$NaCl:CaCl_2:MgCl_2\cdot 6H_2O=7:0.6:0.4$$

3.1.2.2 实验用气

实验用气为经过加湿处理的氮气或压缩空气,也可根据需要选用其他气体。

3.1.3 稳态法测定气—水相对渗透率

3.1.3.1 原理

稳态法的基本理论依据是一维达西渗流理论,并且忽略毛管压力和重力作用,假设两相流体不互溶且不可压缩。实验时在总流量不变的条件下将气、水按一定流量比例同时恒速注入岩样,当进口、出口压力及两种流体流量稳定时,岩样含水饱和度不再变化。此时,气、水在岩样孔隙内的分布是均匀的,达到稳定状态,气和水的有效渗透率值是常数。因此,可测定岩样井口、出口压力及气和水的流量,由达西定律直接计算出岩样的气、水有效渗透率及相对渗透率值。用称重法或物质平衡法计算出岩样相应的平均含水饱和度。改变气、水注入流量比例,就可得到一系列不同含水饱和度时的气、水相对渗透率值,并由此绘制出岩样的气—水相对渗透率曲线。

3.1.3.2 流程和设备

(1)将已饱和模拟地层水的岩样装入岩心夹持器,用驱替泵以一定的压力或流速使地层水通过岩样,待岩样进出口的压差和出口流量稳定后,连续测3次水相渗透率,相对偏差小于3%。

(2)用加湿氮气或压缩空气驱水,建立岩样的束缚水饱和模型,并测量束缚水状态下气相有效渗透率。束缚水饱和度与驱替速度有关,建立束缚水时的驱替速度应稍高于实验

时的驱替速度。

（3）将气、水按一定的比例注入岩样，水的速度逐渐增加，气的速度逐渐降低，使岩样含水饱和度增加。等到流动稳定时，测定进出口气水压力和气水流量及含水岩样质量，并将数据填入原始记录表中。

（4）试验至气相相对渗透率小于 0.005 后，测定水相相对渗透率，然后结束实验。

稳态法测定水—气渗透率流程示意图如图 3.1 所示。

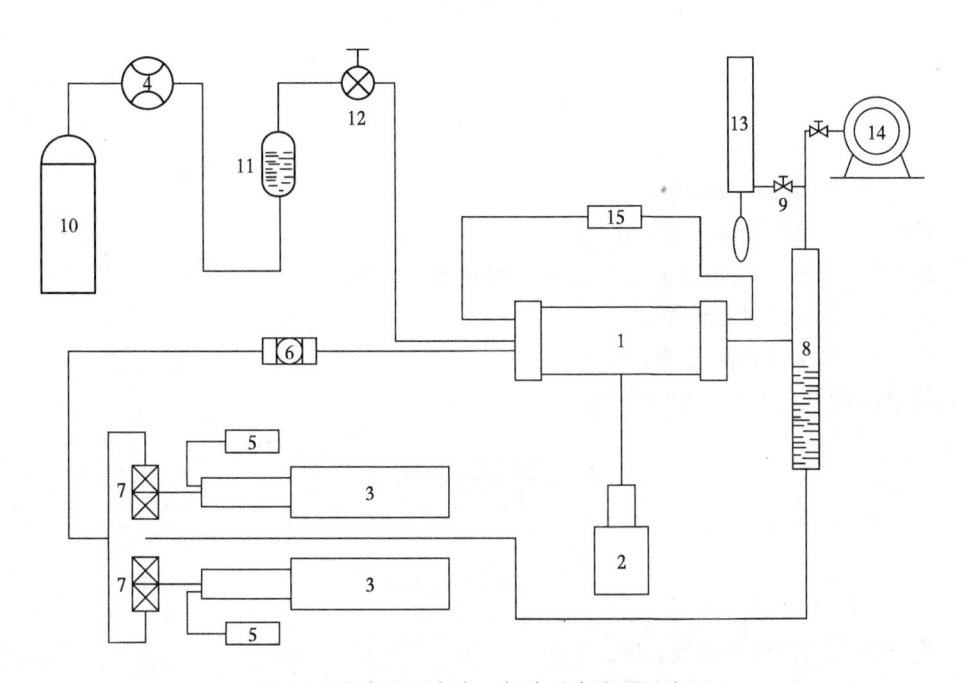

图 3.1　稳态法测定水—气渗透率流程示意图

1—岩心夹持器；2—围压泵；3—水泵；4—气体质量流量计；5—压力传感器；6—过滤器；7—三通阀；8—气水分离器；9—两通阀；10—气源；11—气体加湿中间容器；12—调压阀；13—皂膜流量计；14—湿式流量计；15—压差传感器

3.1.3.3　计算方法

按照达西公式计算气相、水相的有效渗透率：

$$K_{ge} = \frac{2 p_a q_g \mu_g L}{A\left(p_1^2 - p_a^2\right)} \times 10^2 \tag{3.3}$$

$$K_{we} = \frac{q_w \mu_w L}{A\left(p_1 - p_2\right)} \times 10^2 \tag{3.4}$$

式中　K_{ge}、K_{we}——气相、水相有效渗透率；

　　　p_a——大气压，MPa；

　　　q_g、q_w——气、水流量，mL/s；

　　　μ_g、μ_w——在测定温度下气、水的黏度，mPa·s；

　　　L——岩样长度，cm；

A——岩样截面积，cm^2；

p_1——岩样进口压力，MPa；

p_2——岩样出口压力，MPa。

气、水相相对渗透率为

$$K_{rg} = \frac{K_{ge}}{K_g(S_{ws})} \quad (3.5)$$

$$K_{rw} = \frac{K_{we}}{K_g(S_{ws})} \quad (3.6)$$

式中 K_{rg}——气相相对渗透率；

K_{ge}——气相有效渗透率，mD；

$K_g(S_{ws})$——束缚水状态下气相有效渗透率，mD；

K_{rw}——水相相对渗透率；

K_{we}——水相有效渗透率，mD。

岩样含水饱和度、含气饱和度为

$$S_w = \frac{m_i - m_0}{V_p \rho_w} \times 100\% \quad (3.7)$$

$$S_g = 1 - S_w \quad (3.8)$$

式中 S_w——岩样含水饱和度，%；

m_i——第 i 点含水岩样的质量，g；

m_0——干岩样的质量，g；

S_g——岩样含气饱和度，%。

根据计算结果绘制水、气相对渗透率与含水饱和度的关系曲线。

3.1.4 非稳态法测定气—水相对渗透率

3.1.4.1 原理

非稳态法测定气—水相对渗透率是以 Buckley-Leverett 一维两相驱替前缘推进理论为基础的。忽略毛管压力和重力作用，假设两相流体不互溶且不可压缩，岩样任一横截面内饱和度是均匀的，实验时不是同时向岩心中注入两种流体，而是将岩心事先用一种流体饱和，用另一种流体进行驱替。在水驱气过程中，气、水饱和度在多孔介质中的分布是距离和时间的函数，这个过程被称为非稳定过程。按照模拟条件的要求，在气藏岩样上进行恒压差或恒速度水驱气实验，在岩样出口端记录每种流体的产量和岩样两端的压力差随时间的变化，用 JBN 方法[1-3]计算得到气—水相对渗透率，并绘制气—水相对渗透率与含水饱和度的关系曲线。

3.1.4.2 流程和设备

（1）将已饱和模拟地层水的岩样装入岩心夹持器，用驱替泵以一定的压力或流速使地层水通过岩样，待驱替岩样进出口的压差和出口流量稳定后，连续测定3次水相渗透率，其相对偏差小于3%，此水相渗透率作为水、气相对渗透率的基础值。

（2）根据空气渗透率、水相渗透率，选取合适的驱替压差，初始压差应保证既能克服末端效应又不产生紊流。

（3）调整好出口水、气体积计量系统，开始气驱水，记录各个时刻的驱替压力、产水量、产气量。

（4）气驱水至残余水状态，测定残余状态下气相有效渗透率后结束试验。

（5）在残余水状态下，完成气的有效渗透率测定后，在1/2和1/4驱替压力下分别测定气相有效渗透率，判断是否产生紊流。

非稳态法测定水—气渗透率流程示意图如图3.2所示。

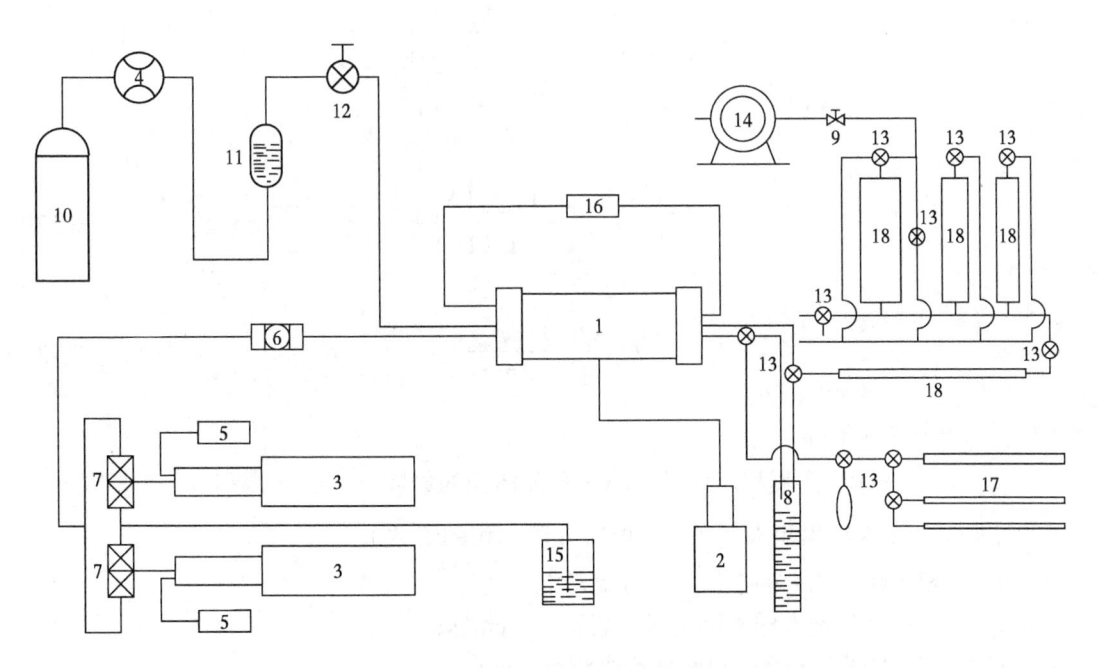

图3.2 非稳态法测定水—气渗透率流程示意图
1—岩心夹持器；2—围压泵；3—水泵；4—气体质量流量计；5—压力传感器；6—过滤器；7—三通阀；8—气水分离器；9—两通阀；10—气源；11—气体加湿中间容器；12—调压阀；13—控制阀；14—湿式流量计；15—烧杯；16—压差传感器；17—气体体积计量管；18—水体积计量管

3.1.4.3 计算方法

气体通过岩心，当压力从岩样的进口 p_1 变化到 p_2 时，气体的体积也随之变化，因此应采用平均体积流量。按照公式（3.9）将岩样出口压力下测量的累积流体总产量值修正到岩样平均压力下的值。

$$V_i = \Delta V_{wi} + V_{i-1} + \frac{2p_a}{\Delta p + 2p_a}\Delta V_{gi} \tag{3.9}$$

式中　V_i——i 时刻的累积水气产量，mL；

　　　ΔV_{wi}——$i-1$ 到 i 时刻的水增量，mL；

　　　V_{i-1}——$i-1$ 时刻的累积水气产量，mL；

　　　p_a——大气压，MPa；

　　　Δp——驱替压差，MPa；

　　　ΔV_{gi}——大气压下测得的某一时间间隔的气增量，mL。

将水、气总产量按照公式修正后，采用下式计算：

$$f_w S_g = \frac{d\overline{V}_w(t)}{d\overline{V}(t)} \tag{3.10}$$

$$K_{rw} = f_w(S_g)\frac{d\left[1\big/\overline{V}(t)\right]}{d\left[1\big/I\overline{V}(t)\right]} \tag{3.11}$$

$$K_{rg} = K_{rw}\frac{\mu_g}{\mu_w}\frac{1-f_w(S_g)}{f_w(S_g)} \tag{3.12}$$

$$I = \frac{Q(t)}{Q_w}\frac{\Delta p_w}{\Delta p(t)} \tag{3.13}$$

式中　$f_w S_g$——含水率；

　　　$\overline{V}_w(t)$——无因次累积产水量，PV（孔隙体积的倍数）；

　　　$\overline{V}(t)$——无因次累积水气产量，PV（孔隙体积的倍数）；

　　　I——相对注入能力的数值，又称流动能力比；

　　　$Q(t)$——t 时刻岩样出口端面产液流量，cm^3/s；

　　　Q_w——初始时刻岩样出口端面产水流量，cm^3/s；

　　　Δp_w——初始驱动压差，MPa；

　　　$\Delta p(t)$——t 时刻驱替压差，MPa。

3.2　相对渗透率曲线特征

3.2.1　致密气相对渗透率曲线特征

相对渗透率曲线的形态可以综合反映储层的孔隙结构特征以及流体间的相互作用关系，是研究多孔介质内两相流动的核心问题[4]。测试并收集了共 103 条致密气储层岩样的气—水相对渗透率曲线，分别来自苏里格气田盒8段[5]、川西蓬莱镇组、川中须家河组[6]、鄂尔多斯盆地长7组[7]、新疆克深气田、西湖凹陷花港组[8]、吐哈盆地八道湾组、定北气田（表3.1）。将这些曲线进行总结和分类，为合理开发低渗致密气田提供基础依据。

表3.1 相对渗透率曲线特征点数据分布

样品来源	平均束缚水饱和度，%	平均残余气饱和度，%	平均等渗点饱和度，%	平均束缚水饱和度下气相相对渗透率	平均残余气饱和度下水相相对渗透率	平均等渗点相对渗透率
苏里格气田盒8段	42.4	7.5	71.8	0.487	0.769	0.108
川西蓬莱镇组	64.9	11.0	73.9	0.127	0.910	0.052
川中须家河组	49.8	14.0	74.3	0.504	0.380	0.070
西湖凹陷花港组	32.5	30.3	63.5	0.568	0.073	0.025
定北气田	53.9	19.8	70.1	0.574	0.518	0.159
新疆克深气田	61.0	2.0	73.0	0.127	0.910	0.052
吐哈盆地八道湾组	45.3	4.7	70.3	0.380	0.360	0.092
鄂尔多斯盆地长7组	59.3	11.3	77.0	0.053	0.040	0.012

（1）束缚水饱和度S_{wi}和残余气饱和度S_{gr}均较大。

在相对渗透率曲线上的两个端点分别是S_{wi}和S_{gr}，代表气水流动时的饱和度下限。致密气储层S_{wi}主要分布在20%~60%，平均值为47%；致密砂岩储层亲水性强、储层孔喉半径小、孔隙结构复杂、孔隙连通性受限都是导致S_{wi}和S_{gr}较大的原因。苏里格气田盒8段的平均束缚水饱和度为42.4%，川中须家河组为49.8%，定北气田岩样为53.9%，川西蓬莱镇组平均为64.9%，而克深气田、吐哈盆地八道湾组和鄂尔多斯盆地长7组样品数量过少，没有代表性。

残余气饱和度主要分布在5%~15%［图3.3（b）］，平均为13%。实验过程中封闭气的形成方式主要有绕流形成的封闭气、卡断形成的封闭气、孔隙盲端和角隅形成的封闭气、"H型"孔道形成的封闭气、水锁形成的封闭气。致密气储层亲水性强、孔喉半径小，孔喉比大，使得气体更容易被封锁在孔隙以及喉道中形成气泡从而无法排出。

（2）束缚水饱和度下气相相对渗透率$K_{rg}(S_{wi})$较小，残余气饱和度下水相相对渗透率$K_{rw}(S_{gr})$分布不均匀。

$K_{rg}(S_{wi})$主要分布在0.3~0.5，平均值为0.47［图3.3（d）］。$K_{rg}(S_{wi})$反映了束缚水对气相流动的影响，也反映了致密气储层受到的水锁伤害D_k。

水锁也是多孔介质中两相渗流的主要特征。在储层发生水侵之前，多孔介质中只有单相气体流动，渗流阻力相对较低。当储层发生水侵后，多孔介质中单相流动变为多相流动，这时气、水渗流阻力明显增大，造成水锁伤害。在原始状态下，储层孔喉中存在一定数量的束缚水，束缚水主要以水膜的形式存在。在实验过程中，样品发生水侵后，样品的孔隙和喉道壁处的水膜增厚，使气水两相渗流通道减小，渗流阻力增加。由于储层的亲水性，水膜总是以连续相分布在孔喉表面，而气体在孔喉中央流动，其流动阻力与水相相比要大得多。所以，一旦储层发生水侵或水窜，气体产量将会急剧降低，这种现象在实际生产中十分普遍。

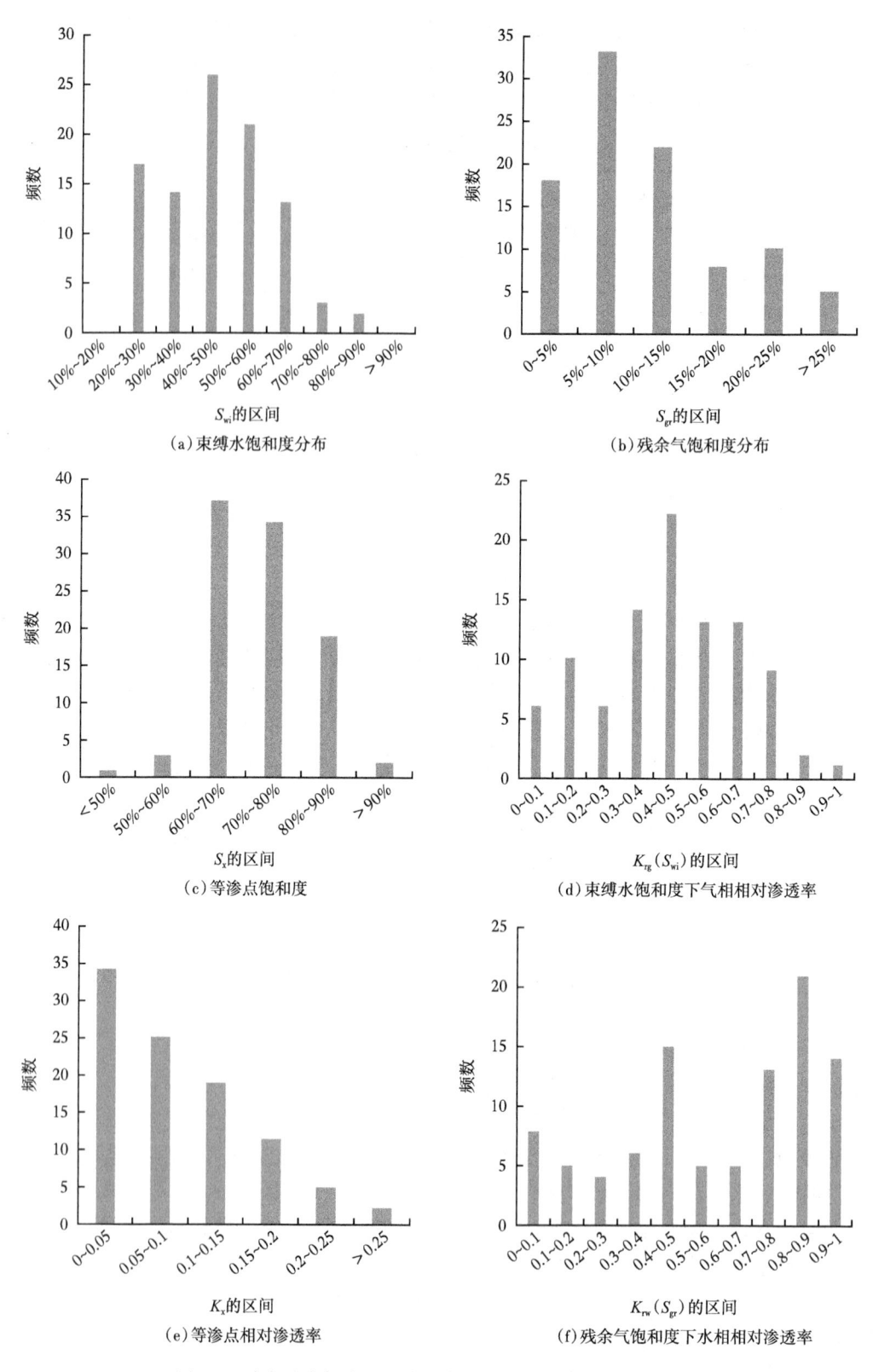

图 3.3 致密砂岩气水相对渗透率曲线特征点参数分布直方图

致密储层相对渗透率曲线 $K_{rw}(S_{gr})$ 平均值为 0.59 [图 3.3(f)], 反映了储层中残余气对水相流动的影响程度。不同的致密气储层, $K_{rg}(S_{wi})$ 和 $K_{rw}(S_{gr})$ 差异性很明显, 其内在的渗流规律存在很大差异。

(3) 等渗点相对渗透率 $K_x(S_x)$ 较小。

气—水相对渗透率曲线交点处气水的相对渗透率值大小一样, 称为气—水相对渗透率等渗点(K_x)。$K_x(S_x)$ 反映了储层存在两相渗流时渗透率的最大伤害程度。$K_x(S_x)$ 反映了两相渗流时渗透率的最大伤害程度。致密砂岩 $K_x(S_x)$ 分布为 0~0.15, 平均为 0.09。$K_x(S_x)$ 越小表明储层中两相流体之间的干扰越严重。大量实验结果表明, 等渗点相对渗透率值越低, 说明气、水两相之间的干扰程度增大, 渗流能力降低。原因在于致密砂岩储层孔隙半径与喉道半径的差异较大, 气体在通过小喉道时需要拉长、变形的程度更大, 产生贾敏效应, 从而减弱了其流动能力; 与此同时, 气体堵塞了喉道口使得水相也难以流通, 最终导致气、水两相渗透率的伤害程度均增大。大量实验结果表明, 等渗点相对渗透率值越高, 说明毛管压力作用减小, 气、水两相之间的干扰程度降低, 渗流能力增强了。

(4) 等渗点饱和度 S_x 较大。

相对渗透率曲线中饱和水与饱和气曲线相交点就是等渗点饱和度, 它是气—水相对渗透率实验分析的一个重要参数。当 $S_x > 50\%$ 时, 表示水相占据了岩石孔隙的大部分, 才能具有与气相等的渗流能力, 也就是岩石对水的亲和力更强, 表明岩石从中性到亲水性过渡, S_x 值越大说明岩石亲水能力越强。收集到的曲线 S_x 分布范围为 58%~95%, 平均值为 71.74%, 说明致密气储层基本为亲水储层。

$K_x(S_x)$、$K_{rg}(S_{wi})$ 和 $K_{rw}(S_{gr})$ 三个特征点的数据, 在前人对相对渗透率曲线的分类方式中多次利用, 表明了水相、气相在岩样中的渗流能力和两相之间相互干扰的程度, 很大程度地反映了流体渗流规律。依据前人的分类方法和对应的储层性质, 结合收集的相对渗透率曲线形态及特征点数据, 根据气水相对渗透率曲线的 $K_{rg}(S_{wi})$、$K_{rw}(S_{gr})$、$K_x(S_x)$ 分类, 通过将收集到的气—水相对渗透率曲线分为 6 类 (表 3.2)。

表 3.2 相对渗透率曲线分类表

类别	$K_{rg}(S_{wi})$	$K_{rw}(S_{gr})$	$K_x(S_x)$	对应的储层性质
Ⅰ	$K_{rg}(S_{wi}) > 0.6$	$K_{rw}(S_{gr}) > 0.6$	> 0.16	孔隙类型以粒间孔为主, 并可见微裂缝, 气水相对渗透率曲线类型最好
Ⅱ	$K_{rg}(S_{wi}) > 0.4$	$K_{rw}(S_{gr}) > 0.6$	0.1~0.16	孔隙结构及连通性较好, 气水相对渗透率曲线类型较好, 样品孔隙类型主要为晶间孔、溶孔
Ⅲ	$K_{rg}(S_{wi}) < 0.4$	$K_{rw}(S_{gr}) > 0.6$	< 0.1	该类储层以溶蚀孔、晶间孔为主, 渗流能力相对较差
Ⅳ	$K_{rg}(S_{wi}) > 0.4$	$K_{rw}(S_{gr}) > 0.4$	< 0.1	孔隙类型主要为溶孔、微孔, 渗流能力和储层性质较差
Ⅴ	$K_{rg}(K_{wi}) > 0.4$	$K_{rw}(K_{gr}) > 0.4$	< 0.1	渗流能力差, 储层主要是晶间微孔, 连通的孔喉通道极少
Ⅵ	$K_{rg}(K_{wi}) < 0.3$	$K_{rw}(K_{gr}) < 0.4$	< 0.05	孔隙类型主要为微孔, 主流孔喉空间体积小, 两相渗流互相干扰程度大, 渗流能力和储层性质极差

Ⅰ类是 $K_{rg}(S_{wi}) > 0.6$、$K_{rw}(S_{gr}) > 0.6$、$K_x(S_x) > 0.16$ 的相对渗透率曲线 [图 3.4(a)]。岩样的气测渗透率分布为 0.6~3.3mD, 平均渗透率为 1.56mD。该类曲线的气相、水相流动能力较强, 两相流体之间干扰小。S_{wi} 介于 25%~53%, 平均为 32%, 束缚水较少。气水

相对渗透率曲线类型最好,孔隙类型以粒间孔为主,并可见微裂缝。

Ⅱ类是$K_{rg}(S_{wi})>0.4$、$K_{rw}(S_{gr})>0.6$的相对渗透率曲线[图3.4(b)],等渗点处$K_x(S_x)$介于0.1~0.16之间,平均值为0.086。岩样的气测渗透率分布为0.209~7.59mD,平均渗透率为1.44mD。该类曲线的水相流动能力较强,气相流动能力较弱,两相流体之间干扰较小。S_{wi}介于25%~59%,平均为35%。孔隙结构及连通性较好,气水相对渗透率类型较好,样品孔隙类型主要为晶间孔、溶孔。

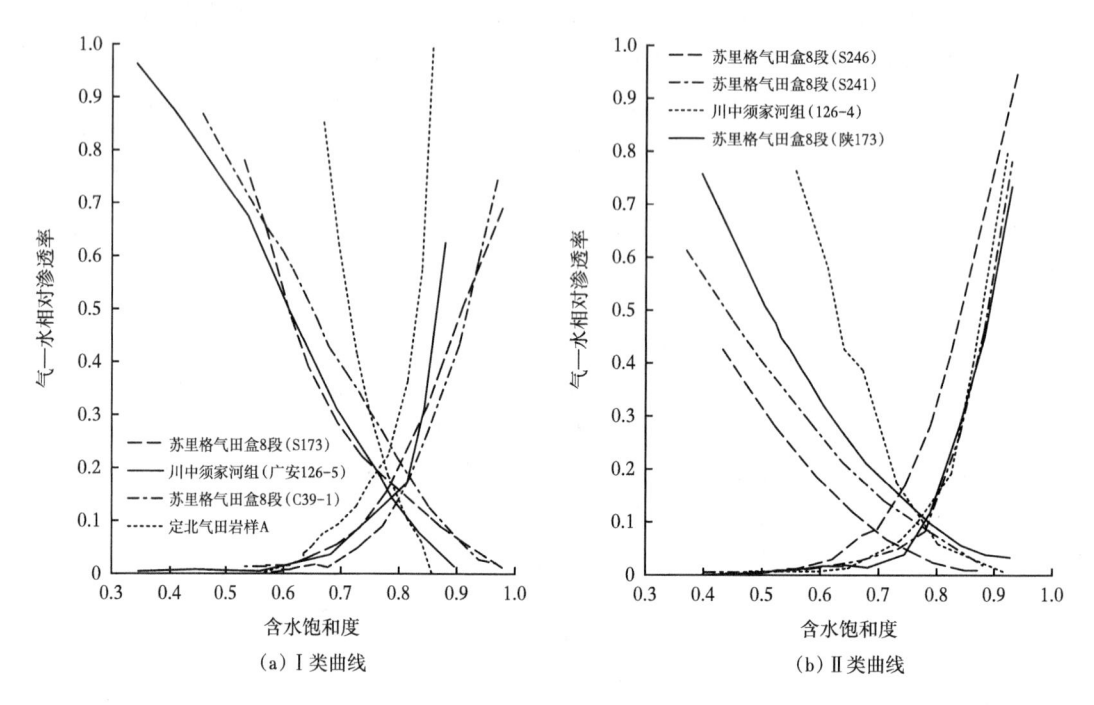

图3.4 Ⅰ类和Ⅱ类相对渗透率曲线
下降的曲线为气相相对渗透率,上升的曲线为水相相对渗透率

Ⅲ类是$K_{rg}(S_{wi})<0.4$、$K_{rw}(S_{gr})>0.6$的相对渗透率曲线[图3.5(a)],等渗点处的$K_x(S_x)<0.1$。岩样的气测渗透率分布为0.3~1.27mD,平均渗透率为0.48mD。由于岩样的气相相对渗透率较低,气体可能在孔隙中堵塞,影响水相流动,导致两相流体之间干扰增加。S_{wi}介于24%~48%,平均为43%。该类储层以溶蚀孔、晶间孔为主,渗流能力相对较差。

Ⅳ类是$K_{rg}(S_{wi})>0.4$、$K_{rw}(S_{gr})>0.4$、$K_x(S_x)<0.1$的相对渗透率曲线[图3.5(b)]。岩样的气测渗透率分布为0.1~1mD,平均渗透率为0.31mD。该类曲线的气相、水相流动能力一般,两相流动能力差距较小,两相流体之间存在一定干扰。因此岩样渗透率降低,以至于在该部分的岩样相对渗透率曲线中有一部分岩样出现相对渗透率瓶颈区的现象。S_{wi}介于33%~71%,平均为47%。孔隙类型主要为溶孔、微孔,渗流能力和储层性质较低。

Ⅴ类是$K_{rg}(S_{wi})>0.4$、$K_{rw}(S_{gr})<0.4$、$K_x(S_x)<0.1$的相对渗透率曲线[图3.6(a)]。岩样的气测渗透率分布为0.024~2.638mD,平均渗透率为0.75mD,该类曲线的岩样中气相流动能力较弱、水相流动能力弱。由于致密砂岩储层亲水,气相两相流体之间干扰较大。S_{wi}介于24%~65%,平均为51%。渗流能力差,储层主要是晶间微孔,连通的孔喉通道极少。

Ⅵ类是$K_{rg}(S_{wi})<0.3$、$K_{rw}(S_{gr})<0.4$的相对渗透率曲线,$K_x(S_x)<0.05$[图3.6(b)]。

岩样的气测渗透率分布为 0.03~0.7mD，平均渗透率为 0.19mD。该类曲线的气相、水相流动能力弱，两相流体之间干扰大。S_{wi} 介于 32%~85%，平均为 59 %。孔隙类型主要为微孔，主流孔喉空间体积小，两相渗流互相干扰程度大，渗流能力和储层性质极差。Ⅵ类曲线之间差异性较大，原因是该类曲线表明储层孔隙结构复杂且储层性质极差，对应的曲线特征差异较大。

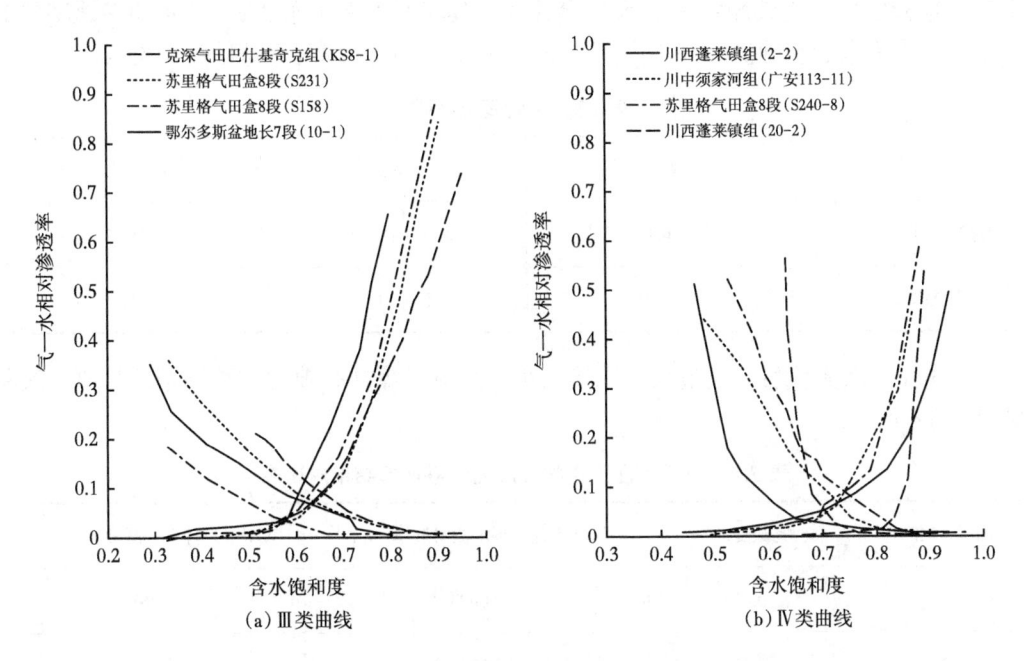

图 3.5　Ⅲ类和Ⅳ类相对渗透率曲线
下降的曲线为气相相对渗透率，上升的曲线为水相相对渗透率

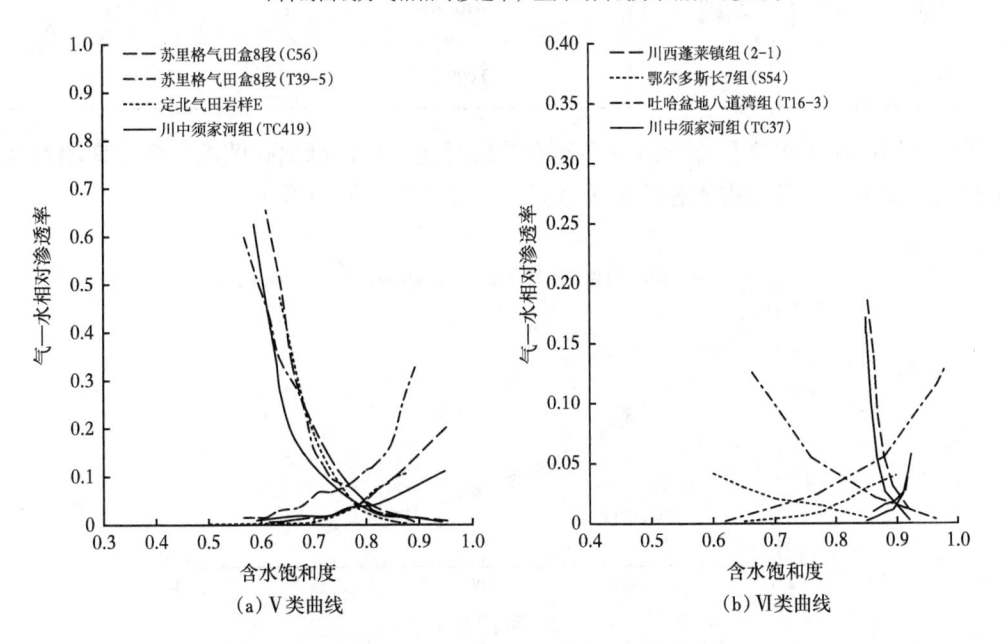

图 3.6　Ⅴ类和Ⅵ类相对渗透率曲线
下降的曲线为气相相对渗透率，上升的曲线为水相相对渗透率

3.2.2 煤层气相对渗透率曲线特征

以韩城煤样为例,利用非稳态法测定不同围压下的气—水相对渗透率。将已饱和水的煤样装入岩心夹持器,用驱替泵以一定的压力或流速使水通过煤样,待煤样进出口的压差和出口流量稳定后,连续测定三次水相渗透率,其相对误差小于3%。此水相渗透率作为气—水相对渗透率的基础值。在不同围压下气—水相对渗透率测定基础数据见表3.3。

表 3.3　实验基础参数

地区	韩城	煤层	5号
煤样长度,mm	70.49	煤样直径,mm	38.02
环境温度,℃	19~21	注入气体	N_2

在每做完一次实验后,通过改变围压大小,来测量煤样孔隙度和渗透率的数值,实验结果如表3.4所示。

表 3.4　不同围压下煤样孔隙度、渗透率结果对比表

围压,MPa	孔隙度,%	饱和水条件下水测渗透率,mD	束缚水条件下气测渗透率,mD
4.10	3.603	0.0603	0.0637
6.05	3.415	0.0341	0.0362
8.08	3.288	0.0166	0.0174
10.08	3.138	0.00926	0.00969

通过不同围压下煤样孔隙度以及渗透率结果对比,可以画出孔隙度、渗透率随着围压变化曲线,通过拟合可以得到相应的关系式,如图3.7、图3.8所示。

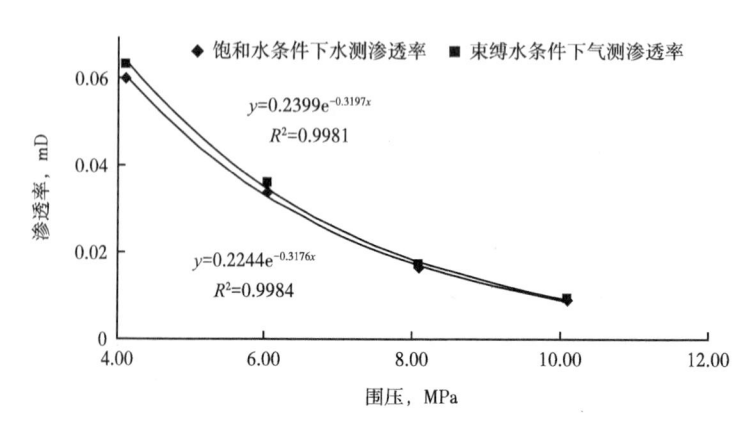

图 3.7　渗透率随围压变化曲线

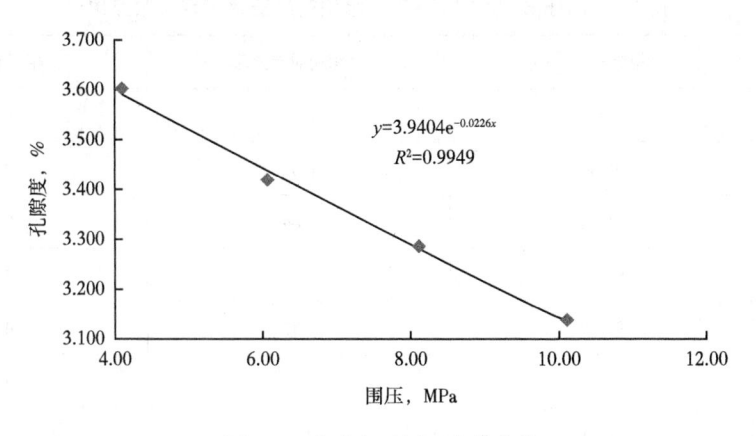

$y=3.9404e^{-0.0226x}$
$R^2=0.9949$

图 3.8 孔隙度随围压变化曲线

由图 3.7 可以看出，饱和水、束缚水条件下测得的渗透率随围压变化都成指数变化规律。随着围压的增大，渗透率成指数式下降，但是相比两种状态下测定的渗透率可以看出，气测渗透率比水测渗透率稍微偏大，然而随着围压的增大，两者的测量结果误差减小。实验围压从 4.10MPa 升至 10.08MPa，可以看出渗透率降低了 85%。

由图 3.8 可以看出，孔隙度随围压变化也成指数变化规律。随着围压的增大，孔隙度成指数式下降。实验围压从 4.10MPa 升至 10.08MPa，可以看出孔隙度降低了 13%。

由以上实验结果可以看出，韩城地区煤层气气藏为较强的应力敏感性气藏，开发时要合理制定生产压差，以免生产压差过大，使得孔隙度、渗透率下降过大，造成地层能量浪费。

通过不同围压下，计量产气量、产水量、累积产气量、累积产水量、驱替压差随着时间变化，然后根据前面详细计算步骤的处理，最终可以得到不同含水饱和度下气—水相对渗透率、气—水有效渗透率的数值，如表 3.5、表 3.6 以及表 3.7 所示。

表 3.5 围压 4.10MPa 下气—水相对渗透率测定实验结果

序号	水相饱和度，%	气相相对渗透率	水相相对渗透率
1	100.00	0.00	0.59
2	94.44	0.02	0.32
3	92.71	0.14	0.27
4	90.98	0.18	0.19
5	89.59	0.18	0.14
6	88.90	0.24	0.12
7	87.85	0.44	0.12
8	86.29	0.89	0.07

表 3.6　围压 6.05MPa 下气、水相对渗透率测定实验结果

序号	水相饱和度，%	气相相对渗透率	水相相对渗透率
1	100.00	0.00	0.46
2	97.00	0.02	0.36
3	96.22	0.04	0.29
4	95.12	0.19	0.25
5	92.19	0.37	0.14
6	90.72	0.42	0.11
7	88.53	0.74	0.08
8	90.36	0.64	0.12
9	87.67	0.91	0.07
10	87.06	0.99	0.00

表 3.7　围压 8.08MPa 下气、水相对渗透率测定实验结果

序号	水相饱和度，%	气相相对渗透率	水相相对渗透率
1	100.00	0.00	0.35
2	98.00	0.00	0.30
3	97.00	0.06	0.20
4	95.00	0.20	0.15
5	93.00	0.32	0.12
6	92.00	0.34	0.06
7	91.50	0.47	0.04
8	90.50	0.56	0.02
9	89.91	0.66	0.02
10	88.00	1.00	0.00

由不同围压下气—水相对渗透率和饱和度的对应关系可以画出不同围压下气—水相对渗透率对比曲线。

由图 3.9 可以看出，随着围压的增大，在同一饱和度下水相相对渗透率逐渐降低，气相相对渗透率逐渐增大。围压越大，气—水相对渗透率曲线交点越靠近图像右侧，说明气驱水过程中，围压的增大使得水越来越难驱替过来，气相渗透率增加较快，原因是围压的增大，使得孔隙度、渗透率都减小，毛管压力增大，驱替的水会减少，相应的气相相对渗透率增大。

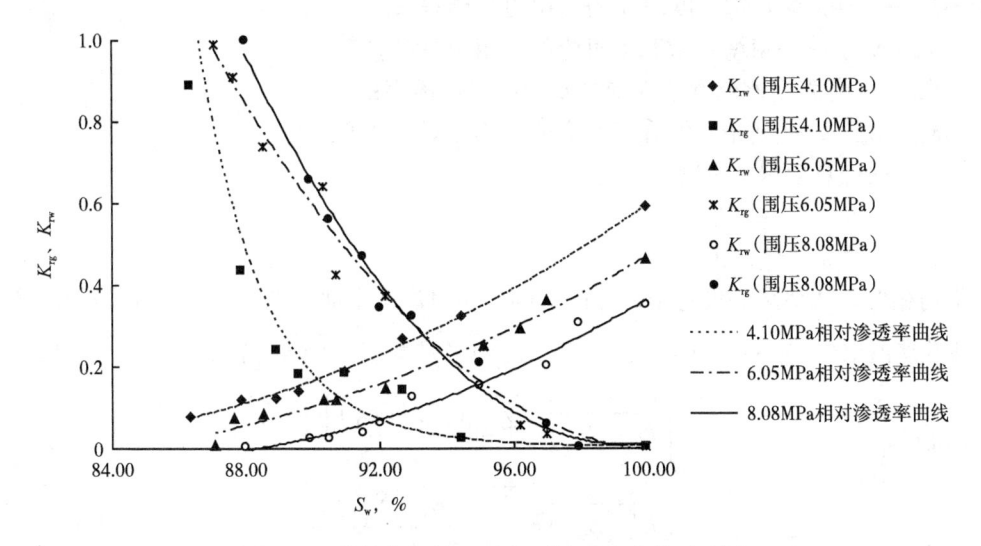

图 3.9 不同围压下气—水相对渗透率曲线对比图

3.3 相对渗透率曲线归一化

气—水相对渗透率曲线是气、水在岩样中运动规律的数字化特性曲线，几乎概括了气藏一切与渗流有关的性质；不同形态气—水相对渗透率曲线反映了气藏开发过程中储层孔隙结构变化、气水分布状态、气水运动规律及开采特征。进行气藏数值模拟研究和工程计算时，相对渗透率曲线是不可缺少的实验资料。实验室提供的若干条各不相同的相对渗透率曲线经标准化处理，得出符合气藏实际渗流特征的相对渗透率曲线，对气田开发具有重要意义。

若储层均质性较好，则不同岩样相对渗透率曲线形态差异较小，归一化处理相对较为容易。若储层非均质性较强，则不同岩样相对渗透率曲线形态差异较大，归一化处理较为困难。归一化要求在保持各类岩样曲线形态总体特征的基础上，获得一条可以表征整个储层渗流征的相对渗透率曲线。目前归一化处理方法主要有平均法、经验公式法、相对渗透率特征曲线法、多项式拟合法、自动历史拟合法[9-11]。

3.3.1 平均法

平均法的实质是将实验测出的两相流体相对渗透率点进行分段线性插值。平均法包括平均相对渗透率法和平均饱和度法，两种处理方法较为类似。对岩心实验的相对渗透率数据进行无因次化处理，其公式为

$$\begin{cases} K_{rg}(S_{wD}) = \dfrac{K_{rg}}{K_{rg}(S_{wi})} \\ K_{rw}(S_{wD}) = \dfrac{K_{rw}}{K_{rw}(S_{gr})} \\ S_{wD} = \dfrac{S_w - S_{wi}}{1 - S_{wi} - S_{gr}} \end{cases} \quad (3.14)$$

式中　K_{rg}——任意含水饱和度对应的气相相对渗透率；

　　　$K_{rg}(S_{wi})$——束缚水饱和度对应的气相相对渗透率；

　　　K_{rw}——任意含水饱和度对应的水相相对渗透率；

　　　$K_{rw}(S_{gr})$——残余气饱和度对应的水相相对渗透率；

　　　S_w——任意含水饱和度；

　　　S_{wi}——束缚水饱和度；

　　　S_{gr}——残余气饱和度。

平均相对渗透率法是将每个岩样的无因次相对渗透率曲线的 S_{wD} 从 0 到 1 分为 n 等份，分段线性差值求取 S_{wD} 对应下的 K'_{rg} 和 $K'_{rw}(S_{wD})$ 及平均值 $\overline{K'_{rg}(S_{wD})}$、$\overline{K'_{rw}(S_{wD})}$，其公式为

$$\begin{cases} \overline{K'_{rg}(S_{wD})} = \dfrac{\sum_{i=1}^{n}\left[K'_{rg}(S_{wD})\right]_i}{n} \\ \overline{K'_{rw}(S_{wD})} = \dfrac{\sum_{i=1}^{n}\left[K'_{rw}(S_{wD})\right]_i}{n} \end{cases} \quad (3.15)$$

平均饱和度法是将气水相对渗透率值分为 n 等份，求其对应的含水饱和度的平均值。将求得的 $\overline{K'_{rg}(S_{wD})}$、$\overline{K'_{rw}(S_{wD})}$ 及 S_{wD} 换算为

$$\begin{cases} K_{rg} = \overline{K'_{rg}(S_{wD})} \times \overline{K_{rg}(S_{wi})} \\ K_{rw} = \overline{K'_{rw}(S_{wD})} \times K_{rw}(S_{gr}) \\ S_w = S_{wD}(1 - \overline{S_{wi}} - \overline{S_{gr}}) + \overline{S_{wi}} \end{cases} \quad (3.16)$$

从而获得平均法归一化后的相对渗透率曲线。

适用性分析：平均法得出的理论含水率、含水上升率、驱替效率及采收率更接近生产实际，能较真实地反映储层流体运动规律及渗流特征。平均法与实验相对渗透率曲线形态吻合更好，对均质储层与非均质性储层均具有较好的适用性，但该方法归一化的相对渗透率曲线不光滑且精度低，不宜在数值模拟中使用。

3.3.2　经验公式法

利用具有代表性的相关经验公式，对每块岩心的相对渗透率曲线数据进行回归，得到能反映每块岩心相对渗透率曲线特征的相关参数，从而获得每块岩心的相对渗透率曲线。然后对每块岩心的相关参数进行平均化处理，最终获得一条可以表征整个储层渗流特征的相对渗透率曲线。常见的经验公式主要为

$$\begin{cases} K'_{rg} = 10^a (1 - S_{wD})^n \\ K'_{rw} = 10^b S_{wD}^m \end{cases} \quad (3.17)$$

将式（3.17）两边取对数得

$$\begin{cases} \lg K'_{rg} = a + n\lg(1 - S_{wD}) \\ \lg K'_{rw} = b + m\lg S_{wD} \end{cases} \quad (3.18)$$

根据式（3.18）对每块岩心的相对渗透率曲线数据进行回归，从而获得回归系数 a、b、m、n。采取算术或几何平均求取各条相对渗透率曲线 a、b、m、n 的平均值。S_{wD} 分为 n 等份，计算得到每个等份的 $\overline{K'_{rg}(S_{wD})}$、$\overline{K'_{rw}(S_{wD})}$，得到第一类经验公式归一化的相对渗透率曲线。

第二类经验公式法与第一类经验公式法处理步骤一致，只是拟合的公式不同。第二类经验公式为

$$\begin{cases} K'_{rw} = S_{wD}^a \\ K'_{rg} = (1-S_{wD})^b \end{cases} \quad (3.19)$$

同第一类经验公式相同，将公式（3.19）两边取对数，得到

$$\begin{cases} \lg K'_{rw} = a \lg S_{wD} \\ \lg K'_{rg} = b \lg (1-S_{wD}) \end{cases} \quad (3.20)$$

适用性分析：经验公式法利用幂函数归一化相对渗透率曲线，归一化后的相对渗透率曲线都呈现幂指数形态。只有水相上凹形符合幂函数形态，其他相对渗透率曲线形态则不适于采取经验公式法归一化处理。因此，经验公式法更适用于均质性储层，而非均质性储层则不适用。

3.3.3 相对渗透率特征曲线法

前人对 70 多条相对渗透率曲线研究发现，相对渗透率与含水饱和度之间存在很好的线性关系：

$$\begin{cases} \lg(K'_{rw} + C_w) = a_w S_{wD} + b_w \\ \lg(K'_{rg} + C_g) = a_g (1-S_{wD}) + b_g \end{cases} \quad (3.21)$$

作 $\lg K'_{rw}$ 与 S_{wD} 的关系曲线，在 $\lg K'_{rw}$ 与 S_{wD} 的关系曲线上取点 1 和点 3，并在点 1 和点 3 间取其中间值点 2。同理，作 $\lg K'_{rg}$ 与 $1-S_{wD}$ 的关系曲线，计算 C_w 和 C_g：

$$\begin{cases} C_w = -\dfrac{K'_{rw1}K'_{rw3} - K'^2_{rw2}}{K'_{rw1} + K'_{rw3} - 2K'_{rw2}} \\ C_g = -\dfrac{K'_{rg1}K'_{rg3} - K'^2_{rg2}}{K'_{rg1} + K'_{rg3} - 2K'_{rg2}} \end{cases} \quad (3.22)$$

然后线性回归 $\lg[K'_{rw}(S_{wD}) + C_w]$ 与 S_{wD} 和 $\lg[K'_{rg}(S_{wD}) + C_g]$ 与 $1-S_{wD}$ 的关系曲线，从而求得 a_w、b_w、a_g、b_g 及平均值。将 S_{wD} 分为 n 等份，计算每个等份的 $\overline{K'_{rg}(S_{wD})}$、$\overline{K'_{rw}(S_{wD})}$ 值，获得一条可以表征整个储层渗流特征的相对渗透率曲线。

适用性分析：相对渗透率特征曲线法的实验统计岩样数量少且不同储层代表性不强。另一方面，在求取 C_w 和 C_g 过程中，选取不同的点 1 和点 3，其结果差异很大。相对渗透率特征曲线法是利用指数函数拟合相对渗透率曲线。与经验公式法类似，该方法只能拟合水相呈上凹形的相对渗透率曲线。因此，相对渗透率特征曲线法更适用于均质性储层。

3.3.4 多项式拟合法

多项式拟合法与经验公式法非常相似，不同点为经验公式法采用幂函数进行拟合。运用多项式数学模型能够精确拟合有效厚度井段内所有类型的相对渗透率曲线，而且推荐的归一化相对渗透率曲线方法能够隐含参与归一化的每个样品相对透率曲线的中间过程点的权重关系。矿场运用中也认为多项式拟合法是有效方法，不用筛选样品，各个样品相对渗透率的束缚水饱和度和残余气饱和度的平均值分别作为储层归一化相对渗透率曲线的束缚水饱和度和残余气饱和度值。

首先求取各个样品的归一化含水饱和度。对每个样品的归一化含水饱和 S_{wD} 与它的气、水相对渗透率值 K_{rg}、K_{rw} 分别进行多项式拟合，按拟合曲线再求取各个样品同一个归一化含水饱和度点下的平均气、水相对渗透率值。

通过含水饱和度与归一化含水饱和度的关系直接反算含水饱和度，实现不同含水饱和度值时归一化油相相对渗透率值和水相相对渗透率值的求取。该方法适用于所有类型的相对渗透率曲线，由于多项式的拟合精度高（一般 $r^2 > 0.99$），因此，拟合曲线可以代表原始相对渗透率曲线和归一化相对渗透率曲线。

适用性分析：多项式拟合法可以表征多种曲线形态，对不同相对渗透率曲线形态均适用，因此该方法适用于均质性及非均质储层。但高阶多项式拟合的相对渗透率曲线拐点多，波动严重；三阶多项式拟合容易出现一个拐点；二阶多项式拟合曲线光滑没有拐点，但相关系数偏小。

3.3.5 自动历史拟合法

该法需先利用实验室气—水相对渗透率数据，通过孔隙度和渗透率对数与自由气饱和度的关系筛选出合格的相对渗透率曲线，并根据气—水相对渗透率曲线的交点等渗点及曲线形态把相对渗透率曲线分类，公式为

$$\begin{cases} K_{rw} = \left[\dfrac{(S_w - S_{wirr})(1 - S_{gr})}{1 - S_{wirr} - S_{gr}}\right]^m \\ K_{rg} = \dfrac{(S_g - S_{gr})^p (2S_w + S_g - S_{gr} - 2S_{wirr})}{(1 - S_{wirr} - S_{gr})^q} \end{cases} \quad (3.23)$$

式中　m、p、q——需要拟合的参数，采用自动历史拟合法拟合；

　　　S_g——气的饱和度（等于 $1-S_w$）；

　　　S_{wirr}——束缚水饱和度；

　　　S_{gr}——残余气饱和度。

自动历史拟合是可以替代人工历史拟合的一种新的拟合方法。在自动历史拟合中，以最小化目标函数作为参数估算的限制，目标函数往往是取实验室测定值和计算值差的平方的加权和。

归一化步骤：

（1）将每一类气—水相对渗透率代表曲线与相对渗透率渗定量公式计算曲线分别拟合，得到各自拟合误差最小时的 m、p、q 值；

（2）根据每一类相对渗透率曲线确定的 m、p、q 值明确拟合参数的范围；

（3）综合拟合所有代表曲线的气—水相对渗透率数据，在 m、p、q 范围里，综合考虑绝对误差和相对误差的大小，最终确定最终的拟合参数。

适用性分析：对于砂岩和泥质砂岩提出的油水两相经验公式并结合相对渗透率曲线的物理意义，加入残余气的影响及分析水气油三相的关系所建立的气水相对渗透率公式拟合效果较好。

3.3.6 相对渗透率曲线归一化结果

利用平均法对此前收集的六类相对渗透率曲线进行归一化处理。图 3.10 为归一化处理结果。

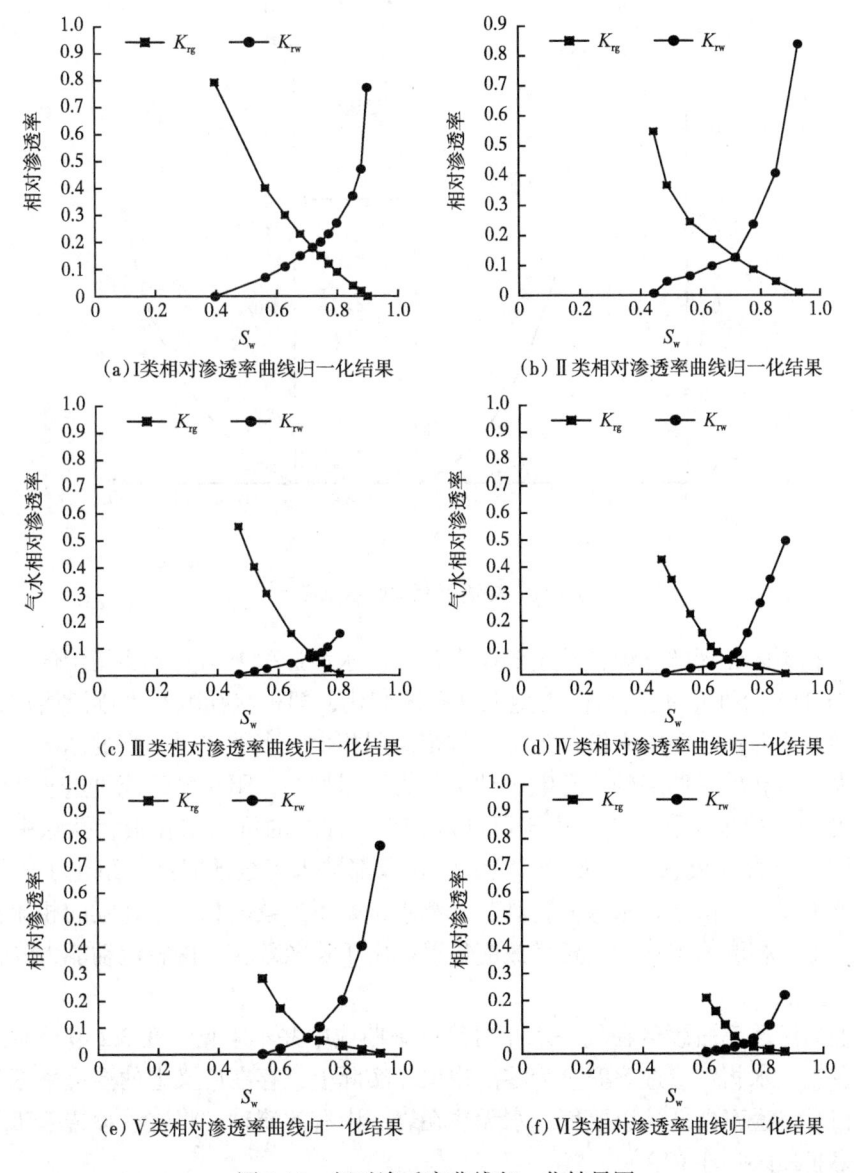

图 3.10 相对渗透率曲线归一化结果图

3.4 渗透率瓶颈区

3.4.1 概念

渗透率瓶颈区的概念在1992年第一次被提出,最基本的概念是在致密岩石中存在一个饱和度区域,在这个区域中水相和气相的相对渗透率都很低,以至于气相和水相都没有流动能力。因为每个相态都锁住了另一相态阻止其流动,看起来这个组分完全被锁住了,像流体在监狱中。在这个含水饱和度范围内,气、水无法流动的现象被称为"渗透率瓶颈区(又称为狱渗区)"(图3.11)。

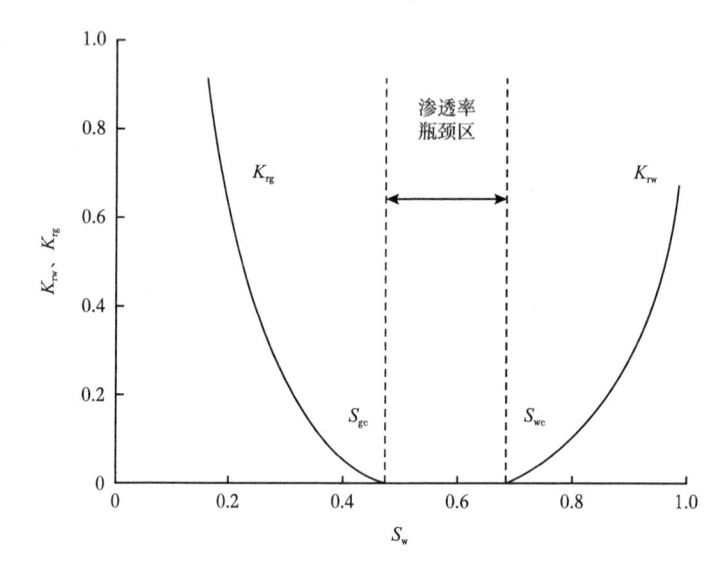

图3.11 渗透率瓶颈区示意图[12]

渗透率瓶颈区在理解和模拟致密储层有效气、水渗透率方面具有实用价值。当渗透率降低到约1mD以下时,孔结构向大型孤立孔体变化,即板状孔喉长度逐渐增加,宽度逐渐缩小,导致相对渗透率的系统性变化。致密储层相比大多数渗透率高的储层,其孔隙结构变化很大。水在致密储层的小孔喉中被毛管力紧紧控制,阻止气体流过这些孔喉。然而同时在长度较大的板状孔喉中,由于可动水较少,连续的可动水在板状孔隙中变成不连续,其长度超过大的板状孔喉长度。较大的孔喉都被水完全地阻挡,阻止了气体通过岩石。在孔隙尺度上,由于含水饱和度高,气和水都是不连续的相。不连续的相流在致密储层很常见。由于相流的不连续,贾敏效应显著。由于贾敏效应,两相流动能力降低,造成渗透率的瓶颈区。

狭义上的渗透率瓶颈区在气—水相对渗透率曲线中并不常见,在3.2节相对渗透率曲线中不存在气、水相对渗透率完全为零的现象。实际上,存在广义上的渗透率瓶颈区,即气、水的相对渗透率极低,以致气、水无法在岩心中有效流动,将这种渗透率瓶颈区称为广义渗透率瓶颈区(图3.12)。

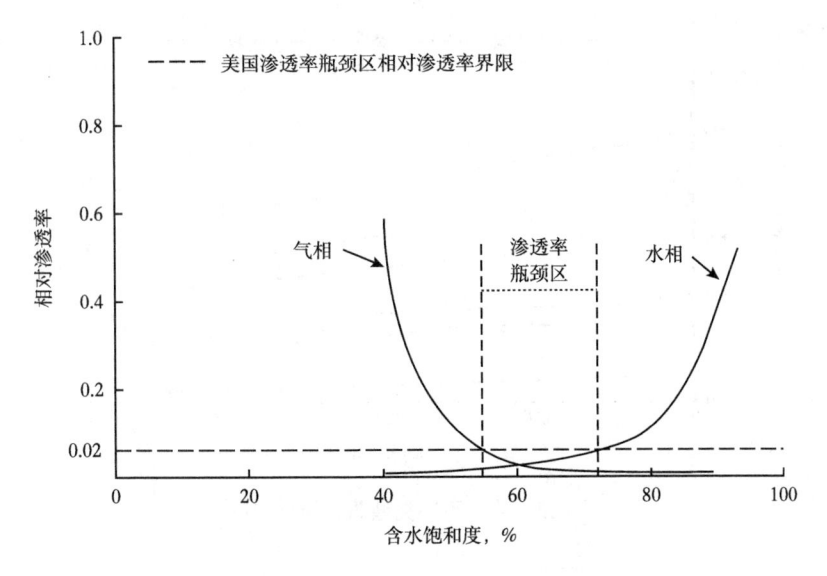

图 3.12 广义渗透率瓶颈区示意图

3.4.2 广义渗透率瓶颈区划分[13]

根据物理实验难以直接观察到渗透率瓶颈区，所以无法通过物理实验直接对渗透率瓶颈区进行表征。而目前已提出的渗透率瓶颈区表征方法，有的是通过渗透率瓶颈区机理利用公式推导，有的是通过气—水相对渗透率曲线的形态进行表征。但是这些表征方法和生产实际难以联系，无法对实际气井生产进行帮助指导。本节利用数值模拟方法，以定北气田某区块为研究对象，结合岩样的微观孔隙结构及经济评价，提出考虑生产实际的致密储层广义渗透率瓶颈区划分方法。

数值模型平面网格数为 200×200，网格尺寸为 25m×25m，考虑到砂体的连续性和运算时间，纵向分为 14 个模拟层，总网格数为 200×200×14=560000 个。

网格方向考虑气藏性质变化的方向，坐标系统平行或垂直于气藏中流体的主流动方向；网格方向、尺寸与井位相适应。共两种不同的井位图，其中一个共 22 口直井（P01~P22），井排距设置为 800×800；另一个模型为 13 口水平井（LP1~LP13），水平井水平段长度为 1000m，井排距设置为 1000×600。

3.4.2.1 不同类型相对渗透率曲线对生产的影响

1）直井

六条归一化的相对渗透率曲线对应共六个方案，开采时间为十年，直井单井产量设置为 6000m³/d。

由图 3.13、图 3.14 可知，不同类型曲线对应初始日产量不同，其中 I 类曲线的日产量和总产量最高，接着是 II、III 类曲线，然后是 IV、V 类曲线，VI 类曲线最低，并且 VI 类曲线的日产量衰减速度最大，整体气藏开发效果变差。对于直井来说，由于存在渗透率瓶颈区，产量根本达不到定产所需的 6000m³/d，而且产量维持在 400m³/d 左右。

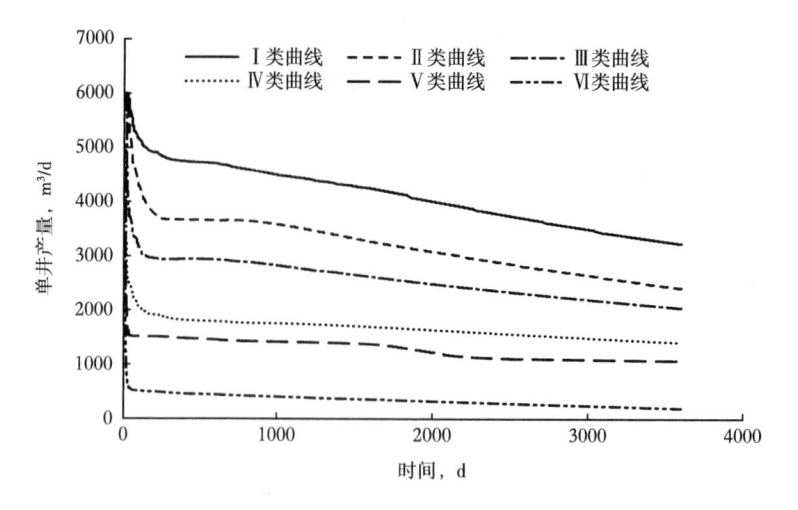

图 3.13 直井不同类型曲线的日产量

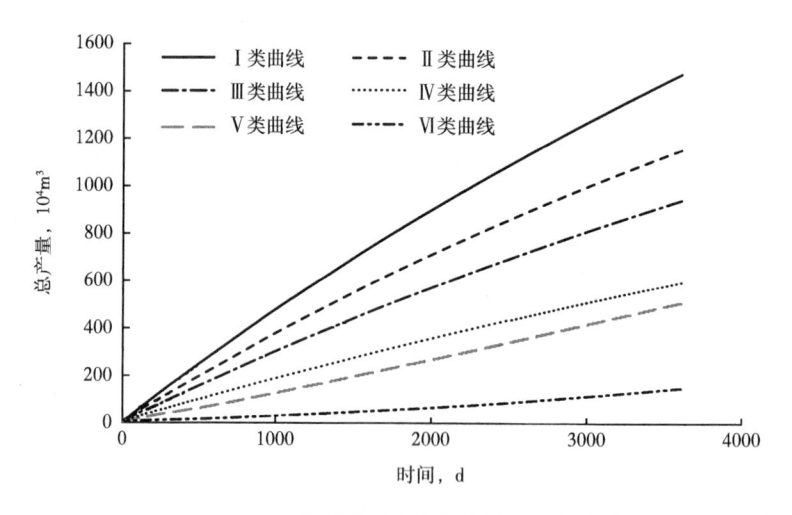

图 3.14 直井不同类型曲线的单井总产气量对比

从图中可以看出，从Ⅰ类曲线到Ⅵ类曲线，压降面积逐渐减小，采收程度逐渐下降，日产量和总产量都随着曲线类型改变而下降，其中Ⅳ类、Ⅴ类和Ⅵ类曲线都达不到设置的产量 6000m³/d。Ⅵ类曲线的日产量和总产量最低，采收程度最差。

对直井来说，Ⅰ类曲线的利润率为30%，Ⅱ类曲线为11%，Ⅲ类曲线为-4%，Ⅳ类曲线和Ⅴ类曲线为-33%和-40%，Ⅵ类曲线为-80%。其中Ⅲ类曲线与Ⅳ类曲线的产量和利润率有较大的差距，从Ⅳ类曲线开始出现较大的亏损。从经济评价的角度看，曲线越差，对应的产量越低，进而导致项目的亏损。

2）水平井

水平井设六个方案，单井产量设置为 25000 m³/d，持续生产 10 年。从图 3.15 中可以看出，对于水平井来说，Ⅰ类曲线稳产将近20d，产量下降较为平缓，总产量为 4636×10⁴m³，采收程度最好；Ⅱ类曲线稳产30d左右，总产量为 4413×10⁴m³；Ⅲ类曲线总产量为 3777×10⁴m³，Ⅳ、Ⅴ类曲线为 3093×10⁴m³ 和 3027×10⁴m³；Ⅵ类曲线日产量则在开井后迅速下降，总产量为 2884×10⁴m³，采收程度最差。

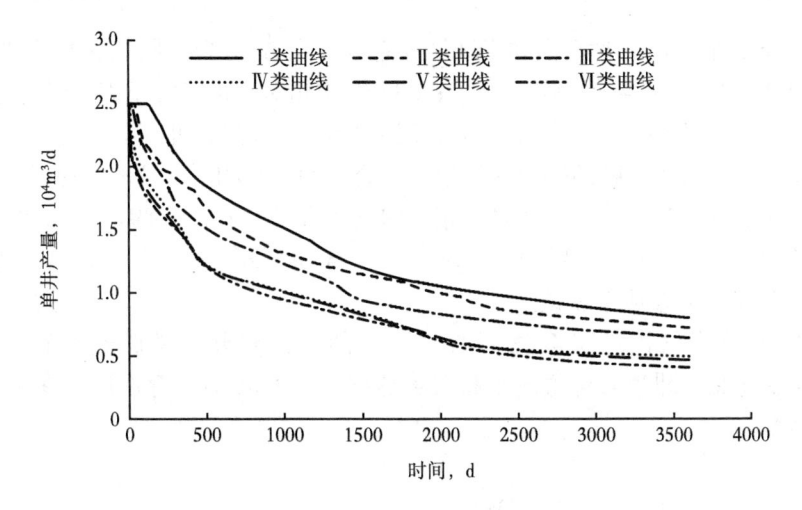

图 3.15 水平井不同类型曲线的单井日产量

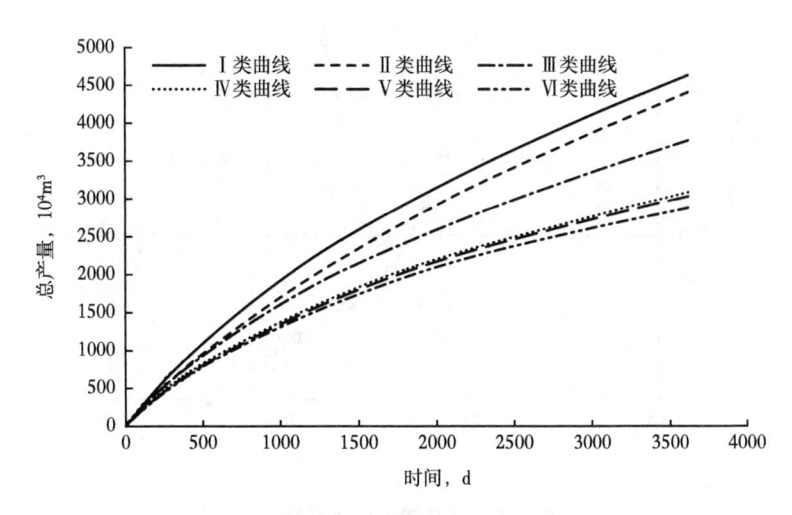

图 3.16 水平井不同类型曲线的单井总产量

对于水平井来说，不同类型曲线经济评价结果为：Ⅰ类曲线的利润率为 34%，Ⅱ类曲线为 29%，Ⅲ类曲线为 17%，Ⅳ类曲线和Ⅴ类曲线为 2% 和 1%，Ⅵ类曲线为 -4%。

跟水平井相比，直井的总产量远远小于水平井总产量，开发经济性也差于水平井。从直井、水平井的产量和经济评价来判断，Ⅲ类曲线和Ⅳ类曲线之间差距较大，且Ⅳ、Ⅴ、Ⅵ类曲线的经济性差，利润率低，造成较大亏损。所以，Ⅳ、Ⅴ、Ⅵ类曲线存在广义的渗透率瓶颈区，而且渗透率瓶颈区对气井产量的影响越来越大。

3.4.2.2 广义渗透率瓶颈区范围划分

通过对 103 条归一化、数值模拟和经济评价得到存在渗透率瓶颈区的Ⅳ、Ⅴ、Ⅵ

类气—水相对渗透率曲线。求出Ⅳ类曲线的气相曲线曲率突变点对应的相对渗透率（K^*_{rg}）、水相曲线曲率突变点对应的相对渗透率（K^*_{rw}），并将其定义为广义渗透率瓶颈区范围。

将符合以下3个条件的含水饱和度区域界定为广义渗透率瓶颈区：（1）气相相对渗透率等于K^*_{rg}；（2）水相相对渗透率等于K^*_{rw}；（3）气相相对渗透率等于K^*_{rg}时对应的含水饱和度$S_{w1}(K^*_{rg})$ < 水相相对渗透率等于K^*_{rw}时对应的含水饱和度$S_{w2}(K^*_{rw})$。其中，条件（1）（2）约束了广义渗透率瓶颈区的气相相对渗透率和水相相对渗透率不超过K^*_{rg}和K^*_{rw}；条件（3）$S_{w1}(K^*_{rg})$ < $S_{w2}(K^*_{rw})$，则岩心相对渗透率曲线存在广义渗透率瓶颈区，广义渗透率瓶颈区含水饱和度为$S_{w1}(K^*_{rg})$~$S_{w2}(K^*_{rw})$；若$S_{w1}(K^*_{rg})$ > $S_{w2}(K^*_{rw})$，则岩心相对渗透率曲线不存在广义渗透率瓶颈区。

求得的定北致密气田广义渗透率瓶颈区范围为：划分广义渗透率瓶颈区范围为K^*_{rg}=0.06、K^*_{rw}=0.06，即当岩样气—水相对渗透率小于0.06时，存在广义渗透率瓶颈区，如图3.17所示。

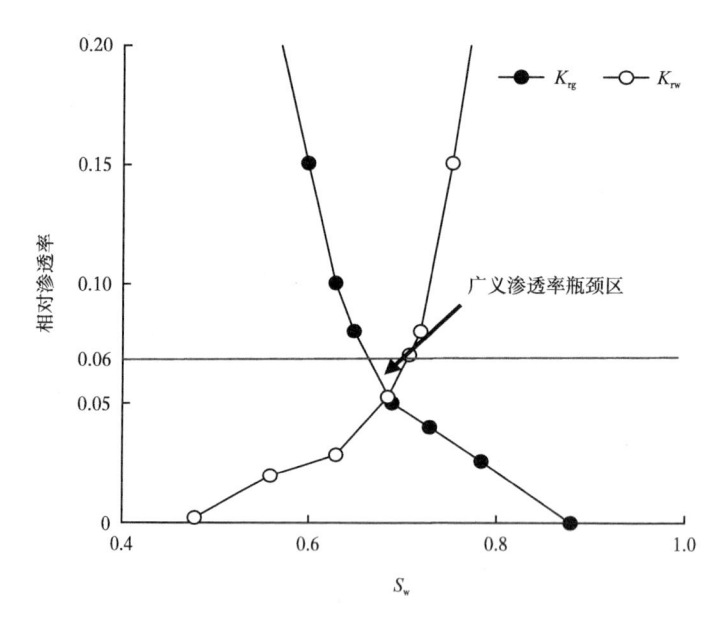

图3.17 广义渗透率瓶颈区图

3.5 储层渗透率动态变化

3.5.1 储层应力敏感性

应力敏感是指开发过程中随着孔隙压力下降，岩石有效应力增加，骨架颗粒及孔隙喉道发生变形，储层渗透率、孔隙度等物性参数逐渐下降的现象。应力敏感效应属于流固耦合问题，由于渗流过程中应力场与渗流场发生耦合作用过于复杂，常通过实验测试反映出各因素造成渗透率变化的综合效应。

储层应力敏感产生的机理包括孔隙喉道变细收缩、微粒在孔隙内运移、裂缝开度下降等。储层应力敏感强弱程度可以利用室内实验进行评价，主要是通过模拟有效应力的变化来实现，有效应力的变化则是通过定内压、变外压或定外压、变内压的方法模拟。研究表明，渗透率应力敏感与孔隙度应力敏感具有一致性。孔隙度的降低是由孔隙和喉道体积压缩造成，而正是孔喉的缩小制约了致密砂岩的渗流空间，使得致密砂岩渗透率降低。

应力敏感性的影响因素分为内因和外因。内因包括岩石压缩系数、岩石组分、含水饱和度、天然裂缝、启动压力和储层温度等；外因包括工作液侵入、重复施压、加压时间等。

3.5.2 煤层气储层渗透率动态变化

在煤层气的开发过程中，煤储层的渗透率是影响煤层气产能和最终采收率的关键参数，煤储层渗透率在开发过程中随储层环境改变而动态变化。研究透彻煤储层渗透率动态变化机理，合理利用模型计算，进而制定相应的开发方案，能有效降低开发过程中煤层渗透率的伤害，从而有利于实现煤层气井高产稳产。

国内外学者对浅层煤层气储层渗透率影响因素进行了大量的研究，主要集中在三个方面：（1）应力对渗透率的影响；（2）基质收缩对渗透率的影响；（3）自调节效应下渗透率预测模型。渗透率与应力的关系主要通过室内实验得到，国内外学者在这方面进行了大量的实验研究，建立了描述渗透率随应力变化的数学表达式。基质收缩对渗透率的影响研究，既有解吸收缩实验，也有在实验基础上进一步推导描述基质收缩对渗透率影响的数学模型。渗透率预测模型方面，国内外学者均进行了研究，既有将基质收缩的影响转换成有效应力对渗透率的影响得到的渗透率分析模型，也有基于岩石力学的基本理论，从应变角度出发建立的渗透率预测模型。"十四五"期间，国内加快了深部煤层气的开发，相信在前期研究基础上，在深部煤层气储层渗透率动态变化研究方面也将取得显著成果。

3.5.2.1 考虑基质收缩的渗透率计算

1）计算方法

煤储层对气体的吸附属于物理吸附，具有可逆性。当储层压力降低时，吸附与解吸之间的平衡被打破，吸附在煤基质微孔隙内表面上的气体被解吸出来，在微孔隙空间成为自由气体。

假设煤层气基质颗粒为球粒，吸附气吸附在球粒表面，吸附气的平均厚度（h）可以用下式表达：

$$h = \frac{V}{S_{总}} \tag{3.24}$$

式中　V——吸附气量，m^3；

$S_{总}$——基质颗粒总表面积，m^2。

定义"等效基质颗粒半径（R）"为基质颗粒半径（r）与吸附气平均厚度（h）之和

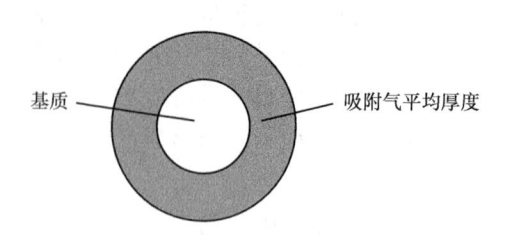

（图3.18）。

图 3.18　等效基质颗粒示意图

随着煤层气的采出，吸附于基质表面的煤层气量逐渐减少，等同于 h 减小。如果将基质颗粒与吸附于颗粒表面的煤层气视为整体，则 h 减小相当于等效基质颗粒半径（R）在减小，即基质发生收缩。

储层压力低于解吸压力后，吸附气开始解吸，基质发生收缩。假设基质单元立方体边长为 1，颗粒半径为 r，基质单元中颗粒按正排列共有 n^3 个球粒（图 3.19），也就是 $n \cdot 2r=1$，单元体孔隙度可由下式计算：

$$\phi = \frac{V_p}{V_f} = \frac{V_f - V_s}{V_f} = \frac{1 - \frac{4\pi r^3 n^3}{3}}{1} = 1 - \frac{4\pi r^3 n^3}{3} \tag{3.25}$$

式中　ϕ——孔隙度；
　　　V_p——孔隙体积，m^3；
　　　V_f——基质单元体体积，m^3；
　　　V_s——单个颗粒体积，m^3。

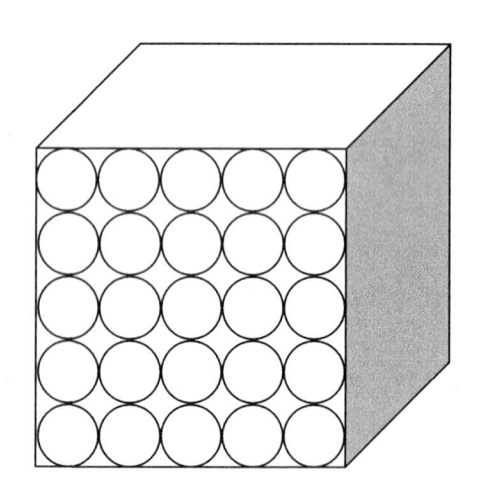

图 3.19　等径球形颗粒正排列模型示意图

煤层气在煤储层中以吸附态、游离态和溶解态赋存在煤储层的基质孔隙、裂隙和水中。对于煤层气的吸附态，煤层气主要吸附于煤基质孔隙的内表面上，煤层气吸附符合 Langmuir 方程：

$$V = \frac{10^{-3} \rho_{\text{coal}} V_{\text{coal}} V_{\text{L}} p}{p_{\text{L}} + p} \qquad (3.26)$$

式中 ρ_{coal}——煤体密度，kg/m³；

V_{coal}——煤体体积，m³；

V_{L}——Langmuir 体积，m³/t；

p——煤层气藏压力，MPa；

p_{L}——Langmuir 压力，MPa。

基质颗粒总表面积 $S_{\text{总}}$（m²）为

$$S_{\text{总}} = 10^3 \rho_{\text{coal}} V_{\text{coal}} S_{\text{V}} \qquad (3.27)$$

式中 S_{V}——比表面积，m²/g。

吸附层总体积 V_0 为

$$V_0 = \frac{10^{-3} \rho_{\text{coal}} V_{\text{coal}} V_{\text{L}} p_0}{p_0 + p_{\text{L}}} \qquad (3.28)$$

式中 p_0——煤层气藏原始压力，MPa。

吸附层平均厚度为

$$h = \frac{V_0}{S_{\text{总}}} = \frac{\dfrac{10^{-3} \rho_{\text{coal}} V_{\text{coal}} V_{\text{L}} p_0}{p_0 + p_{\text{L}}}}{10^3 \rho_{\text{coal}} V_{\text{coal}} S_{\text{V}}} = \frac{10^{-6} V_{\text{L}}}{S_{\text{v}}} \frac{p_0}{p_0 + p_{\text{L}}} \qquad (3.29)$$

压力下降引起的吸附量减少量 ΔV（m³）表示为

$$\Delta V = V_0 - V = 10^{-3} \rho_{\text{coal}} V_{\text{coal}} \left(\frac{V_{\text{L}} p_0}{p_{\text{L}} + p_0} - \frac{V_{\text{L}} p}{p_{\text{L}} + p} \right) \qquad (3.30)$$

因吸附气减少导致的等效半径减少量 ΔR 表示为

$$\Delta R = \frac{\Delta V}{S_{\text{总}}} \qquad 0 \leqslant \Delta R \leqslant h \qquad (3.31)$$

当解吸气量为 ΔV 时的等效基质半径 R' 为

$$R' = R - \Delta R \qquad (3.32)$$

压力变为 p 时，孔隙度变化量 $\Delta \phi_1$ 的通式表示为

$$\Delta \phi_1 = \begin{cases} 0, & p > p_{\text{d}} \\ \dfrac{4\pi n^3}{3V_{\text{f}}} \left[R(p_0)^3 - R'(p)^3 \right], & p < p_{\text{d}} \end{cases} \qquad (3.33)$$

式中 p_{d}——临界解吸压力，MPa。

Palmer 和 Mansoori 提出煤层孔隙度和渗透率之间的关系式：

$$K(p) = K_0 \left[\phi(p)/\phi_0 \right]^3 \tag{3.34}$$

式中　$K(p)$——压力为 p 时的渗透率，mD；

　　　K_0——原始渗透率，mD；

　　　ϕ_0——原始孔隙度；

　　　$\phi(p)$——压力为 p 时的孔隙度。

在煤层气储层开采过程中，有效应力不断压缩岩石骨架，从而使得储集空间减小，造成渗透率不断降低，这种渗透率因应力变化而变化的现象称渗透率的应力敏感性。在渗透率不断降低的过程中，初期表现剧烈；后期则表现缓慢，且其对应力的敏感性大于孔隙度对应力的敏感性。这是因为初期储层岩石较后期更为不致密，岩石一般发生弹性变形，更易被压缩，造成渗透率初期下降剧烈；后期储层岩石被压实并发生流变，由于具有了延展性而形变不可逆，渗透率基本保持不变。

应力对孔隙度、渗透率变化影响的关系式为

$$\Delta\phi_2 = \phi - \phi_0 = \phi_0 \left[e^{-c_p(p_0-p)} - 1 \right] \tag{3.35}$$

式中　c_p——孔隙压缩系数，MPa^{-1}。

自调节效应下煤储层孔隙度、渗透率计算表达式为

$$\phi(p) = \phi_0 + \Delta\phi_1 + \Delta\phi_2 \tag{3.36}$$

2）计算结果分析

煤阶是煤层气生成和煤的吸附能力的重要影响因素之一，对煤层气含量起控制作用。低煤阶煤中煤层气含量最低，如资源丰度达到一定要求，可考虑进行开发；中高煤阶煤渗透率较好，吸附煤层气量多，是勘探开发的首选；高煤阶煤渗透率不高，煤层气体含量高，可通过增产措施进行煤层气开发。煤层气开采初期，储层压力随煤层水的排出逐步下降，应力敏感使孔渗发生变化，此时产出的是初始赋存的游离态气体。当煤储层压力低于临界解吸压力时，吸附气体开始解吸，应力敏感及基质收缩效应均对孔隙度、渗透率的变化产生影响。因此，在不同的生产阶段，孔渗变化的主导影响因素是不同的。

为了分析不同煤阶储层产气过程中的孔渗变化规律，根据不同煤阶的基础数据，对孔隙度、渗透率数据进行理论计算，从而总结孔渗变化规律，验证简易新方法的合理性。

低、中、高煤阶煤的密度存在差异，但在此理论计算中密度的差异并不给结果带来差异，因此取平均密度为 1.4t/m^3。孔隙度为 2%，初始渗透率为 0.2mD，孔隙压缩系数为 0.0012MPa^{-1}，储层原始压力为 10MPa。为了尽可能地展现解吸后孔渗变化规律，计算中将临界解吸压力取值比实际情况更大，假定临界解吸压力为 8MPa。

定义储层原始压力与开采过程中储层压力的差值为压力差值，根据前面所述的计算理论，依据给定的储层参数，计算得到不同煤阶煤储层在不同压力差值条件下的孔隙度、渗透率数据（图 3.20、图 3.21），体现了煤层气开采过程中单一基质收缩效应对孔渗的影响。基于等效基质颗粒模型，在储层压力高于临界解吸压力之前，基质结构不发生变化，认为孔渗不变。

以低煤阶储层为例，分析考虑自调节效应条件下孔隙度、渗透率的变化规律。储层压力降至临界解吸压力后，随着煤层气的解吸，孔隙度逐渐增大，而由应力敏感引起的储层孔隙度随压力下降而降低，储层孔隙度为这两种效应下的代数和。渗透率方面，随着煤层气的解吸，储层渗透率逐渐增大，而由应力敏感引起储层渗透率随储层压力的降低而降低，两种情况导致完全相反的渗透率变化趋势。

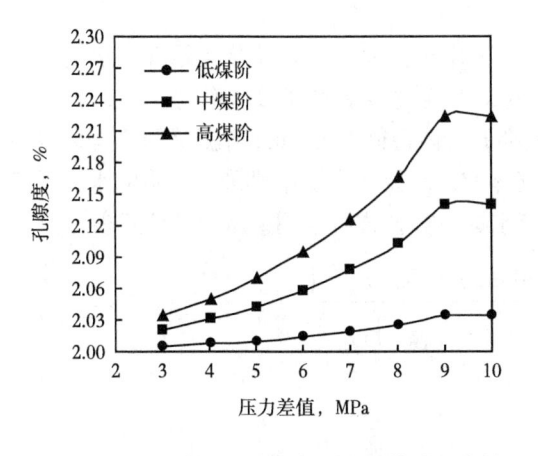

图 3.20 不同煤阶孔隙度与压力差值关系曲线 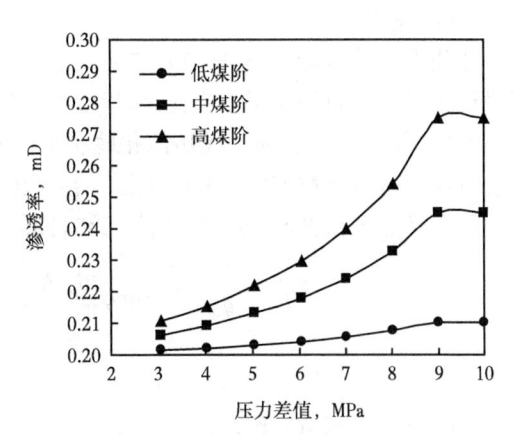　　图 3.21 不同煤阶渗透率与压力差值关系曲线

假设应力敏感系数分别为 0.008MPa^{-1}、0.014 MPa^{-1}、0.02 MPa^{-1}。通过前面的计算模型，得到自调节效应条件下孔渗数据及变化规律，与已有的研究成果具有一致性。在煤层气开采过程中，储层的孔渗变化细分为三个阶段（图 3.22、图 3.23）：（1）孔渗下降阶段——储层压力大于临界解吸压力时，储层孔渗只受应力敏感作用影响，孔渗逐渐下降；（2）孔渗下降减缓阶段——当储层压力降到临界解吸压力后，孔渗下降幅度减小，由于有部分吸附气解吸，基质发生一定的收缩，与应力敏感作用发生耦合，孔渗下降幅度减小，此阶段应力敏感作用占优势；（3）孔渗上升阶段——当储层压力继续下降时，由于大量吸附气从基质中解吸，基质收缩效应明显，而在低储层压力条件下，应力敏感作用逐渐减弱，导致储层孔渗上升，储层孔渗得到改善，此阶段基质收缩作用占优势。

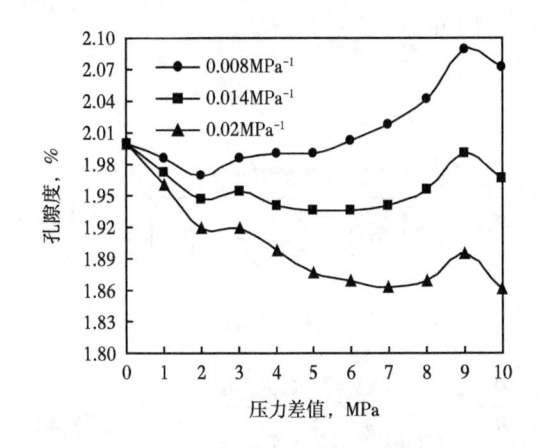

图 3.22 孔隙度与压力差值关系曲线 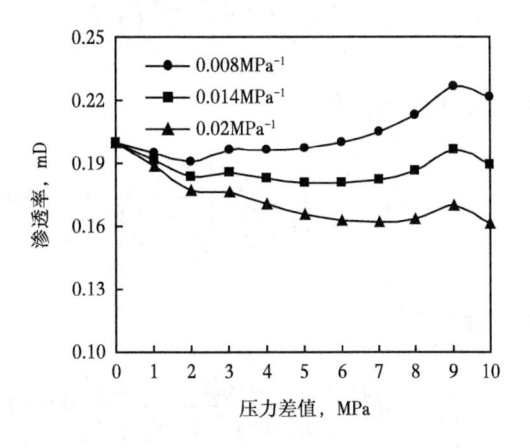　　图 3.23 渗透率与压力差值关系曲线

应力敏感性越强，第一阶段持续时间越长，第二、三阶段发生时间越晚；当应力敏感系数大于某一值时，第三阶段甚至可能不会发生；基质收缩作用越强，第一阶段持续时间越短，第二、三阶段发生时间越早。

3.5.2.2 基于生产数据的煤层渗透率计算

1）计算方法

用生产数据反求渗透率的方法是建立在煤层气井气、水产量方程及实际气、水生产数据基础上的，因此有必要在气、水产量方程的基础上通过转换得到渗透率的计算式。

原始煤层裂缝（割理）最初饱和地层水，大部分气体遵循 Langmuir 等温吸附方程以吸附状态赋存于基质颗粒表面。一般来说，在产出气体前，需要从煤层中排采出大量的水，以使储层压力降低至临界解吸压力以下。该时期的产水量计算公式可采用拟压力解公式表示：

$$q_w = 4.2869 \frac{B_g}{B_w} \frac{KK_{rw}h[m(\bar{p})-m(p_{wf})]}{T\left(\ln\frac{r_e}{r_w}-\frac{3}{4}+S+Dq_w\right)} \tag{3.37}$$

式中 q_w——产水量，m^3/d；

K——裂缝渗透率，$10^{-3}\mu m^2$；

K_{rw}——水相相对渗透率；

B_g——甲烷气体的体积系数，m^3/m^3；

B_w——煤层水的体积系数，m^3/m^3；

h——储层有效厚度，m；

S——表皮系数；

T——储层温度，K；

D——非达西因子。

为了计算方便，将式（3.37）改写为

$$J_{wD} = \frac{q_w}{m(\bar{p})-m(p_{wf})} = 4.2869\frac{B_g}{B_w}\frac{KK_{rw}h}{T\left(\ln\frac{r_e}{r_w}-\frac{3}{4}+S+Dq_w\right)} \tag{3.38}$$

对于 $n+1$ 时刻，有

$$J_{wD}^{n+1} = \frac{q_w^{n+1}}{m(\bar{p}^{n+1})-m(p_{wf}^{n+1})} = \left(0.005615\frac{B_g}{B_w}\right)^{n+1}\frac{763.475K^{n+1}K_{rw}^{n+1}h}{T\left(\ln\frac{r_e}{r_w}-\frac{3}{4}+S+Dq_w^{n+1}\right)} \tag{3.39}$$

对于 n 时刻，有

$$J_{wD}^{n} = \frac{q_w^{n}}{m(\bar{p}^{n})-m(p_{wf}^{n})} = \left(0.005615\frac{B_g}{B_w}\right)^{n}\frac{763.475K^{n}K_{rw}^{n}h}{T\left(\ln\frac{r_e}{r_w}-\frac{3}{4}+S+Dq_w^{n}\right)} \tag{3.40}$$

用式（3.39）除以式（3.40），得到

$$\frac{J_{wD}^{n+1}}{J_{wD}^{n}} = \frac{q_w^{n+1}\left[m(\overline{p}^n) - m(p_{wf}^n)\right]}{q_w^n\left[m(\overline{p}^{n+1}) - m(p_{wf}^{n+1})\right]} = \frac{B_g^n}{B_g^{n+1}} \frac{K^{n+1}K_{rw}^{n+1}\left(S_w^{n+1}\right)\left(\ln\frac{r_e}{r_w} - \frac{3}{4} + S + Dq_w^n\right)}{K^n K_{rw}^n\left(S_w^n\right)\left(\ln\frac{r_e}{r_w} - \frac{3}{4} + S + Dq_w^{n+1}\right)} \quad (3.41)$$

由式（3.41）可得 $n+1$ 时刻的储层绝对渗透率 K^{n+1}：

$$K^{n+1} = K^n \frac{B_g^n(\overline{p}^n) K_{rw}^n(\overline{S}_w^n)\left(\ln\frac{r_e}{r_w} - \frac{3}{4} + S + Dq_w^{n+1}\right)}{B_g^{n+1}(\overline{p}^{n+1}) K_{rw}^{n+1}(\overline{S}_w^{n+1})\left(\ln\frac{r_e}{r_w} - \frac{3}{4} + S + Dq_w^n\right)} \frac{q_w^{n+1}\left[m(\overline{p}^n) - m(p_{wf}^n)\right]}{q_w^n\left[m(\overline{p}^{n+1}) - m(p_{wf}^{n+1})\right]} \quad (3.42)$$

若不考虑高速非达西效应，即 $D=0$，则式（3.42）可进一步简化为

$$K^{n+1} = K^n \frac{B_g^n(\overline{p}^n) K_{rw}^n(S_w^n)}{B_g^{n+1}(\overline{p}^{n+1}) K_{rw}^{n+1}(S_w)} \frac{q_w^{n+1}\left[m(\overline{p}^n) - m(p_{wf}^n)\right]}{q_w^n\left[m(\overline{p}^{n+1}) - m(p_{wf}^{n+1})\right]} \quad (3.43)$$

经过上述的公式变换，可以避免式（3.37）中井径、边界半径、表皮系数等不确定参数。此外，该方法同样可以通用于垂直压裂井，避免裂缝参数的不确定性影响。

在气水同产期，可用气水产能比方程对煤层气井产气量及产水量进行计算，气水产能比方程由下式给出：

$$\frac{q_g}{q_w} = \frac{K_{rg}\mu_w p T_{sc}}{K_{rw}\mu_g p_{sc} TZ} + \frac{\mu_w p T_{sc}(C_g + C_s)D_g}{75.688 K K_{rw} p_{sc} T} \cdot \frac{B_w W_p}{V\phi_f} \quad (3.44)$$

式中 C_g——气体压缩系数，MPa^{-1}；

C_s——吸附压缩系数，MPa^{-1}；

D_g——基质微孔隙中气体扩散系数，m^2/d；

p_{sc}——地面标准压力，MPa；

T_{sc}——地面标准温度，K；

μ_w——煤层水黏度，mPa·s；

V——煤层体积，m^3；

W_p——累积产水量（地面体积），m^3。

C_s 的含义为甲烷气吸附于煤层基质造成的表观压缩系数，其表达式为

$$C_s = \frac{B_g V_L p_L}{145.04\phi_f(p + p_L)^2} \quad (3.45)$$

对式（3.44）进行变换，得

$$\frac{q_g}{q_w} - \frac{K_{rg}\mu_w p T_{sc}}{K_{rw}\mu_g p_{sc} TZ} = \frac{\mu_w p T_{sc}(C_g + C_s)D_g}{75.688 K K_{rw} p_{sc} T} \cdot \frac{B_w W_p}{V\phi_f} \quad (3.46)$$

进而得到煤层裂缝渗透率的表达式为

$$K = \frac{\mu_w p T_{sc}(C_g + C_s) D_g}{75.688 K_{rw} p_{sc} T} \cdot \frac{B_w W_p}{V \phi_f} \frac{q_w K_{rw} \mu_g p_{sc} TZ}{q_g K_{rw} \mu_g p_{sc} TZ - q_w K_{rg} \mu_w p T_{sc}} \tag{3.47}$$

对于 $n+1$ 时刻，有

$$K^{n+1} = \frac{\mu_w p^{n+1} T_{sc}(C_g^{n+1} + C_s^{n+1}) D_g}{75.688 K_{rw}^{n+1} p_{sc} T} \cdot \frac{B_w W_p^{n+1}}{V \phi_f^{n+1}} \frac{q_w^{n+1} K_{rw}^{n+1} \mu_g^{n+1} p_{sc} TZ^{n+1}}{q_g^{n+1} K_{rw}^{n+1} \mu_g^{n+1} p_{sc} TZ^{n+1} - q_w^{n+1} K_{rg}^{n+1} \mu_w p^{n+1} T_{sc}} \tag{3.48}$$

对于 n 时刻，有

$$K^n = \frac{\mu_w p^n T_{sc}(C_g^n + C_s^n) D_g}{75.688 K_{rw}^n p_{sc} T} \cdot \frac{B_w W_p^n}{V \phi_f^n} \frac{q_w^n K_{rw}^n \mu_g^n p_{sc} TZ^n}{q_g^n K_{rw}^n \mu_g^n p_{sc} TZ^n - q_w^n K_{rg}^n \mu_w p^n T_{sc}} \tag{3.49}$$

式（3.48）除以式（3.49），得到

$$K^{n+1} = K^n \frac{K_{rw}^n p^{n+1}(C_g^{n+1} + C_s^{n+1})}{K_{rw}^{n+1} p^n (C_g^n + C_s^n)} \cdot \frac{W_p^{n+1} \phi_f^n}{W_p^n \phi_f^{n+1}} \times \frac{q_w^{n+1} K_{rw}^{n+1} \mu_g^n Z^{n+1}}{q_g^{n+1} K_{rw}^{n+1} \mu_g^{n+1} p_{sc} TZ^{n+1} - q_w^{n+1} K_{rg}^{n+1} \mu_w p^{n+1} T_{sc}}$$

$$\times \frac{q_g^n K_{rw}^n \mu_g^n p_{sc} TZ^n - q_w^n K_{rg}^n \mu_w p^n T_{sc}}{q_w^n K_{rw}^n \mu_g^n Z^n} \tag{3.50}$$

应用煤层气井气、水产能方程以及煤层气藏物质平衡方程，结合煤层气井气、水产量数据求取煤层渗透率，具体计算流程如图 3.24 所示。

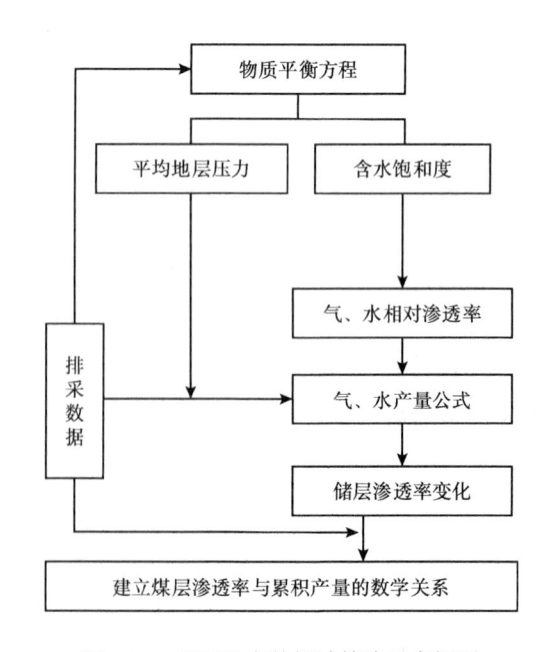

图 3.24 基于生产数据计算渗透率框图

2）计算分析

沁水盆地煤层含气量高，煤层气资源丰富，是我国目前煤层气勘探开发的主要地区。沁水盆地2000m以浅的煤层气地质资源量可达$3.98×10^{12}m^3$。2005年以来，沁水盆地南部樊庄、潘庄、郑庄等区块已投入规模开发，成为国内外高煤阶煤层气勘探开发的首个示范区。沁水盆地某煤层气藏p_L为3MPa，原始储层压力为7MPa，储层温度为300K，煤层厚度为5m，原始裂缝孔隙度为0.003，原始含水饱和度为0.95，地层水压缩系数为$0.0004358MPa^{-1}$，裂缝孔隙压缩率为$0.00012MPa^{-1}$，最大体积应变为0.0027，原始地层渗透率为1mD，泄气半径为152m。分别对气相相对渗透率数据及水相相对渗透率数据进行回归分析，得到气、水相对渗透率与饱和度的关系式，具体形式为

$$K_{rg} = 0.03587\ln S_g + 0.1125$$

$$K_{rw} = 0.3950 - 2.0437S_w + 4.4092S_w^2 - 1.756S_w^3$$

根据沁水盆地15口井动态生产数据，选取生产时间较长的3口井（均在700d以上），对煤层渗透率的变化情况进行计算。

从图3.25中可以看到，井12、井16在达到产气高峰后，产气量呈现明显的下降趋势。井12在排采304d时产气量达到$3955m^3/d$，排采767d时产气量仅为$2000m^3/d$，这一阶段产量递减率为49.43%，平均日递减率为0.11%。井16在排采162d时产气量达到$4005m^3/d$，排采627d时产气量仅为$1146.2m^3/d$，这一阶段产量递减率为71.38%。

图3.26表明，3口气井的产水量在产气后均有明显的下降趋势，井12在排采304d时产水量为$1.5m^3/d$，排采767d时产水量为$0.3m^3/d$。

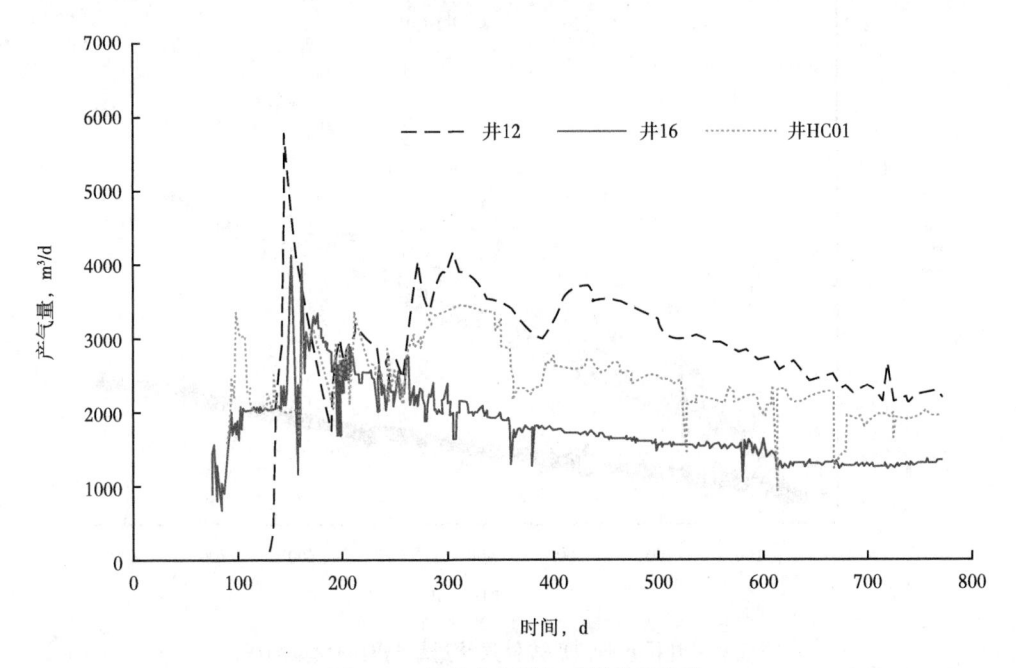

图3.25 单井产气量与时间关系曲线

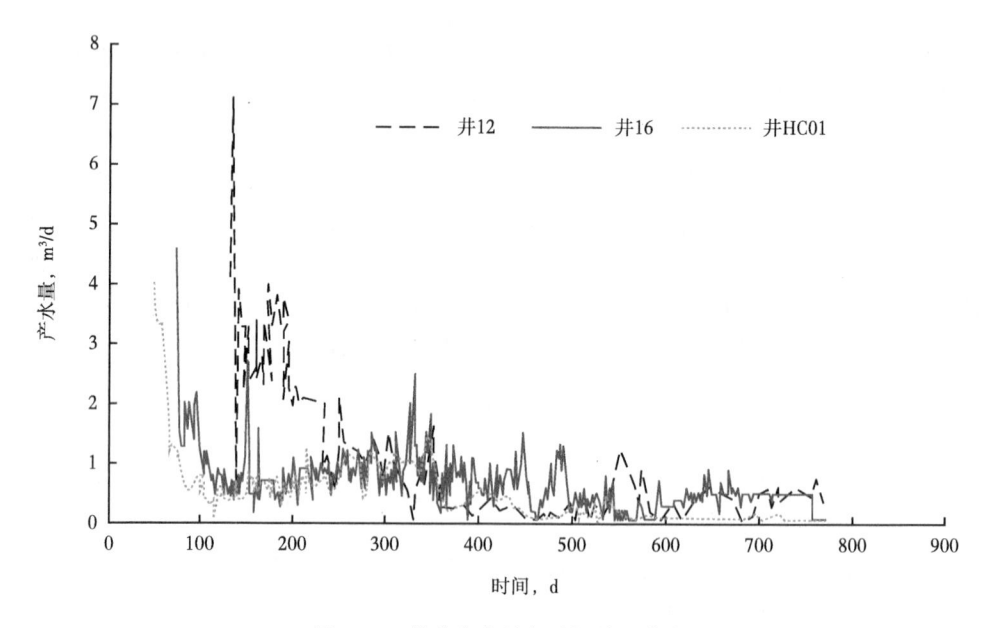

图 3.26 单井产水量与时间关系曲线

三口井中，井 12 排水时间为 126d，井 16 排水时间为 71d。通过计算，得到纯排水阶段之后的排采过程中储层渗透率和裂缝孔隙度的变化情况，如图 3.27、图 3.28 所示。

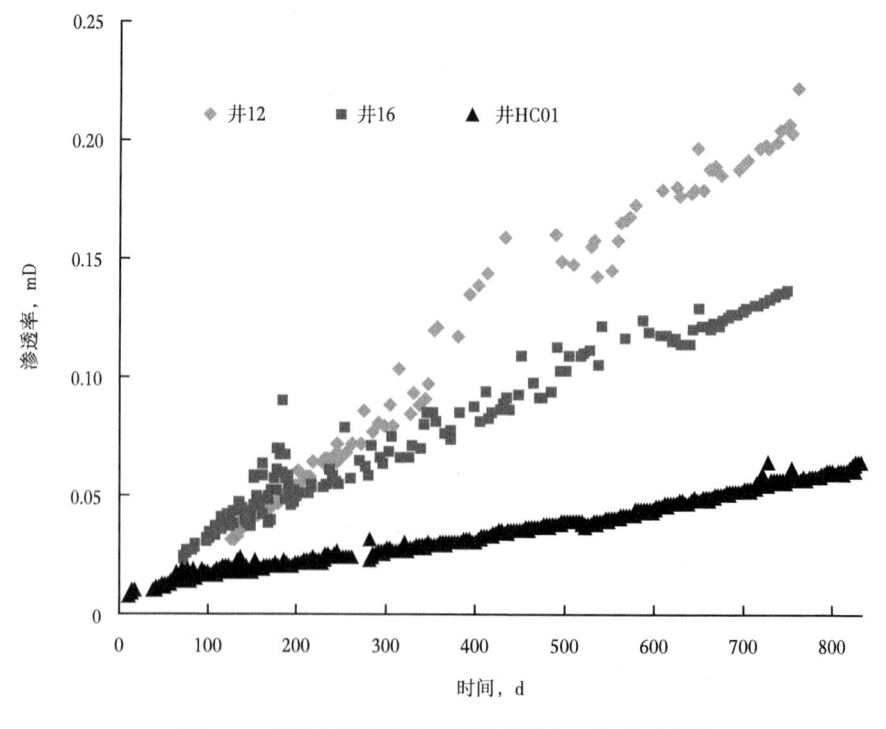

图 3.27 纯排水阶段后煤储层渗透率与时间关系曲线

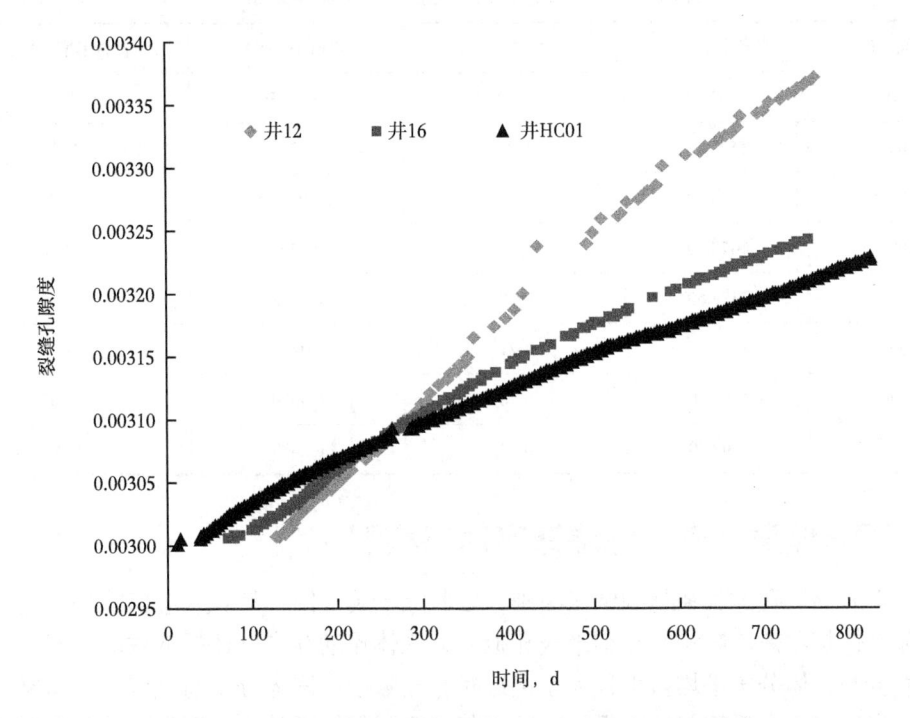

图 3.28　纯排水阶段后煤储层裂缝孔隙度与时间关系曲线

在纯排水阶段，煤层渗透率的变化主要受应力敏感的影响，可以根据应力敏感性实验进行描述。如果没有应力敏感性实验，则可通过前面推导的渗透率比与累积产液量的关系表达式进行描述。在煤层气开采过程中，储层渗透率的变化是应力敏感与基质收缩两种效应综合作用的结果，储层压力下降，应力敏感对渗透率的影响逐渐减弱，基质收缩效应增强，基质收缩起到改善煤层气渗透率的效果。从图 3.27 中可以看到，在纯排水阶段之后，渗透率呈现上升趋势，表明该煤层气藏在纯排水阶段后应力敏感对渗透率的影响逐步减弱，基质收缩对渗透率的影响则更明显。3 口生产井中，井 12 渗透率大于其他 2 口井，这是因为生产过程中井 12 产气量高于其他井。

表 3.8 列出了井 HC01 在排采过程中的产气量、产水量、计算得到的渗透率值及渗透率增长率。随着排采时间的延长，渗透率呈现增长趋势，但是渗透率增长率呈现波动下降的过程，也就是说渗透率不会随着时间无限制增大。井 HC01 在排采 500d 时，渗透率增长率达到 28.26%，大于 400d 时的 14.26%，这是因为在 400d 时产水量大于 500d 时的产水量，400d 时应力敏感对渗透率所起的负效应要大于 500d 时的负效应，而产气量的递减率只有 5.58%，综合得到 500d 时的渗透率增长率相比前一阶段有所增加。600d 时，排水量增加，渗透率增长率明显降低，而 700d 时排水量降低，此时的渗透率增长率高于前一阶段。在纯产气阶段，产水量越来越小，并趋于一个稳定值，也就是应力敏感对渗透率的影响较小，且趋于稳定。而产气后期产气量呈现递减趋势，此时基质收缩对储层渗透率的影响也变弱。综合来看，渗透率增长率是一个随着排采时间逐步变小的趋势。

表 3.8 井 HC01 排采过程渗透率及动态数据表

时间, d	产气量, m³/d	产水量, m³/d	渗透率, mD	渗透率增长率, %
100	2039.10	0.70	0.0165	
200	1575.60	0.84	0.0210	27.50
300	1489.70	0.85	0.0268	27.26
400	1478.00	1.21	0.0306	14.26
500	1395.50	0.58	0.0392	28.26
600	1138.70	1.21	0.0437	11.39
700	1191.00	0.60	0.0520	19.05
800	1303.50	0.49	0.0603	15.99

3.5.3 页岩储层纳米孔隙渗透率动态模型

由于页岩储层孔隙直径达到纳米级别，因此除受到吸附气解吸效应影响外，还受到纳米级孔隙气体扩散效应影响。在纳米级孔隙中，气体流动存在气体扩散效应，即当孔隙流动通道直径与气体分子平均自由程大小接近时，孔隙壁面固体分子与气体分子间碰撞概率会增强。当储层压力低于气体临界压力后引起了吸附气解吸效应，即吸附态页岩气发生解吸，固体表面气体分子在占据空间释放的同时还产生了基质收缩变形，气体渗流通道增加，渗透率变好；裂隙内的有效应力也在增加，岩体也产生膨胀变形，储层孔隙受压产生变形。随着储层压力的降低，气体克努森扩散效应、页岩基质收缩效应、吸附气解吸效应和应力敏感效应都在不断加强。在开采过程中，渗透率要受这些因素耦合作用影响。

3.5.3.1 毛管内渗流数学模型

气体在孔隙内渗流时发生的相互作用为：气体分子间的碰撞、气体分子与孔隙壁面分子的碰撞。两种碰撞作用的物理机制不同，表现在渗流规律上也不同，分别为黏滞流和扩散流。气体分子的自由程与孔隙直径相比小于 1 时，主要发生气体分子之间的相互碰撞；如果比值大于 1，则主要产生气体分子与孔隙壁面分子之间的碰撞。因此将气体分子自由程大于孔隙直径 D 的分子所占总的分子的比例为 α，那么小于孔道直径 D 的则占 $1-\alpha$。

孔隙内符合达西流动产生的流量为

$$q_1 = \frac{K_m A}{\mu_g} \frac{\partial p}{\partial l} \quad (3.51)$$

孔隙内由分子扩散引起的滑脱流动流量为

$$q_2 = \frac{MD_{ke} A}{\rho} \frac{\partial C}{\partial l} \quad (3.52)$$

式中 q_1——达西流动产生的流量，m³/s；

q_2——分子扩散引起的滑脱流动流量，m^3/s；
A——流动截面积，m^2；
K_m——渗透率，D；
l——流动长度，m；
M——摩尔质量，g/mol；
D_{ke}——气体扩散系数，m^2/s；
μ_g——黏度，$mPa \cdot s$；
C——摩尔浓度，$kmol/m^3$。

因此孔隙内由两种流动机制产生的气体总流量为

$$Q = (1-\alpha)q_1 + \alpha q_2 \tag{3.53}$$

$$Q = (1-\alpha)\frac{K_m A}{\mu_g}\frac{\partial p}{\partial l} + \alpha\frac{MD_{ke}A}{\rho}\frac{\partial C}{\partial l} \tag{3.54}$$

对于真实气体，有

$$C = \frac{\rho}{M} \tag{3.55}$$

$$\rho = \frac{pM}{zRT} \tag{3.56}$$

式中 ρ——气体密度，g/m^3；
α——扩散流分配系数；
p——压力，MPa；
z——气体压缩因子。

将式（3.55）、式（3.56）代入式（3.54）中得

$$Q = (1-\alpha)\frac{K_m A}{\mu_g}\frac{\partial p}{\partial l} + \alpha\frac{z}{p}D_{ke}A\frac{\partial}{\partial}\left(\frac{p}{z}\right) \tag{3.57}$$

式（3.57）右边项中 $\partial(p/z)$ 可展开成

$$\partial\left(\frac{p}{z}\right) = \frac{p}{z}\left(\frac{1}{p} - \frac{1}{z}\frac{dz}{dp}\right)\partial p \tag{3.58}$$

气体压缩系数 c_g 定义如下：

$$c_g = \frac{1}{p} - \frac{1}{z}\frac{dz}{dp} \tag{3.59}$$

将式（3.58）、式（3.59）代入方程式（3.57）中，化简得

$$Q = (1-\alpha)\frac{K_m A}{\mu_g}\frac{\partial p}{\partial l} + \alpha D_{ke}Ac_g\frac{\partial p}{\partial l} \tag{3.60}$$

根据达西公式得到考虑气体扩散后的渗透率的表达式：

$$K = (1-\alpha)K_m + \alpha D_{ke}\mu_g c_g \tag{3.61}$$

式（3.61）中 K_m 与多孔储层的结构、孔隙几何形态等有关，是多孔储层的渗透率。根据假设的毛管束模型的绝对渗透率通过对泊肃叶定律推导得到：

$$K_m = \frac{D^2}{8} \tag{3.62}$$

3.5.3.2 气体流动分配系数分析

达西流动和分子扩散流动是气体在孔隙通道内流动的主要机制。孔隙直径不同则两种流动机制所发挥的作用不同。根据分子运动理论，自由程描述了气体分子在未与其他分子发生碰撞前经过的路程，气体分子平均自由程的表达式为

$$\lambda = \frac{k_B T}{\sqrt{2}\pi d^2 p} \tag{3.63}$$

式中　k_B——玻耳兹曼气体常数，$1.3806505 \times 10^{-23}$ J/K；

　　　d——分子直径，nm；

　　　T——热力学温度，K；

　　　λ——气体分子平均自由程，m。

若考虑孔隙直径为 D，假设气体分子自由程大于 D 所占总的气体量的比例为扩散流分配系数 α：

$$\alpha = e^{-D/\lambda} \tag{3.64}$$

那么小于孔道直径 D 的则占 $1-\alpha=1-e^{-D/\lambda}$。当多孔储层致密，或气体压力低、气体分子平均自由程大时，自由程大于孔隙直径的分子与岩壁碰撞对总流量的贡献将随之增大，扩散现象越发显著。

3.5.3.3 吸附气解吸对渗流通道的影响

页岩中含有大量的吸附气体，在 20%~85% 之间。由于未能考虑吸附气解吸在页岩开发中的重要性，因此对页岩气的开采预测产生严重的偏差。随着储层压力降低，页岩中吸附气体开始解吸，页岩基质收缩改变渗流通道对渗透率有重要影响。引用 Bangham 固体变形理论分析压力下降吸附气解吸对页岩气解吸渗透率影响。

储层岩体形变程度 $\Delta\varepsilon$ 与储层压力的关系式为

$$\Delta\varepsilon = \frac{\rho_r RT}{EV_0}\int_{p_0}^{p}\frac{V}{p}dp \tag{3.65}$$

假设储层吸附气体为一元气即甲烷气，气体吸附及解吸附 Langmuir 方程为

$$V = V_\mathrm{m} \frac{bp}{1+bp} \tag{3.66}$$

将式（3.66）代入式（3.65）中，积分得页岩基质收缩程度为

$$\Delta\varepsilon = \frac{V_\mathrm{m}\rho_\mathrm{r}RT}{EV_0}\left[\ln(1+bp_0) - \ln(1+bp)\right] \tag{3.67}$$

随着储层压力降低，吸附气体开始解吸，在表面张力的作用下岩体开始收缩，同时裂隙内的有效应力增加，岩体也产生膨胀变形，则总变形量为

$$\Delta\varepsilon = \frac{V_\mathrm{m}\rho_\mathrm{r}RT}{EV_0}\left[\ln(1+bp_0) - \ln(1+bp)\right] + c_\mathrm{p}(p_0 - p) \tag{3.68}$$

气体解吸收缩导致裂隙张开，孔隙度变大，孔隙度和储层形变间关系为

$$\frac{\phi_\mathrm{f}}{\phi_\mathrm{fi}} = 1 + \left(1 + \frac{2}{\phi_\mathrm{fi}}\right)\Delta\varepsilon \tag{3.69}$$

对于页岩气开发过程中，气体解吸基质内部收缩孔隙通道变大，得出基质孔隙度和储层形变间的关系：

$$\frac{\phi_\mathrm{m}}{\phi_\mathrm{mi}} = 1 + \left(1 + \frac{2}{\phi_\mathrm{mi}}\right)\Delta\varepsilon \tag{3.70}$$

将式（3.68）代入式（3.70），得到储层形变与基质孔隙度间的关系：

$$\frac{\phi}{\phi_\mathrm{i}} = 1 + \left(1 + \frac{2}{\phi_\mathrm{i}}\right)\left\{\frac{V_\mathrm{m}\rho_\mathrm{r}RT}{EV_0}\left[\ln(1+bp_0) - \ln(1+bp)\right] + c_\mathrm{p}(p_0 - p)\right\} \tag{3.71}$$

假设在页岩储层中孔隙体积的缩小带来流体流动通道的成比例变化。根据毛管束模型，得到假想岩石孔隙度和孔道半径间关系式：

$$\phi = n\pi D^2 \tag{3.72}$$

因此：

$$\frac{D}{D_\mathrm{i}} = \left(\frac{\phi}{\phi_\mathrm{i}}\right)^{\frac{1}{2}} \tag{3.73}$$

即

$$D = D_\mathrm{i}\left\{1 + \left(1 + \frac{2}{\phi_\mathrm{i}}\right)\left\{\frac{V_\mathrm{m}\rho_\mathrm{r}RT}{EV_0}\left[\ln(1+bp_0) - \ln(1+bp)\right] + c_\mathrm{p}(p_0 - p)\right\}\right\}^{0.5} \tag{3.74}$$

因此得到了考虑微观孔隙气体扩散与吸附气解吸的页岩气基质渗透率动态数学模型：

$$K = \left(1 - e^{-D/\lambda}\right)\frac{D^2}{8} + e^{-D/\lambda} D_{ke} \mu_g c_g \quad (3.75)$$

其中

$$\lambda = \frac{KT}{\sqrt{2}\pi d^2 p} \quad (3.76)$$

扩散系数为

$$D_{ke} = \frac{D}{3}\sqrt{\frac{8RT}{\pi M}} \quad (3.77)$$

式中　ϕ_i——孔隙度，下标 i、m、f 分别表示初始、基质和裂缝孔隙度，%；

　　　$\Delta\varepsilon$——岩石收缩程度；

　　　V_m——气体的 Langmuir 体积，m^3/t；

　　　ρ_r——页岩的密度，t/m^3；

　　　R——气体常数，$MPa·m^3/(kmol·K)$；

　　　E——杨氏模量，MPa；

　　　V_0——气体摩尔体积，$10^{-3} m^3/mol$；

　　　b——气体的 Langmuir 吸附常数，MPa^{-1}；

　　　p_0——地层压力，MPa；

　　　c_p——岩石弹性压缩系数，$10^{-4} MPa^{-1}$。

参考文献

[1] 岩石中两相流体相对渗透率测定方法：GB/T 28912—2012 [S].
[2] 何更生，唐海.油层物理 [M].2 版.北京：石油工业出版社，2011.
[3] 秦积瞬，李爱芬.油层物理学 [M].东营：石油大学出版社，2001.
[4] 莫邵元，何顺利，雷刚，等.致密气藏气水相对渗透率理论及实验分析 [J].天然气地球科学，2015，26（11）：2149-2154.
[5] 刘晓鹏，刘燕，陈娟萍，等.鄂尔多斯盆地盒 8 段致密砂岩气藏微观孔隙结构及渗流特征 [J].天然气地球科学，2016，27（7）：1225-1234.
[6] 陈涛涛，贾爱林，何东博.川中地区须家河组致密砂岩气藏气水分布规律 [J].地质科技情报，2014，33（4）：66-71.
[7] 盛军，徐立，王奇，等.鄂尔多斯盆地苏里格气田致密砂岩储层孔隙类型及其渗流特征 [J].地质论评，2018，64（3）：764-776.
[8] 徐国盛，赵莉莉，徐发，等.西湖凹陷某构造花港组致密砂岩储层的渗流特征 [J].成都理工大学学报，2013，39（2）：113-121.
[9] 潘婷婷，张枫，邢昆明，等.不同储层相对渗透率曲线归一化方法评价 [J].大庆石油地质与开发，2016，25（5）：78-82.
[10] 缪飞飞，刘小鸿，张宏友，等.相对渗透率曲线标准化方法评价 [J].断块油气田，2013，20（6）：759-762.
[11] 刘丹，潘保芝，陈刚，等.致密砂岩气水相渗曲线的统一描述方法 [J].地球物理学进展，2015，30（1）：300-303.

[12] Shanley K W, Cluff R M, Robinson J W. Factors controlling prolific gas production from low-permeability sandstone reservoir: implications for resource assessment, prospect development, and risk analysis. AAPG Bull, 2004, 88(8):1083-1121.
[13] 魏赫鑫. 致密气储层相渗曲线形态及渗透率瓶颈区表征研究[D]. 北京：中国地质大学（北京），2021.

思考题

1. 相对渗透率曲线的特征点有哪些？代表什么含义？
2. 狭义渗透率瓶颈区与广义渗透率瓶颈区的区别是什么？
3. 页岩气储层渗透率动态变化与煤层气储层渗透率动态变化有什么相同及差异性？
4. 通过阅读课后文献，试述煤层气储层气水两相相对渗透率曲线的典型特征。
5. 不同类型非常规天然气储层的气水两相相对渗透率曲线形态的影响因素有哪些？

4 非常规天然气储层渗吸作用

渗吸是发生在多孔介质中的一种常见自然现象,存在于众多工程应用和自然科学领域。油气田开发实践表明,致密储层常常为水湿性,充分发挥毛管力渗吸作用在一定条件下可成为一种开采此类储层的有效方式,渗吸驱替作为非常规天然气储层开发的一个重要机理,已经引起人们越来越多的关注。本章主要介绍渗吸理论及实验、渗吸理论公式、渗吸影响因素及提高渗吸效果的方法。

4.1 渗吸理论及实验

4.1.1 渗吸理论

4.1.1.1 渗吸的概念

渗吸现象又称为毛细填充或毛细上升,指在多孔介质两相流体驱替过程中,在没有外加压差的情况下,仅依靠两相接触面的压差即毛管力的作用,润湿相液体将非润湿相驱替出来,因此渗吸具有自发性(视频6)。渗吸现象广泛存在于自然中,如土壤对水分的吸收、纸张对油墨材料的吸收、纺织品染色、植物从土壤中吸收水分等,因此土壤工程、纸浆造纸工程、石油工程、土木工程等多学科都对渗吸现象进行了大量的研究[1]。渗吸采收率与多孔介质微观结构、流体性质、流固耦合关系等多因素相关;细化因素有多孔介质渗透率、相对渗透率、孔道半径、基质岩石尺寸和形状、边界条件、流体黏度、界面张力、润湿性、油藏裂缝中渗吸液流速、油藏温度、油藏压力等[2]。

视频6 渗吸

渗吸可分为同向渗吸和逆向渗吸,润湿相进入基质方向与非润湿相离开基质方向相同时称为同向渗吸,润湿相进入基质方向与非润湿相离开方向不同时称为逆向渗吸。逆向渗吸在低渗透和致密岩心中非常普遍,由于渗透率低、孔喉细小,毛管力作用强,作用距离远,常忽略重力驱替的影响。同时,由于孔喉粗细不同,同一界面上毛管力大小不同,因而产生压力差。图4.1展示了水渗吸驱替原油的过程,同向渗吸时油滴从岩心顶面析出,逆向渗吸时岩心顶面和四周均有油滴析出。

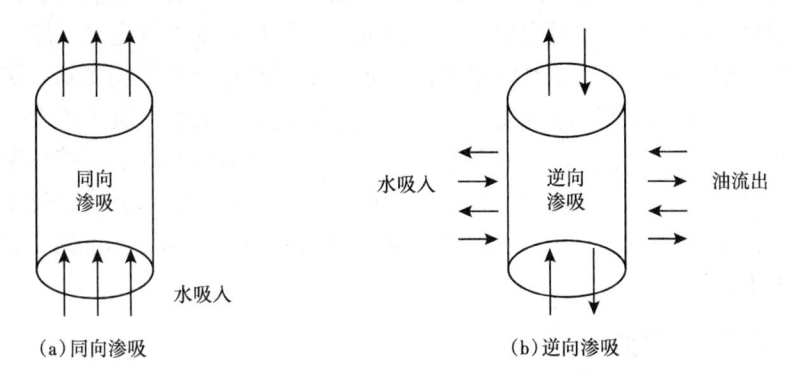

图 4.1 同向渗吸及逆向渗吸关系图

4.1.1.2 渗吸排驱机理[3-5]

通过渗吸排驱来提高采收率的机理主要包含两个方面：利用毛管力促进渗吸排驱的物理作用和以渗透压为基础的黏土化学作用。

1）毛管力

毛管力是渗吸的动力，对于水湿性储层，水在毛管力的作用下会进入基质孔隙中，这是自发的过程。随着多孔介质中含水饱和度的上升，毛管力逐渐降低，渗吸停止，此时若继续发生渗吸作用，需要外来流体施加压力。渗吸作用可以有效地对非润湿相进行排驱。

影响毛管力大小主要有两个因素，一个是润湿角，另一个是毛管半径。一般情况下，水润湿性越好，所产生的毛管力越大，渗吸的动力越大；毛管半径越小，毛管力越大。但在实际渗吸驱替过程中，渗吸动力能否有效起作用，取决于两个条件。第一，需要克服裂缝系统与基质系统之间的毛管力末端效应；第二，毛管半径应大于液膜在岩石固体表面的吸附厚度，因为固体表面的液膜吸附层具有反常的力学性质和很高的抗剪切能力。当孔隙半径等于和小于吸附层厚度时，孔道因液膜吸附层的反常力学特性而成为无效渗流空间，在毛管力曲线中表现为束缚液相饱和度，毛管力在这类无效渗流空间中没有实效的驱替价值。

2）渗透压

渗透压在渗吸驱替提高采收率方面同样扮演着重要的角色。在地下环境中，高黏土矿物沉积物可以成为一个半渗透薄膜，只允许水分子通过而不允许溶质离子通过。由于半渗透薄膜两侧的盐度不同，从而引起水分子从低浓度的一侧向高浓度的一侧流动，最终达到一个平衡状态。

渗透压产生的基础是离子的扩散作用，这与黏土矿物的微观结构有关。黏土矿物的晶体结构主要是由两个最基本结构单元组成的，即硅氧四面体和铝氧八面体。由于晶格内离子的类质同晶取代和颗粒边棱的价键断裂使得黏土矿物表面带电荷，一般情况下正电荷数小于负电荷数，所以黏土矿物一般带负电，从而在黏土颗粒周围产生一个电场，水溶液中的阳离子一方面受电场静电吸引力的作用，另一方面受布朗热运动的扩散力的作用。这两个相反趋势的作用，使颗粒周围的阳离子不均匀分布，黏土颗粒表面吸附的阳离子是水化阳离子，阳离子所吸附的水分子阻碍着阳离子的密集。其中靠近在黏土粒表面的水称为吸附水层，其受到表面静电荷的吸引力最强，形成黏土颗粒表面的固定层。弱结合水是紧靠强结合水外的一层水膜。在这层水膜范围内的水分子和水化阳离子仍受到一定程度的静电吸引力，随离黏土颗粒表面距离的增加，所受的静电吸引力减小，最终形成一个双电层。

在初始状态下，黏土颗粒之间的孔隙和黏土的结构孔隙中充满了高矿化度的地层水和原油，当低矿化度水与黏土颗粒接触之后，渗透压的作用将会使水分子通过黏土颗粒间的孔隙进入黏土的结构之中，黏土发生膨胀，降低孔隙中的矿化度，孔隙中压力随之上升，从而排出孔隙中的油气。

4.1.2 静态渗吸实验

把整个油气储层看成由裂缝网络分隔开的基质与裂缝网络组成。静态渗吸实验更多研究的是渗吸现象在基质中的表现形式与规律。岩心的大小可以看成是由基岩—裂缝接触面积决定，岩心所处的边界条件（两端开启、侧面开启、全部开启或复杂情况）可以看成基岩—裂缝接触面的位置和裂缝的闭合程度等因素造成的差异[6]。由于大部分油气储存在基质中，因此除考虑上述因素影响外，岩心润湿性、孔隙结构、相对或绝对渗透率、重力差异、初始含水饱和度等因素对渗吸速度和渗吸采收率的影响也是研究的重点。

4.1.2.1 实验方法与步骤

1）实验方法

称重法和体积法作为室内最基本的方法，被广泛应用于渗吸实验中。称重法指的是在渗吸液中的岩心质量发生变化，通过记录不同时间质量的变化分析渗吸影响。体积法是通过记录不同时刻排出油气体积的变化，计算渗吸采收率。

同向渗吸体积法实验的主要原理是用带刻度的毛管与装有岩心的容器相连，通过观察渗吸前后毛管内液面变化来测量岩心渗吸量的大小。逆向渗吸体积法实验是将岩心完全浸没在液体里，由于渗吸作用，岩心内的非润湿相被润湿相驱替出来，在重力作用下汇聚在容器顶部的细管中，通过测量容器顶部的液体或气体体积，得到渗吸采收率（图4.2）。

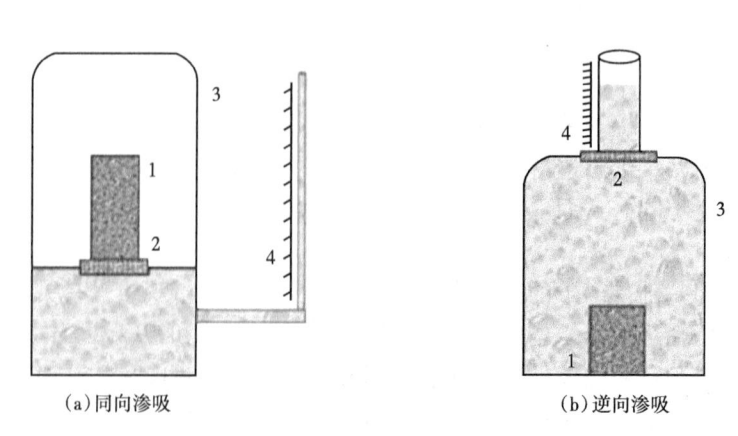

(a)同向渗吸　　(b)逆向渗吸

图4.2 体积法渗吸装置示意图
1—岩心；2—滤板；3—容器；4—带刻度的毛管

称重法的基本原理是力臂力矩和杠杆原理，连杆一端连着装有岩心的容器，另一端是放在电子天平上已知质量的砝码（图4.3）。将岩心一个端面与润湿液接触（同向渗吸）或将岩心全部浸没在液体中（逆向渗吸为主），每隔一定时间记录电子天平读数，直到质量不再增加为止，从而求得该时刻吸入的润湿液量占总孔隙体积的百分数和渗吸体积。

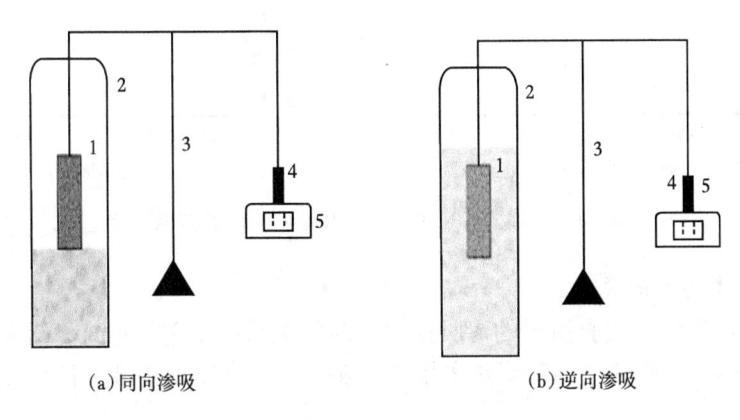

图 4.3 质量法渗吸装置示意图
1—岩心；2—容器；3—支架；4—砝码；5—天平

由于水驱气自发渗吸时间比较短，很快就能达到平衡，需要在很短的时间间隔内记录数据，因此采用质量法计算其渗吸采收率。

2）实验步骤

实验设备包括悬挂式天平、岩心抽真空饱和装置、润湿角测定仪、数显旋转黏度计、恒温箱、电子天平、游标卡尺等。实验步骤如下：

（1）将岩心编号并用直尺量取各个岩心的几何尺寸；

（2）清洗岩心；

（3）岩心清洗晾干后，用烘箱烘烤岩心，让其冷却后取出称重，直到前后两次质量差小于0.01g为止，取平均值为岩心干重；

（4）用常规方法测定实验岩心的孔隙度和渗透率；

（5）准备地层水或配置模拟地层水；

（6）将干燥岩心放入岩心架中，悬于天平之下，并与地层水接触，进行自发渗吸实验，并记录不同时间的质量变化。

4.1.2.2 渗吸特征[7]

1）渗吸采收率与时间关系

渗吸的初始阶段，渗吸进入岩心孔隙的水量较大，累积采收率快速增加；随着时间的推移，进入岩心孔隙的水量减少，累积采收率的变化减小，当累积采收率趋向恒定时渗吸过程结束。通过拟合这些曲线，可以看出，自发渗吸采收率与时间呈对数型规律（图4.4）。

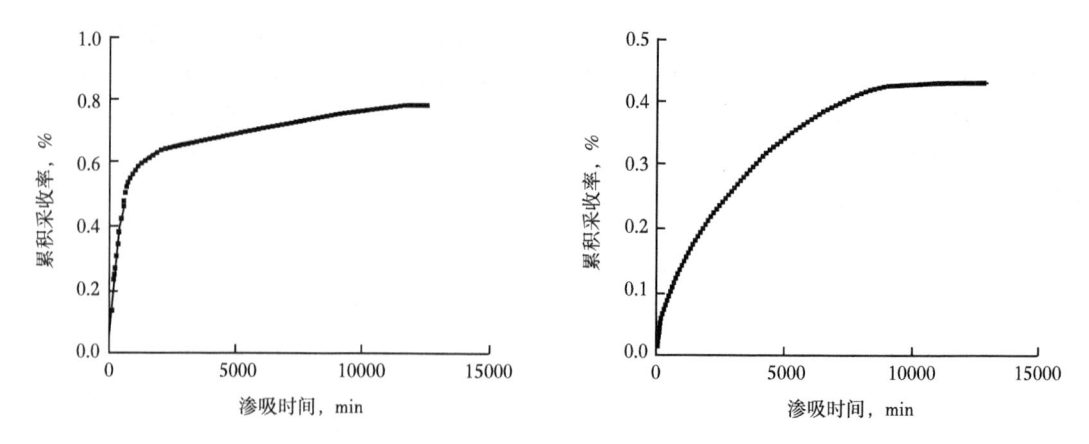

图 4.4　不同岩样渗吸采收率与渗吸时间关系曲线图

2）渗吸速率与时间关系

对水驱气自发渗吸实验所得的渗吸速率与时间关系曲线进行拟合，得到如图 4.5 所示的关系。可以得到渗吸速率与时间基本相同的规律，经验公式可用以下形式表示：

$$y = a\mathrm{e}^{-\frac{c}{t}} + b \tag{4.1}$$

由图 4.5 可以看出，渗吸的初始阶段，渗吸速率非常大，并在较短的时间内迅速下降；随着渗吸的进行，渗吸速率趋于稳定；当渗吸速率变为 0 时，渗吸过程结束。

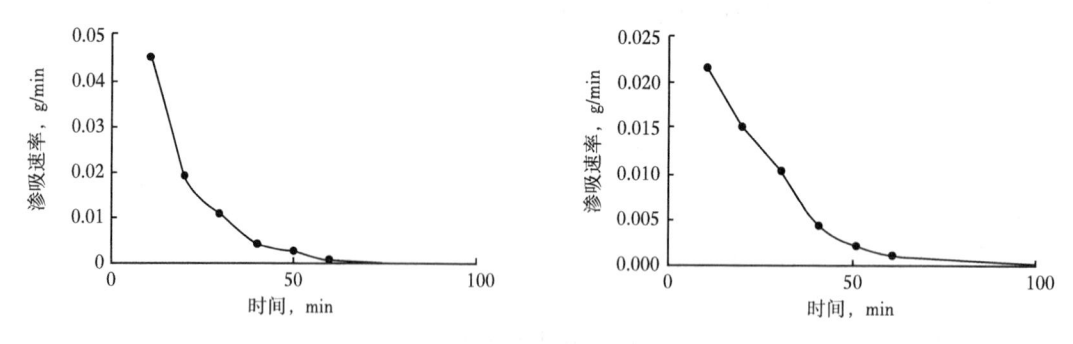

图 4.5　不同岩样渗吸速率与时间关系曲线图

2001 年 Li 和 Horne 在 Handy 认识的基础上，研究了气水体系在不同初始含水饱和度下自发渗吸的机理，提出了渗吸速率和采收率关系的理论公式：

$$Q_\mathrm{w} = \frac{\mathrm{d}N_\mathrm{wt}}{\mathrm{d}t} = a\frac{1}{R} - b \tag{4.2}$$

其中

$$a = \frac{AK_\mathrm{w}(S_\mathrm{wf} - S_\mathrm{wi})}{\mu_\mathrm{w}L}p_\mathrm{c} \tag{4.3}$$

$$b = \frac{AK_\mathrm{w}}{\mu_\mathrm{w}}\Delta\rho g \tag{4.4}$$

式中 Q_w——渗吸速率；

N_{wt}——渗吸量；

t——渗吸时间；

R——渗吸采收率；

A——岩心横截面积；

L——岩心长度；

μ_w——流体黏度；

S_{wi}——初始含水饱和度；

S_{wf}——渗吸后含水饱和度；

K_w——渗吸后含水饱和度下的有效渗透率；

p_c——渗吸后的毛管压力；

$\Delta\rho$——水和气之间的密度差；

g——重力加速度。

由式（4.2）可知，渗吸速率与采收率的倒数呈线性关系。绘制渗吸速度与渗吸采收率倒数散点图（图 4.6），可以看出两者之间有着很好的线性关系。

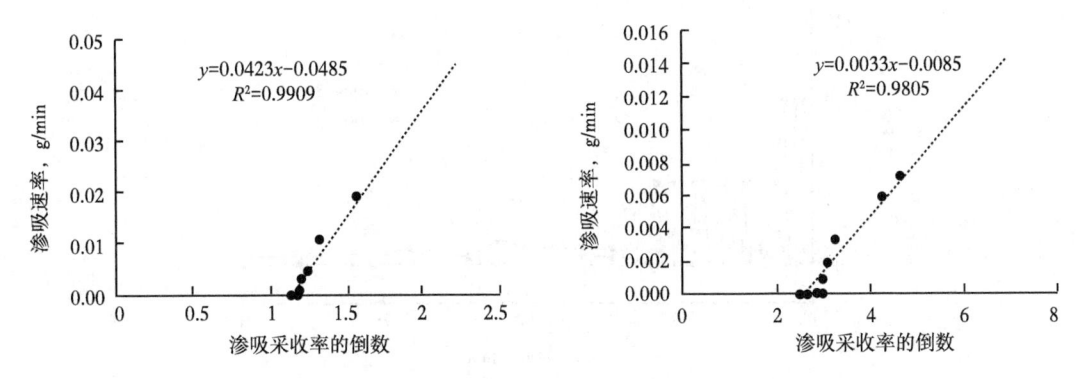

图 4.6 不同岩样渗吸速率与渗吸采收率倒数关系图

3）渗吸影响因素

（1）岩心长度的影响。岩心 009-2 和 009-3 取自同一块全直径岩心，其孔渗等基本参数大致相同，岩心长度分别为 3.983cm 和 5.023cm。如图 4.7 和图 4.8 所示，岩心 009-2 和 009-3 在自发渗吸过程中采收率大致相同，而岩心 009-2 的渗吸速度略大于岩心 009-3，因此在水驱气自发渗吸过程中，基质块的大小只影响渗吸速度，而对最终的采收率无影响。

（2）岩心边界条件的影响。岩心 009-1、009-3 和 009-4 取自同一块全直径岩心，其孔渗等基本参数大致相同。用聚四氟乙烯胶条封闭岩心 009-1 的侧面和 009-4 的两端，而岩心 009-3 不做处理，并分别进行渗吸实验。由图 4.9 和图 4.10 可知，边界条件对于三组岩心的采收率并没有明显的影响，而对渗吸的速度影响比较明显，由于气体不具有黏滞力，在足够长的时间内，边界封闭的岩心也可以达到完全裸露岩心的最终采收率，故而此时边界条件只对渗吸速率和终止时间产生影响。

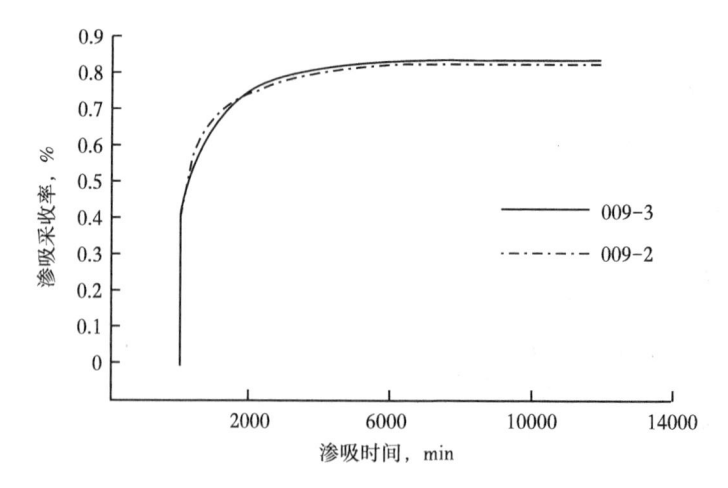

图 4.7 不同长度渗吸采收率与时间关系图

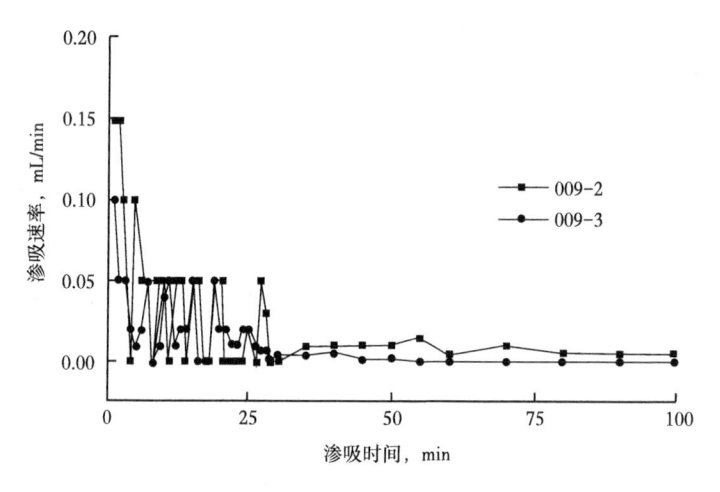

图 4.8 不同长度渗吸速率与时间关系图

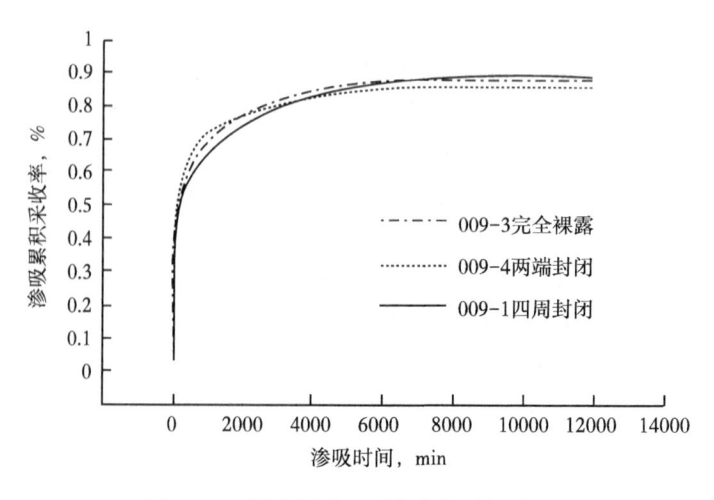

图 4.9 不同边界渗吸采收率与时间关系图

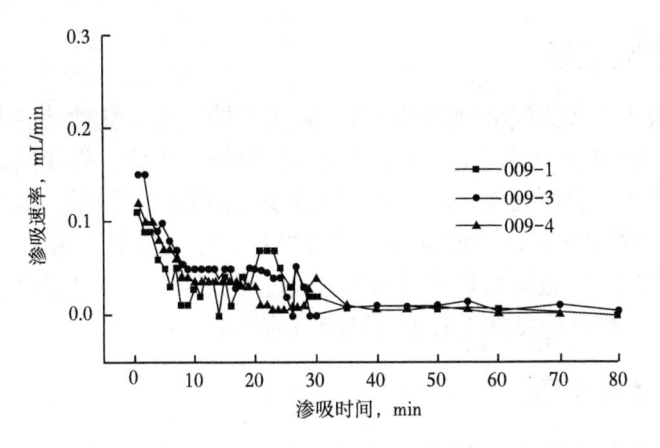

图 4.10　不同边界渗吸速率与时间关系图

（3）润湿性的影响。岩心 CQ-22、929-30 和 430-200g-3 为润湿性不同的三块人造岩心。由图 4.11 和图 4.12 可知，强亲水的岩心的采收率和渗吸速率都远大于弱亲水和亲油的岩心，达到 90% 以上。对于强亲水的岩心，毛管力作为动力有效地促进了渗吸。

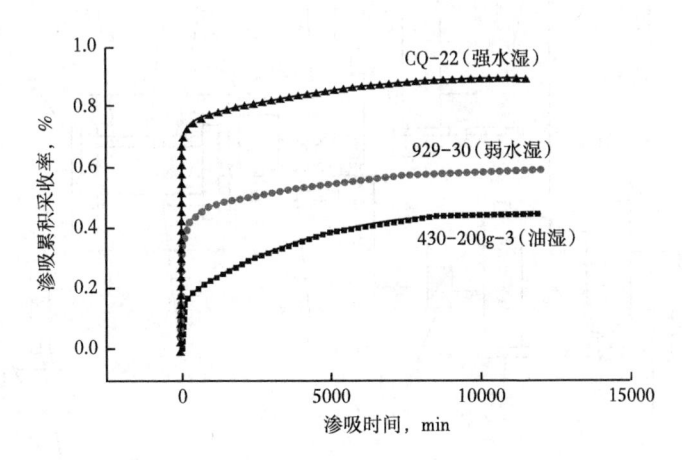

图 4.11　不同润湿性渗吸采收率与时间关系图

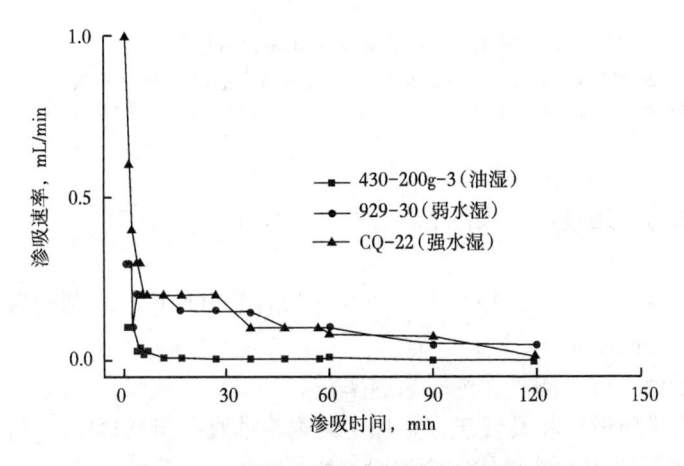

图 4.12　不同润湿性渗吸速率与时间关系图

4.1.3 动态渗吸实验

动态渗吸实验主要研究裂缝网络对渗吸作用的影响。在裂缝性储层中，大部分油气被储存在低渗透的基质块中，周围是一个高渗透裂缝网络。因此，裂缝性储层的生产取决于裂缝和基质之间流体的交换效率，而这严重依赖于它们的相互作用，也就是渗吸。动态渗吸与实际开采过程更为贴近，关键点是平衡开发过程中流体的黏滞力和渗吸作用的毛管力，通过分析驱替过程中裂缝与基质的动态交换过程，确定水驱过程中驱替速度与渗吸速度的最佳组合，最大限度地发挥毛管力与黏滞力的作用。

4.1.3.1 实验设备与步骤

动态渗吸实验装置如图 4.13 所示。

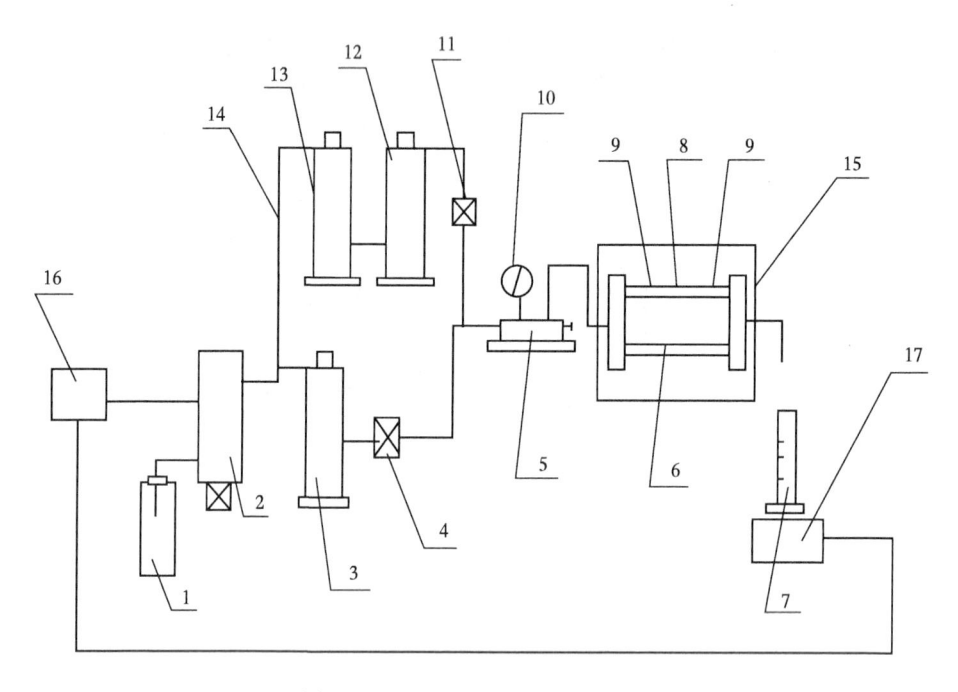

图 4.13 动态渗吸实验装置示意图

1—泵工作介质；2—平流泵；3、12、13—高压容器；4、11—流体过滤器；5—六通阀；6—物理模型；7—量筒；8—压力传感器；9—岩心管；10—压力表；14—管线；15—恒温装置；16—计算机控制系统；17—电子天平

实验步骤：

（1）将岩心编号并用直尺量取各个岩心的几何尺寸；

（2）清洗岩心；

（3）岩心清洗晾干后，用烘箱烘干，让其冷却后取出称重，直到前后两次质量差小于 0.01g 为止，取平均值为岩心干重；

（4）岩心烘干称重后，测气体绝对渗透率；

（5）称得干岩样质量后将其置于真空加压罐内，抽真空至 0.1MPa，再将已脱气的模拟地层水加入真空加压罐内，使液体完全淹没岩心；

（6）用加压泵对真空罐加压，继续饱和岩心；

（7）将饱和模拟地层水的岩心进行气驱，饱和气、造束缚水，直到驱替不出水为止；

（8）将岩心放入岩心夹持器，岩心夹持器中部安装围压管线与围压泵，进行驱替实验。

4.1.3.2 渗吸特征

驱替速度是最重要的研究内容，这决定了裂缝中黏滞力与毛管力的强弱地位。低驱替速度毛管力作用强，高驱替流量下黏滞力增强，因此存在一个最佳注入速度。此速度下的毛管力与黏滞力能达到一个最佳的组合，渗吸到裂缝中的油气能很快在黏滞力作用下被水流驱替出来，渗吸速率达到最大。

当驱替速度为0时，岩心完全自发渗吸。当驱替速度较小时，主要是毛管力起作用，驱替速度增大，黏滞力增加，渗吸效率逐渐增大。当驱替速度达到最佳值时，渗吸效率最高，此时的驱替速度为最优驱替速度，毛管力和黏滞力共同作用使渗吸效率最高。继续增大驱替速度，在黏滞力与毛管力的共同作用下，渗吸效率逐渐减小（图4.14）。

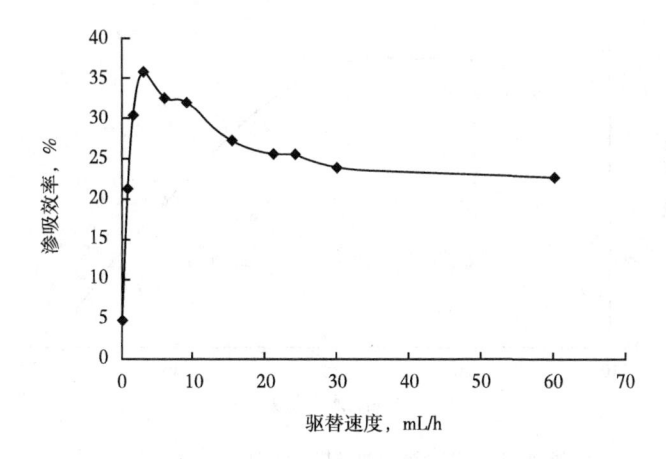

图4.14 驱替速度对渗吸效率的影响关系图

4.1.3.3 影响因素分析

1）润湿性

当岩石表现为亲水时，毛管力为驱动力。当岩石表现为亲油时，毛管力为阻力。由于毛管力与接触角的余弦成正比，接触角越小，岩心表现为亲水，毛管力越大，吸水排驱能力越强，渗吸效率越高（图4.15），因此对于润湿性为亲水和弱亲水的致密储层，采用动态渗吸的方法有利于提高采收率。

2）岩心初始含水饱和度

对于亲水岩心，因为毛管力随着初始含水饱和度增加而减小，导致渗吸效果随着初始含水饱和度增加而变差（图4.16）。毛管力变小，基质与裂缝的交渗能力减弱，导致渗吸效率降低，渗吸速度变慢。

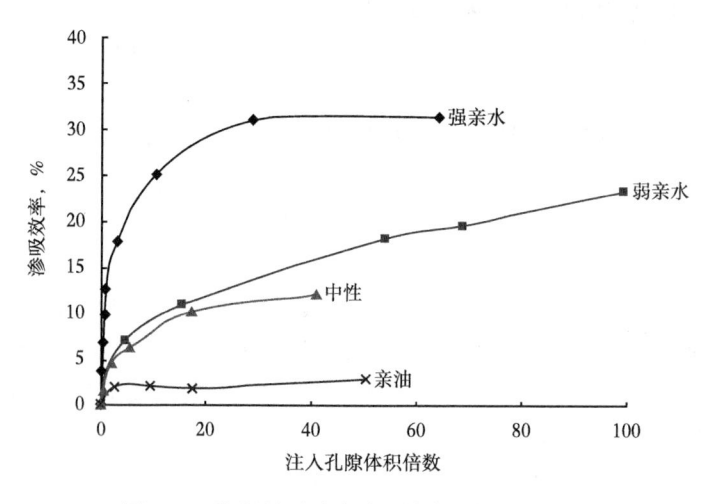

图 4.15 润湿性对动态渗吸效率的影响关系图

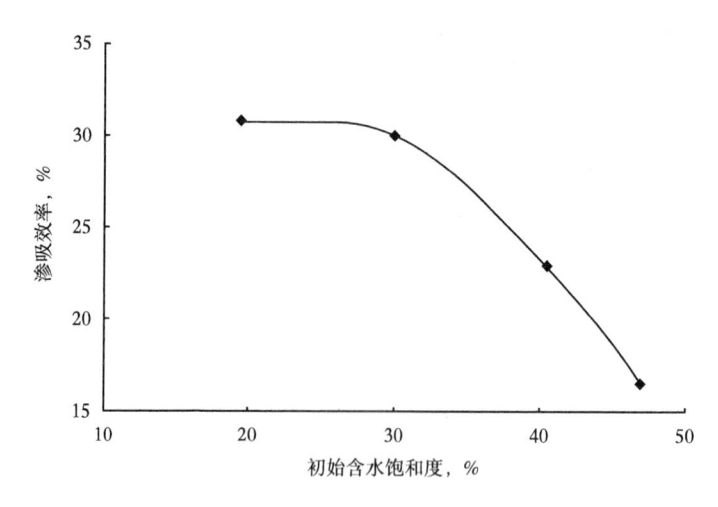

图 4.16 初始含水饱和度与渗吸效率关系图

4.2 渗吸理论公式

渗吸排驱是油气田开发过程中非常重要的一个过程，因而模拟渗吸过程、预测渗吸采收率是一项非常重要的工作。渗吸理论公式主要是从渗吸的基本原理出发，推导气水体系和油水体系相关数学模型[1, 8-9]。

4.2.1 LW 方程及其改进

1918 年和 1921 年，Lucas 和 Washburn 分析了单根毛管和多孔介质中水渗吸的动力学因素，建立了渗吸的经典模型，通常称为 Lucas-Washburn（LW）方程。在重力和毛管力的共同作用下，当不可压缩牛顿流体在多孔介质内流动时，认为该流体流动状态为层流且

服从泊肃叶定律。研究表明，对于垂直的横截面是圆形且均匀的毛管，有

$$\frac{\mathrm{d}h_\mathrm{f}}{\mathrm{d}t} = \frac{r^2}{8\mu_\mathrm{w} h_\mathrm{f}}\left(\frac{4\sigma\cos\theta}{d} - \rho g h_0\right) \tag{4.5}$$

式中 h_f——流体在毛管中的渗吸作用长度，m；

      r——毛管半径，cm；

      σ——渗吸液体表面张力，N/m；

      μ_w——渗吸液体黏度，Pa·s；

      ρ——渗吸液体密度，g/cm^3；

      θ——润湿接触角，(°)。

h_f 是时间 t 的函数，表示在时间 t 时渗吸液柱的实际长度。式(4.5)描述了渗吸液进入岩心长度随时间的变化关系，初始时期吸入的液体上升较快，随后上升趋势逐渐变缓，最终达到平衡。

对于水平毛管来说，液体的渗吸速率主要取决于毛管力的大小，吸入岩心的实际长度与渗吸时间的变化关系如式(4.6)所示。

$$h_\mathrm{f} = \sqrt{\frac{r\sigma t\cos\theta}{2\mu_\mathrm{w}}} \tag{4.6}$$

对于竖直毛管来说，令 $h_\mathrm{f} = h_0(t)$，则由式(4.5)可得

$$t = -\frac{A_\mathrm{h}}{B_\mathrm{h}^2}\ln\left(1 - \frac{B_\mathrm{h}}{A_\mathrm{h}}h_0\right) - \frac{h_0}{B_\mathrm{h}} \tag{4.7}$$

其中 $A_\mathrm{h} = r\sigma\cos\theta/4\mu_\mathrm{w}$，$B_\mathrm{h} = \rho g r^2/8\mu_\mathrm{w}$。

在渗吸发生的初始阶段，相比于毛管力，重力作用十分微弱，因此可以忽略重力因素的影响，则式(4.7)可以简化为

$$h_0 = \sqrt{\frac{r\sigma t\cos\theta}{2\mu_\mathrm{w}}} \tag{4.8}$$

式(4.6)至式(4.8)即为单根毛管渗吸 LW 模型的数学表达式。其中，式(4.6)可用于任意时间内渗吸液体沿水平毛管的自发渗吸；式(4.7)在渗吸初期忽略了重力影响，可以简化为式(4.8)，但在渗吸中后期，由于渗吸液柱升高，重力增加，使得重力因素不能再度忽略，所以只能用式(4.7)进行计算；式(4.7)只适用于竖直毛管自发渗吸。

Quere 提出渗吸的初始阶段为润湿相流体接触毛管的瞬间，认为初始阶段由于流体质量很小，所以流体自身重力和黏性阻力可以忽略不计。根据这个假设，Quere 建立了基于 LW 模型的新的渗吸模型：

$$h = \sqrt{\frac{2\sigma\cos\theta}{\rho r}t} \tag{4.9}$$

Lukas 和 Soukupova 则在 LW 模型的基础上同时考虑了重力和黏性力的作用，推导出了渗吸高度关于渗吸时间的隐函数：

$$t(h) = -\frac{h}{b} - \frac{a}{b^2}\ln\left(1 - \frac{bh}{a}\right) \tag{4.10}$$

其中 $a = \dfrac{\sigma r\cos\theta}{4\eta}, b = \dfrac{\rho g r^2}{8\eta}, x = W(x)e^{W(x)}$

式中　η——流体黏度，Pa·s；
　　　g——重力加速度，9.8m/s^2。

Zhmud 和 Tiberg 等人通过研究 Lukas 和 Soukupova 的渗吸模型发现，当渗吸过程进行一段时间后，由于重力的影响，LW 模型不再适用于渗吸过程后期。对长时间渗吸过程建立模型，最终推导结果如式（4.11）所示。

$$h = \frac{2\sigma\cos\theta}{\rho g r}\left(1 - e^{-\frac{\rho^2 g^2 r^3}{16\eta\sigma\cos\theta}t}\right) \tag{4.11}$$

Fries 和 Dreyer 则在 Zhmud 和 Tiberg 等人的基础上，通过引入 Lambert 函数 $W(x)$，得到了更加精确的解析式，如式（4.12）所示。

$$h(t) = \frac{a}{b}\left[1 + W\left(-e^{-1-\frac{b^2}{a}t}\right)\right] \tag{4.12}$$

其中 $a = \dfrac{\sigma r\cos\theta}{4\eta}, b = \dfrac{\rho g r^2}{8\eta}, x = W(x)e^{W(x)}$

同时，Fries 和 Dreyer 还在 LW 模型的基础上进一步考虑了毛管倾斜时的情况。假设渗吸过程是一维的，渗吸过程中没有其他附加影响或者摩擦力，该模型如式（4.13）所示。

$$\frac{2\sigma\cos\theta}{r} = \rho g h_f\sin\psi + \frac{8\eta h_f}{r^2}\frac{dh_f}{dt} + \rho\frac{d\left(h_f\dfrac{dh_f}{dt}\right)}{dt} \tag{4.13}$$

式中　ψ——毛管倾斜角度，(°)。

Kim 和 Whitesides 等人在 LW 模型的基础上，研究了微米尺度下毛管横截面非圆形时的情况，该模型微分形式如式（4.14）所示。

$$\frac{dh}{dt} = \frac{r_H\sigma\cos\theta}{4\eta h} \tag{4.14}$$

式中　r_H——非圆形毛管的水力半径，m。

蔡建超和赵春明等人考虑了平均实际流速与平均直线速度的关系，建立了基于 LW 模型的多孔介质渗吸分形模型，该模型微分形式如式（4.15）所示。

$$\frac{\mathrm{d}h_s}{\mathrm{d}t} = \frac{\sigma\cos\theta}{8\eta h_s \tau^2} \frac{2r_{\max}D_f}{1-D_f}\left(\frac{r_{\min}}{r_{\max}}D_f - \frac{r_{\min}}{r_{\max}}\right) \tag{4.15}$$

式中　h_s——渗吸直线距离，m；

　　　τ——多孔介质迂曲度；

　　　$r_{\max}$——多孔介质最大半径，m；

　　　$r_{\min}$——多孔介质最小半径，m；

　　　D_f——分形维数，描述多孔介质分形属性的参数。

LW 模型发展至今一直在不断优化，众多专家学者从很多方面对 LW 模型进行了改进，但是 LW 模型仍然存在模型理想化、阻力考虑不充分等有待改进之处。

4.2.2　Terzaghi 模型及其改进

1943 年，Terzaghi 基于达西公式建立了一维圆柱形多孔介质的渗吸模型。假设渗吸水力梯度可以近似地表示为 $\frac{h_e - h_o}{h_o}$，得到渗吸高度关于渗吸时间的隐函数，如式（4.16）所示。

$$t = -\frac{\phi h_e \eta w}{K_w \rho g}\left(\ln\frac{h_e}{h_e - h_o} - \frac{h_o}{h_e}\right) \tag{4.16}$$

式中　ϕ——多孔介质孔隙度；

　　　η_w——水的黏度，mPa·s；

　　　h_e——渗吸平衡距离，表示毛管力与重力相等时的渗吸高度，m；

　　　K_w——水相渗透率，μm²；

　　　h_o——渗吸高度，m。

当通过实验来验证模型时，发现通过 Terzaghi 模型计算得到的结果比实验结果高出了两个数量级。通过分析发现是由于模型应用了水力传导固定不变的与饱和传导相等这一假设，从而导致了渗吸量被过高地估计。

Lu 和 Likos 在 Terzaghi 模型的基础上，考虑水力梯度非线性的情况，提出了封闭式多孔介质渗吸模型，并得到了解析解，结果如式（4.17）所示。

$$t = -\frac{\phi\eta_w}{K_w\rho g}\sum_{j=0}^{m=\infty}\frac{\alpha^j}{j!}\left(h_c^{j+1}\ln\frac{h_e}{h_e-h_o} - \sum_{s=0}^{j}\frac{h_e^s h_o^{j+1-s}}{j+1-s}\right) \tag{4.17}$$

式中　α——水力梯度下降系数。

Amico 和 Lekakou 基于 Darcy 定律以及 Terzaghi 模型，研究了单根纤维束的轴向自吸问题，并建立了自吸时间与渗吸液被吸入高度的函数关系式：

$$t = -\frac{a_h}{b_h^2}\ln\left(1 - \frac{b_h}{a_h}h_0\right) - \frac{h_0}{b_h} \tag{4.18}$$

其中 $a_h = K_w p_c/\mu\phi$，$b_h = K_w \rho g/\mu\phi$。

通过式（4.18）来拟合渗吸时间和渗吸高度的数据，可以得到 p_c 和 K_w 的值。拟合结果表明，当渗吸时间较短时（几小时），得到的 p_c 值将偏低；当渗吸时间较长时（23天），通过拟合得到的 p_c 值与实验测量得到的值吻合度较高。

Terzaghi模型研究了一维圆柱形多孔介质的渗吸高度，为专家学者研究渗吸高度开拓了新的思路，做出了积极贡献。但是，该模型的结果多为关于渗吸高度的隐函数，这就导致较难直观地得到渗吸高度与渗吸时间的关系。

4.2.3 Szekely模型及其改进

Szekely和Neumann等人利用龙格库塔法，通过能量平衡方程对渗吸过程进行了描述，认为在渗吸发生0.1s后，渗吸过程中惯性力可以忽略，结果如式（4.19）所示。

$$\left(h+\frac{7r}{6}\right)\frac{d^2h}{dt^2}+1.225\left(\frac{dh}{dt}\right)^2+\frac{8\eta}{\rho r^2}h\frac{dh}{dt}-\frac{2\sigma\cos\theta}{\rho r}+gh=0 \quad (4.19)$$

Levine和Lowndes认为Szekely和Neumann在建立公式时过多地考虑了损耗作用，认为发生渗吸时雷诺数一般较低，改进后结果如式（4.20）所示。

$$\left(h+\frac{37r}{36}\right)\frac{d^2h}{dt^2}-\frac{2\sigma}{\rho r}+\frac{8\eta}{\rho r^2}h\frac{dh}{dt}+gh+\frac{1}{2}\left[\frac{4\eta}{\rho r}\frac{dh}{dt}+\frac{7}{3}\left(\frac{dh}{dt}\right)^2\right]=0 \quad (4.20)$$

Batten修正了润湿角和动能对渗吸过程的影响，认为润湿角和动能损失会随着渗吸高度的增加而不断发生变化，结果如式（4.21）所示。

$$\left(h+\frac{7r}{6}\right)\frac{d^2h}{dt^2}+1.705\left(\frac{dh}{dt}\right)^2+\frac{8\eta}{\rho r^2}h\frac{dh}{dt}=\frac{2\sigma\cos\theta}{\rho r}\left(1-e^{\frac{-\eta t}{1.4235r^2\rho}}\right)-gh \quad (4.21)$$

Maggi和Alonso认为渗吸初期可以不考虑颈缩现象，修正后的Szekely模型如式（4.22）所示。

$$\left(h+\frac{7r}{6}\right)\frac{d^2h}{dt^2}+\frac{1}{2}\left(\frac{dh}{dt}\right)^2+\frac{8\eta}{\rho r^2}h\frac{dh}{dt}-\frac{2\sigma\cos\theta}{\rho r}+gh=0 \quad (4.22)$$

Szekely模型也是研究渗吸高度的经典模型之一。但是相较于渗吸高度的显函数，使用该模型进行研究时较难直观地得到渗吸高度与渗吸时间的关系，这一点与Terzaghi模型相似。

4.2.4 无因次时间模型及其改进

为确定不同参数对自发渗吸效果的影响，很多学者先后对无因次时间模型进行了研究。

Rapoport和Leas最先提出了无因次自发渗吸时间理论。随后，Kyte和Mattax提出了针对裂缝性水湿油藏的无因次自发渗吸时间 t_D，定义为

$$t_D=\frac{\sigma\sqrt{\frac{K}{\phi}}}{\mu_w L^2}t \quad (4.23)$$

式中 ϕ——岩心孔隙度，%；
    K——岩心渗透率，m^2；
    μ_w——水相黏度，Pa·s；
    L——岩心长度，m。

Cuiec 等利用油相黏度代替水相黏度，对公式（4.24）进行了修正，得到

$$t_D = \frac{\sigma\sqrt{\frac{K}{\phi}}}{\mu_o L^2} t \tag{4.24}$$

式中 μ_o——油相黏度，Pa·s。

Kazemi 等考虑不同的边界条件和岩心形状对自发渗吸实验的影响，用特征长度 L_s 替换岩心长度 L，对公式（4.23）进行了修正，结果如公式（4.25）所示。

$$L_s = \sqrt{\frac{V_b}{\sum_{i=1}^{n}\frac{A_i}{S_{A_i}}}} \tag{4.25}$$

式中 V_b——岩心体积，m^3；
    L_s——岩心特征长度，m；
    A_i——i 方向参与自发渗吸作用的表面积，m^2；
    S_{A_i}——参与自发渗吸作用表面 A_i 到岩心中心的距离，m；
    n——参与自发渗吸作用岩心表面的数量。

圆柱形岩心的边界条件和几何参数的几何意义如图 4.17 所示。图中，d_{A_1} 指的是岩心中心点到岩心端面的距离，d_{A_2} 指的是岩心中心点到岩心侧边界的距离，R 为岩心端面直径。

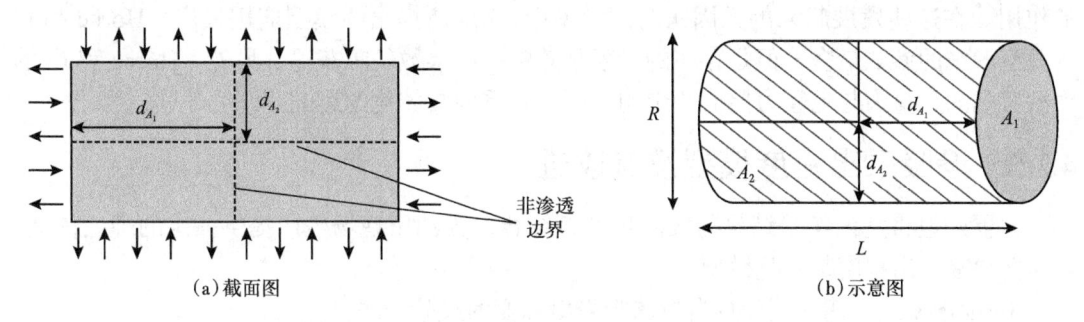

图 4.17 圆柱形岩心的边界条件和几何参数

Ma 等指出特征长度 L_s 不适用于岩心的反（逆）向自发渗吸过程，因此引入了渗吸前缘到非渗透边界的距离 L_{A_i} 替代 S_{A_i}。

Zhang 考虑到岩心为油湿的情况，进行了如下修正：

$$t_D = a \frac{\sigma\sqrt{\frac{K}{\phi}}}{\sqrt{\mu_o \mu_w} L_c^2} t \tag{4.26}$$

Zhou引入了特征流度比 M^*，提出如下表达式：

$$t_D = a\sqrt{\frac{K}{\phi}}\frac{\sigma}{L_c^2}\sqrt{\lambda_{rw}^* \lambda_{rnw}^*}\frac{1}{\sqrt{M^*}+\sqrt{1/M^*}}t \tag{4.27}$$

式中 M^*——非润湿相、润湿相流体的特征流度比；

λ_{rw}^*、λ_{rnw}^*——非润湿相、润湿相流体的特征流度（即端点流度，运用端点渗透率进行计算）。

Li和Horne基于活塞式驱替理论，提出了气水同（顺）向自发渗吸的表达式：

$$t_D = c^2\frac{K_w p_c (S_{wf}-S_{wi})}{\phi \mu_w L_c^2}t \tag{4.28}$$

式中 S_{wf}——自发渗吸前缘含水饱和度，%；

S_{wi}——岩心的初始含水饱和度，%；

p_c——毛管力，Pa；

K_w——水相渗透率，m^2；

c——常数，重力与毛管力的比值。

式（4.28）的局限为：其假设前提为非润湿相流度无限大，且不适用于油湿岩心体系。

当界面张力值较低时，重力对自发渗吸其主要控制作用。Parson、Chaney和DuPrey提出了重力起主导作用的无因次时间表达式：

$$t_D = \frac{K\Delta\rho}{\phi \mu_w L}t \tag{4.29}$$

在自发渗吸过程中，重力和毛管力起着协同控制的作用，然而多数模型都忽略了重力的作用。在这些发展起来的无因次时间模型中，Ma所提出的模型应用最广，Horne和Li的模型考虑的参数最多，但是存在的局限是其中一些参数较难获得。另外，Horne和Li的模型考虑的是重力与毛管力比值的影响，而不是重力具体化的影响。

4.2.5 渗吸采出程度模型及其改进

为更好地将室内实验结果与实际生产相结合，为油田现场生产提供一定的理论依据，须建立渗吸采出程度归一化模型。

Aronofsky最先建立了计算自发渗吸采出程度的经验公式：

$$R = R_\infty (1-e^{-\beta t}) \tag{4.30}$$

式中 β——自发渗吸作用下的速率常数；

R——t时刻下自发渗吸采出程度，%；

R_∞——自发渗吸时间趋于无穷大时的极限采出程度，%。

Aronofsky的模型无法反应岩心中流体流动的真实情况。Ma综合考虑边界条件、黏度比等因素的影响，引入了无因次自发渗吸时间t_D，修正了Aronofsky模型，并通过实验拟合得到经验常数最佳值约为0.05，具体如下：

$$R_r = 1 - e^{-\gamma t_D} \tag{4.31}$$

式中 γ——非润湿相流体的产量递减常数，对于砂岩等油湿系统常取 0.5；

R_r——相对自发渗吸采出程度。

Viksund 考虑到强水湿体系且初始含水饱和度为零的砂岩、粉砂岩，提出了一种无因次自发渗吸采出程度模型：

$$R_r = 1 - \frac{1}{(1 + 0.04 t_D)^{1.5}} \tag{4.32}$$

Horne 和 Li 考虑到重力和毛管力比值的综合影响，提出一种适用于气水系统的无因次采出程度模型：

$$R_r = cR \tag{4.33}$$

$$(1 - R_r) e^{R_r} = e^{-t_D} \tag{4.34}$$

式中 c——常数，重力与毛管力的比值。

国内外研究学者先后发展了无因次自发渗吸采出程度模型，但是对于致密储层来说模型的使用条件都存在局限性，缺乏普适的通用模型，说明在使用模型去衡量时，要综合比对，合理考虑实际情况。

4.2.6 考虑动态润湿角的渗吸模型

储层的润湿性是影响流体在孔隙中的微观分布状态和流体与岩石之间相互作用的关键因素，因此准确评价润湿性和明确关键影响因素对提高开发效果有重要作用。实际上，渗吸过程中储层中的润湿角并不是固定的数值，而是在不断变化的。动态的润湿角会导致动态的毛管力，从而影响渗吸作用。

由于致密储层孔隙结构复杂，为得到单个孔喉驱替—渗吸过程力学特征，建立渗流力学模型，基于单根毛管动态渗吸过程的流动模型，假设驱替压力与毛管力方向一致。润湿相和非润湿相在流动过程中受到的总的压力降为外加的驱替压力 Δp 和毛管压力 p_c 之和，结合泊肃叶方程可得：

$$\Delta p_{总} = \frac{8 \mu_w q_w}{\pi r^4} x + \frac{8 \mu_g q_g}{\pi r^4} (L - x) = \Delta p + p_c \tag{4.35}$$

其中

$$\frac{2\sigma \cos \theta}{r} + \Delta p = \frac{2a\sigma \cos \theta}{r}, \quad a = 1 + \frac{\Delta p}{p_c}$$

式中 μ_w、μ_g——水、气相的黏度，Pa·s；

q_w、q_g——水、气相在单一毛管中的渗吸速度，m³/s；

r——毛管半径，m；

L——岩样长度，m；

x——渗吸距离，m；
p_c——毛管力，Pa；
Δp——压差，Pa；
θ——动态接触角，(°)；
σ——表面张力，N/m。

设两种流体具有相同的流量 q，化简可得

$$4q\frac{\Delta\mu x + \mu_g L}{\pi r^4} = \frac{a\sigma\cos\theta}{r} \tag{4.36}$$

式中 $\Delta\mu$——润湿相与非润湿相的黏度差，在这是水相、气相黏度差，mPa·s。

由泊肃叶定律，圆毛管中截面流体的平均流速为

$$v = \frac{q}{\pi r^2} = \frac{dx}{dt} \tag{4.37}$$

代入得

$$a\sigma\cos\theta r dt = 4(\Delta\mu x + \mu_g L)dx \tag{4.38}$$

两边同时积分得

$$\frac{a\sigma\cos\theta r}{4}t = \frac{1}{2}\Delta\mu x^2 + \mu_g L x \tag{4.39}$$

解得渗吸距离随时间的变化规律为

$$x(r,t) = \frac{\mu_g}{\Delta\mu}\left(\sqrt{1 + \frac{a\sigma r\cos\theta}{2\mu_g^2 L^2}\Delta\mu t} - 1\right)L \tag{4.40}$$

渗吸速度为

$$v(r,t) = \frac{dx}{dt} = \frac{a\sigma r\cos\theta}{4\mu_g L\sqrt{1 + \frac{a\sigma r\cos\theta}{2\mu_g^2 L^2}\Delta\mu t}} \tag{4.41}$$

动态渗吸中，单根毛管流量为

$$q(r,t) = \pi r^2 v(r,t) = \frac{\pi a\sigma r^3\cos\theta}{4\mu_g L\sqrt{1 + \frac{a\sigma r\cos\theta}{2\mu_g^2 L^2}\Delta\mu t}} \tag{4.42}$$

岩心尺度流量等于各毛管流量之和

$$q_T(t) = -\int_{r_{\min}}^{r_{\max}} q(r,t)dN \tag{4.43}$$

t 时刻岩心动态渗吸体积为

$$V(t)=\int_0^t Q_e(t)\mathrm{d}t=\frac{(2-D_f)\phi\pi d^2}{4(1-\phi)r_{\max}^{2-D_f}}\frac{\mu_g\tau l}{\Delta\mu}\int_0^t\int_{r_{\min}}^{r_{\max}}r_e^{1-D_f}\left(\sqrt{1+\frac{a\sigma r_e\cos\theta}{2\mu_g^2\tau^2 l^2}\Delta\mu t}-1\right)\mathrm{d}r\mathrm{d}t \quad (4.44)$$

式中　Q_e——多孔介质中的流体总渗吸流量，m³/s；

D_f——孔隙分形维数；

r_e——有效毛管半径，m；

$r_{\max}$——最大孔径，m；

$r_{\min}$——最小孔径，m；

τ——弯曲度；

l——流体在岩心中的渗吸距离，m。

4.3　渗吸影响因素

对于油藏，渗吸作用通常发生于油水两相和非均质性较强的基质岩石接触过程中；对于气藏还会涉及油气水三相与地层基质的接触。从基质岩石的角度分析，渗吸速度和采出程度受地层渗透率、孔隙度、润湿性、裂缝发育情况等影响；从参与渗吸的流体角度分析，渗吸过程受流体间界面张力、密度、原油黏度、地层水矿化度等因素影响；从外界环境的角度分析，渗吸作用同时还受到地层压力、驱替压力、地层水注入速度、边界条件等因素的影响。

4.3.1　储层物性的影响

4.3.1.1　孔隙度、渗透率的影响

孔隙度和渗透率常用来表征储层的基本性质。气测法测得的孔隙度包括有效孔隙和无效孔隙两部分。孔隙度大致相同时，渗透率可能存在明显的差异性，因此孔隙度无法有效地表示储层内部的连通程度。图 4.18 表明，孔隙度与渗吸采收率并没有明显的相关性。

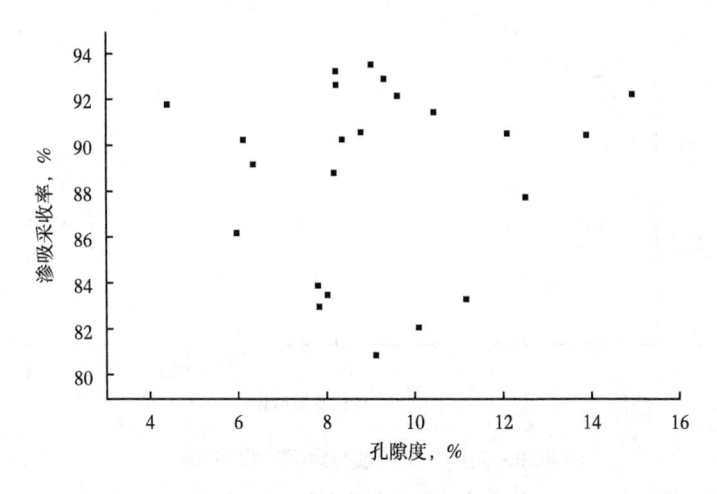

图 4.18　孔隙度与渗吸采收率关系图

有学者认为，水的渗吸与孔隙度的平方根成正比或者最终采收率随孔隙度的增加而增加。图 4.19 表明，渗透率与渗吸采收率存在一定的正相关性。有学者认为，渗吸采收率与渗透率呈非单调变化关系，当渗透率小时，渗吸采收率也低；渗透率大时，渗吸采收率增大；当渗透率进一步增大时，渗吸采收率又开始缓慢减小。孔隙度、渗透率对渗吸采收率的影响，目前研究的认识不尽一致。

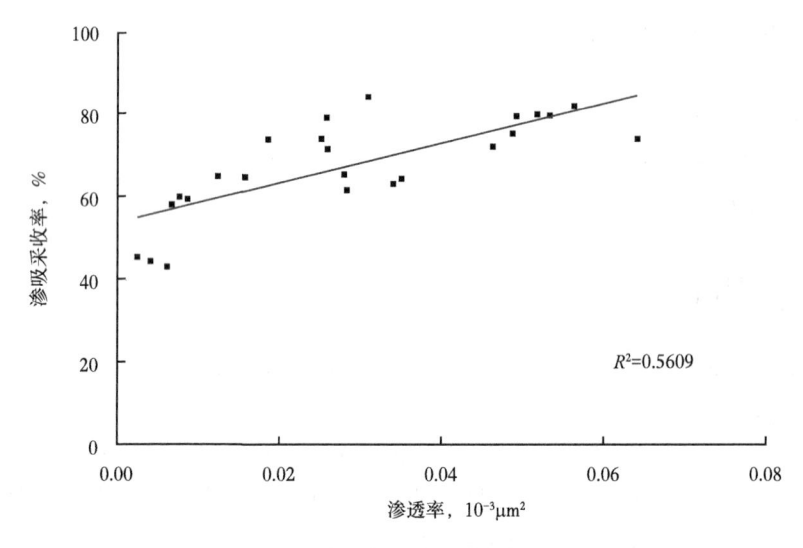

图 4.19 渗透率与渗吸采收率关系图

由于致密砂岩储层孔隙结构十分复杂，在孔隙度大致相同的情况下，渗透率存在很大差异，目前在储层分类评价过程中常用储层品质指数 $\sqrt{K/\phi}$ 综合反映储层孔隙结构品质。图 4.20 反映了储层品质指数与渗吸采收率的关系。

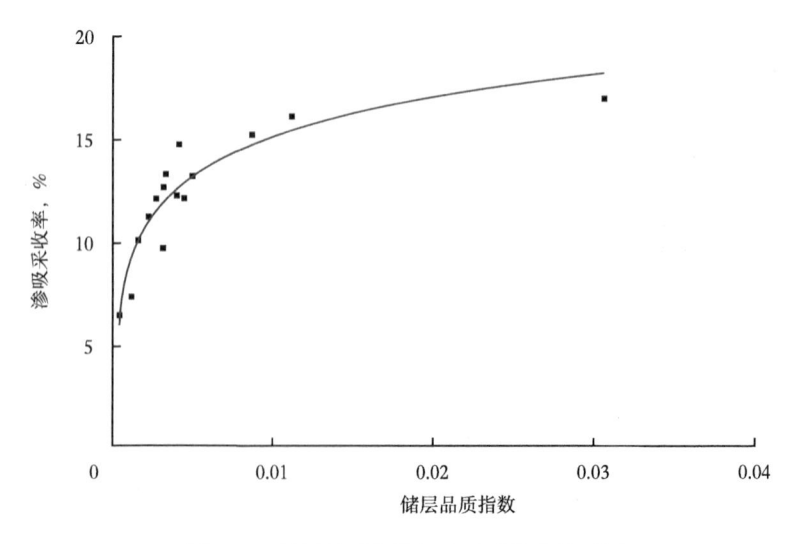

图 4.20 储层品质指数与渗吸采收率关系图

4.3.1.2 润湿性的影响

强水湿的岩心渗吸采收率大于中等水湿岩心的渗吸采收率，中等水湿岩心的渗吸采收率又大于弱水湿岩心的渗吸采收率，从图4.11和图4.15中可以很清楚地看到这一结果。润湿性对渗吸程度有很大的影响，当岩石亲水时，毛管力为驱动力；当岩石亲油时，毛管力为阻力。

4.3.1.3 微观孔隙结构的影响

作为表征储层连通程度的一个重要参数，平均孔喉比与渗吸采收率成反比（图4.21），但相关性不强（$R^2=0.1011$）。当孔喉比较小时，较小的孔隙被较大的喉道控制，半径较小的孔隙产生较大的毛管力，且较大的喉道有利于润湿相的进入及气相的排出，促进渗吸作用的进行；反之，当孔喉比较大时，较大的孔隙被较小的喉道控制，产生较小的毛管力，不利于润湿相的吸入，同时，渗吸进入的流体，可能被很小的喉道卡断导致渗吸作用的终止，但由于气相没有黏滞力，在润湿相的驱替下，可以从任何细微的喉道中溢出，因此，平均孔喉比对渗吸的作用存在一个临界值，当润湿相流体可以顺利通过喉道时，平均孔喉比的降低对渗吸采收率影响不明显。

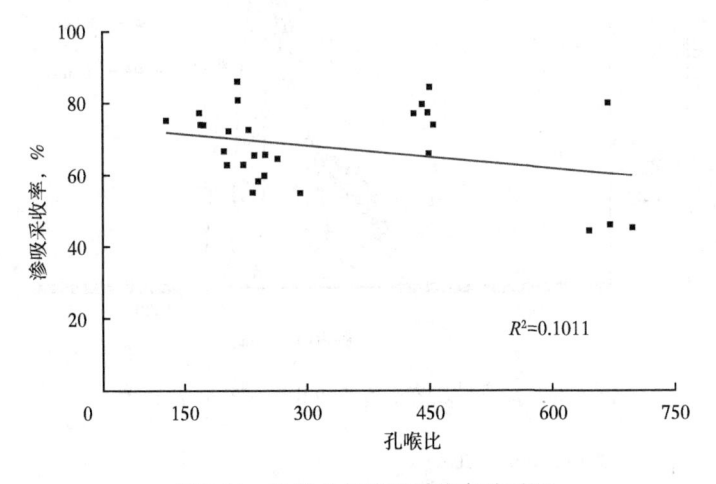

图4.21 孔喉比与渗吸采收率关系图

比表面积与渗吸采收率呈负相关关系（图4.22），N_2吸附实验所测得的比表面积越大，流固作用面越大，黏滞力越强，同时，储层中所含的微孔和介孔比例越大，储层越致密，中小喉道越发育，孔喉间的连通性越差，此时由于黏滞力增大，润湿相进入孔隙的阻力增大，且由于喉道较小，润湿相可能被阻断，对气相的排出产生影响。

通过渗吸过程T_2谱的变化（图4.23），发现不同尺寸的孔隙对渗吸过程的贡献不同，各类孔隙的比例对渗吸结果有较大的影响（图4.24）。由图4.25可知，小孔隙比例与渗吸采收率呈较好的负相关关系（$R^2=0.7961$）；中等孔隙与渗吸采收率略呈正相关关系，但相关性不明显（$R^2=0.1123$）；而大孔隙比例与渗吸采收率呈负相关关系（$R^2=0.349$）；同时中、小孔隙比例与渗吸采收率呈正相关关系（$R^2=0.4076$）。

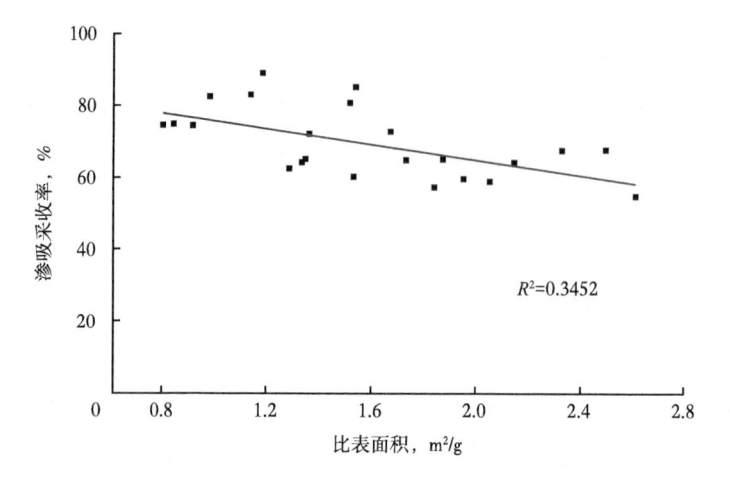

图 4.22 比表面积与渗吸采收率关系图

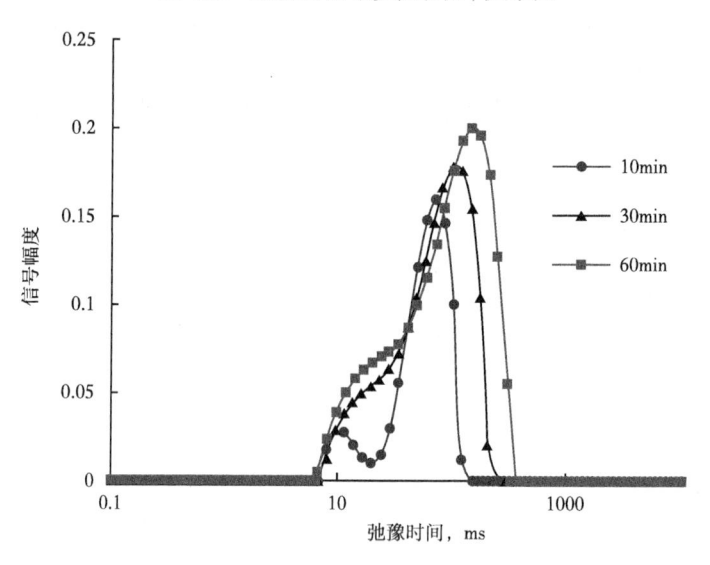

图 4.23 致密砂岩岩心渗吸过程核磁共振 T_2 谱图

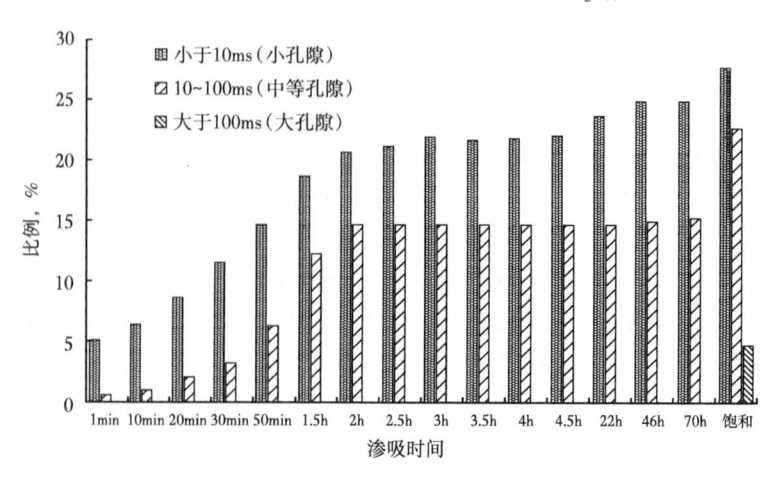

图 4.24 不同孔隙比例随渗吸时间的变化图

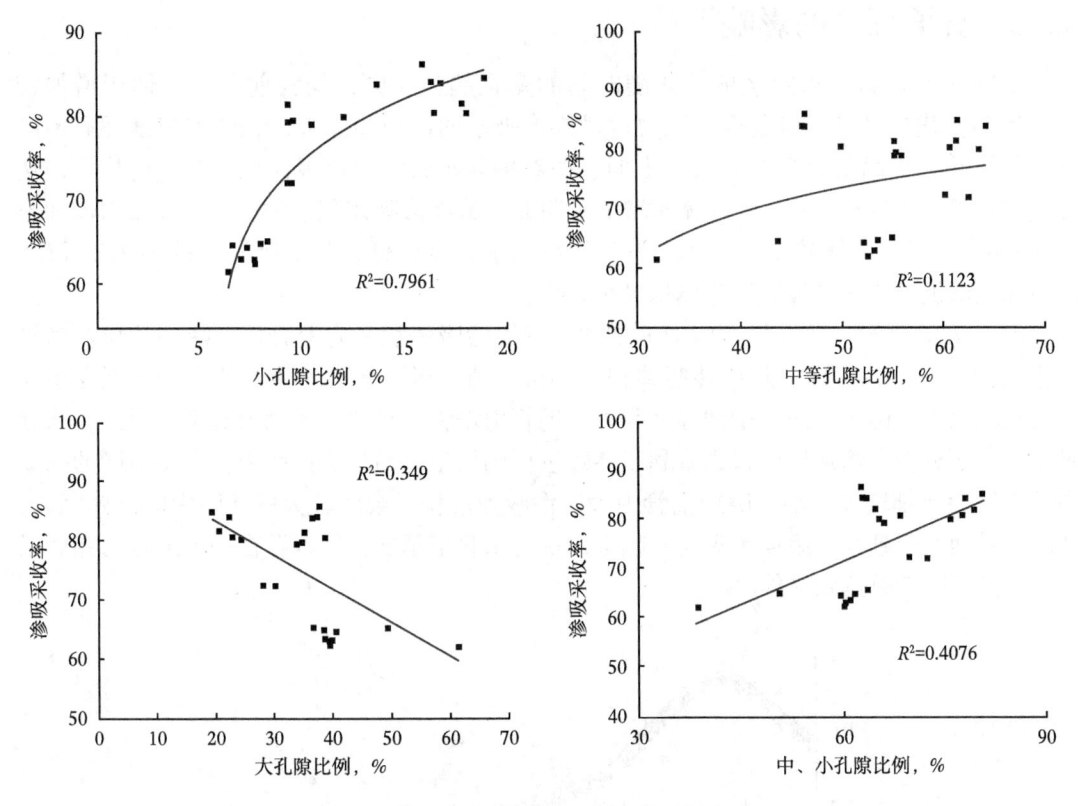

图 4.25 各类孔隙比例与渗吸采收率关系图

通过对实验结果相关性比较可知，水驱气渗吸过程中，渗吸采收率与小孔隙比例成正比，与大、中孔隙成反比，结果能够很好地说明渗吸过程中毛管力的作用，半径较小的孔隙能够产生较大的毛管力，而由于渗吸过程中非润湿相为气，不存在与孔隙壁的黏滞力，故而小孔隙比例对水驱气采收率起到决定作用，而大、中孔隙孔径较大，使得毛管力大大减小，因此其比例升高对水驱气渗吸过程起到抑制作用。

4.3.2 温度、压力的影响

温度升高，润湿系数增大，润湿接触角减小，岩石亲水性增强，有利于渗吸驱油过程的进行。温度升高后，壁面水膜厚度减小，有效孔隙半径增大，减小自发渗吸阻力，促进渗吸过程的进行。

压力对渗吸采收率的影响具有先减小后增大的趋势，即在低压下，降压引起的外在压差较小。此时当压力增大时，毛管力相对较小，降压引起的外在压差增大，且与毛管力方向相反，即导致岩心内外压差减小，从而引起采收率降低。当压力继续增大至较高水平时，降压引起的外在压降增大，直至大于毛管力的作用，从而克服毛管力的作用，将油气从岩心内驱替出来，最终导致渗吸采收率急剧增大。另外，由于压力在不同介质中传播的延迟性或压力升降而导致的岩心内外压差值的大小还需要进一步通过实验测量。

4.3.3 界面张力的影响

不同界面张力下渗吸水的体积随时间的变化趋势相同,均为前期渗吸体积增加较快,后期变化较平稳。但是界面张力对最终渗吸水的体积和渗吸体积增加速度都有不同程度的影响,界面张力为 1.933mN/m 时,曲线的斜率最大,渗吸体积增加速度最快,从渗吸发生的第 168 h 开始,渗吸体积增加不明显,最终渗吸体积最大;当界面张力增加至 10.436mN/m 时,曲线的斜率最小,渗吸体积增加速度最低,从渗吸发生的第 72h 开始,渗吸体积增加不明显,最终渗吸体积最小。

由图 4.26 可知,随着界面张力的增加,最终渗吸体积呈先上升后下降的趋势。当界面张力为 1.933mN/m 时,最终渗吸体积达到最大值。界面张力对渗吸的影响表现在渗吸动力和流动阻力两个方面。增加界面张力,毛管力增大,导致渗吸动力提高。因此,从渗吸动力方面分析,增加界面张力有利于渗吸过程的发生。增加界面张力,大小不同的孔隙中的毛管力差别增加,小孔隙中毛管力大,渗吸速度快,会将较大的孔隙中的流体绕流、截断。界面张力越大,后期渗吸速度越慢,最终采收率越低。所以存在一个最佳的界面张力值,使渗吸效果达到最佳。

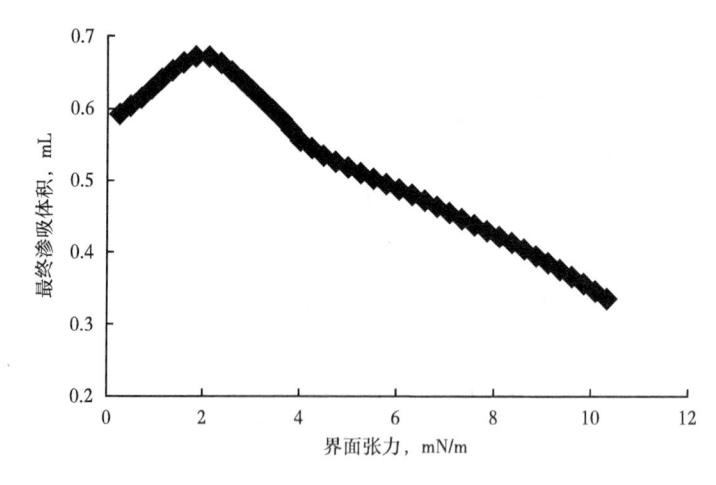

图 4.26 界面张力与最终渗吸量关系图

4.4 提高渗吸效果的方法

4.4.1 表面活性剂提高渗吸

添加了表面活性剂的渗吸液的渗吸效果要优于清水。表面活性剂具有改善润湿性和降低界面张力的作用。改善储层岩石的润湿性以及合理降低界面张力是改善岩心渗吸效果的两个重要机理[5],这使得表面活性剂成为使用最广泛的渗吸用剂。国内外学者都曾以不同方式研究了表面活性剂对渗吸的影响,并取得了许多成果。

表面活性剂之所以能降低界面张力,是由于吸附作用在表面上形成定向吸附层,使得液体表面最外层的化学组成改变,原来的水分子被疏水基取代。后者对表面能的贡献比较小,但不同疏水基的贡献又不相同,因此表面活性剂疏水基的化学组成和在吸附层中的密度决定其降低水表面张力的能力。

阳离子表面活性剂是通过离子对作用,改善岩石润湿性,从而提高渗吸采收率。对于阳离子表面活性剂的渗吸,当温度从 40℃ 提高到 70℃ 时,渗吸速率提高两倍,原因是表面活性剂的扩散速率加快。对于大部分表面活性剂,最优盐度随着温度增加略微减小或者保持不变;最终接触角随着温度的升高而降低;表面活性剂溶液渗吸速率随着温度的升高而增加。

在碱/阴离子表面活性剂体系中,随着碳酸钠浓度增加到最大值,接触角逐渐减小,即水湿性增强。当碳酸钠浓度固定时,氯化钠浓度对润湿性没有影响。添加碳酸钠可以减少阴离子表面活性剂在碳酸盐岩心中的吸附,能提高表面活性剂的效率。

不同类型的表面活性剂对渗吸效果的影响是不同的,其中阳离子表面活性剂改善亲油岩心渗吸效果的能力要强于阴离子表面活性剂,即使阴离子表面活性剂的界面张力更低。

4.4.2 纳米流体提高渗吸效果

近年来,凭借独特的物理化学性质,纳米材料在油气田开发领域应用受到越来越多的关注。纳米材料粒径多分布在 1~100 nm 之间,因此能够进入多孔介质孔隙,在孔隙表面和不同流体界面发挥作用。室内实验研究表明,ZrO_2、TiO_2、Al_2O_3 和 $CaCO_3$ 等纳米材料能够改善岩心自发渗吸实验和岩心驱替实验的效果。在所有纳米材料中,凭借优异的动力学性质和流变学性质,国内外学者对二氧化硅纳米颗粒的研究最为广泛。学者研究了亲水纳米二氧化硅(LHP)对多孔介质润湿性的影响,结果表明,LHP 能够吸附在多孔介质表面并将岩石孔隙表面由亲油改为亲水。用亲水、亲油和中性润湿三种不同润湿性的二氧化硅纳米颗粒在水湿砂岩中进行岩心驱替实验,发现分散在乙醇中的疏水纳米颗粒和中性润湿纳米颗粒能够通过改变岩石润湿性和降低界面张力来提高岩心驱替采收率。研究岩石润湿性、温度、纳米颗粒浓度等因素对二氧化硅纳米流体驱替效率的影响,结果表明,在所有润湿条件下,二氧化硅纳米颗粒都能够提高岩心驱替采收率,但在中性润湿的岩心中,纳米颗粒驱替效率最高。随着纳米颗粒浓度的提高,岩心最终采收率逐渐升高,但当纳米颗粒超过某一浓度后,最终岩心采收率开始下降。

参 考 文 献

[1] 蔡建超,郁伯铭. 多孔介质自发渗吸研究进展[J]. 力学进展,2012,42(6):735-754.

[2] 蔡建超. 多孔介质自发渗吸关键问题与思考[J]. 计算物理,2021,38(5):505-512.

[3] 张翼,马德胜,朱友益. 化学渗吸采油理论与实验新方法[M]. 北京:科学出版社,2018.

[4] Takahashi S. Water imbibition, electrical surface forces, and wettability of low permeability fractured porous media. Ann Arbo:UMI Dissertation Publishing,2009.

[5] 刘卫东,姚同玉,刘先贵,等. 表面活性剂体系渗吸[M]. 北京:石油工业出版社,2007.

[6] 吴润桐,杨胜来,谢建勇,等. 致密油气储层基质岩心静态渗吸实验及机理[J]. 油气地质与采收率,2017,24(3):98-104.

[7] 韦青. 致密砂岩储层微观孔隙结构及渗吸特征研究[D]. 北京:中国地质大学(北京),2016.

[8] Masoodi R. Modeling imbibition of liquids into rigid and swelling porous media. Ann Arbo:UMI

Dissertation Publishing, 2008.

[9] 李宪文, 刘锦, 郭钢, 等. 致密砂岩储层渗吸数学模型及应用研究 [J]. 特种油气藏, 2017, 024 (006): 79-83.

思考题

1. 静态渗吸与动态渗吸的影响因素有哪些？
2. 不同渗吸数学模型的差异性有哪些？
3. 渗吸与微观孔隙结构有什么关系？
4. 通过阅读课后文献，分析煤层气储层岩样渗吸规律有何不同。
5. 提高渗吸采收率的方法还有哪些？

5 非常规天然气储层水力压裂

水力压裂是指利用水力作用使储层形成裂缝的一种增产技术，又称压裂。压裂是人为地使储层产生裂缝，改善油气在地下的流动环境，使油气井产量增加，对改善油气井井底流动条件、减缓层间和改善储层动用状况可起到重要的作用[1]。水力压裂技术是1947年在美国堪萨斯州实验成功的一项技术，在中国的研究和开发开始于20世纪50年代，大庆油田于1973年开始大规模使用该项技术。随着时代的发展，中国的压裂技术已经有了长足进步。

本章主要介绍压裂工艺、不同类型储层的压裂技术、裂缝监测技术及压裂发展方向。

5.1 压裂工艺

国内外已有较多文献对压裂理论、工艺及技术进行了阐述[2-5]，本节重点介绍直井压裂、水平井压裂、多井同步压裂。

5.1.1 直井压裂工艺

5.1.1.1 连续油管分层压裂技术

最早的连续油管压裂是在20世纪90年代开始的，最初是在井眼中下送连续油管，然后在井口处割断它，进行压裂增产时可用来作为工作管柱，最后连续油管与井口相连接，作为一种速度管柱。

连续油管分层压裂技术特别适合于具有多个薄层的井进行逐层压裂作业，优点主要有：(1)能够快速在井中运行，节省时间和费用；(2)连续油管应用广泛，如洗井、增产措施、钻井、测井、作业等均可使用；(3)可以连续循环和带压作业，对地层伤害小；(4)对环境影响小，占地面积是常规压裂的1/3。

连续油管分层压裂技术可以细分为：(1)连续油管骑跨式封隔器分层压裂技术；(2)连续油管水力喷射分层压裂技术；(3)连续油管喷砂射孔填砂分层压裂技术；(4)连续油管带底封喷砂射孔压裂技术；(5)连续油管带可钻桥塞喷砂射孔压裂技术。

1) 连续油管骑跨式封隔器分层压裂技术

压裂作业时，从连续油管加压坐封，密封压裂层段，开始压裂作业。压裂作业结束后，卸压反循环解封，上提连续油管进行另一层压裂作业。该技术的主要井下工具是两个皮碗式封隔器和一个泵注短节。皮碗式封隔器是关键工具，关系到施工的成败和作业效率。该技术主要用在压力较低的浅井，最大井深2400m。

该技术的优点是：（1）工序简单，不需要填砂、冲砂，同样时间内压裂层数多；（2）采用连续油管加砂，对井口压力等级没有特殊要求。

该技术的缺点是：（1）封隔器风险大，封隔器可能被卡或无法收回而导致施工失败；（2）皮碗式封隔器易拖曳损坏，导致失效；（3）需要大管径连续油管，满足施工排量；（4）连续油管消耗大，一盘连续油管仅能完成3~4口井压裂。

2）连续油管水力喷射分层压裂技术

压裂作业时，通过连续油管进行水力喷射射孔，射孔完成后进行连续油管加砂压裂作业；压裂作业结束后，上提连续油管进行另一层压裂作业，直至完成所有压裂层段。该技术的井下工具主要是筛管、单向阀和喷枪。喷枪是关键工具，关系到射孔效率、施工的成败和作业效率。

该技术的优点是：（1）工序简单，不需要填砂、冲砂，同样时间内压裂层数多；（2）采用连续油管加砂，对井口压力等级没有特殊要求。

该技术的缺点是：（1）高砂浓度易堵塞井下工具，加砂浓度受限；（2）一旦堵塞井下工具，反循环冲洗需要液量多；（3）需要大管径连续油管，以满足施工排量；（4）连续油管消耗大，一盘连续油管仅能完成3~4口井压裂。

3）连续油管喷砂射孔填砂分层压裂技术

压裂作业时，通过连续油管进行水力喷射射孔，射孔完成后上提连续油管到第二层射孔位置，通过环空进行加砂压裂作业，压裂作业结束后，填砂暂堵；重复以上作业过程（图5.1），直至完成所有压裂层段，最后进行冲砂作业。该技术的主要井下工具是机械定位器、安全接头、扶正器和喷枪。机械定位器和喷枪是关键工具，关系到准确定位、射孔效率、施工的成败和作业效率。

(a) 连续油管射孔　(b) 环空主压裂　(c) 注砂塞　(d) 反洗井　(e) 施工上一层

图5.1 连续油管喷砂射孔填砂分层压裂过程示意图

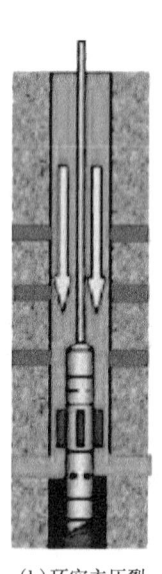

该技术的优点是：（1）可以使用小直径连续油管；（2）采用套管注入，摩阻小，排量可以较大；（3）连续油管只负责射孔而不加砂，对连续油管损耗小，连续油管利用率高；（4）套管流动通道大，可实现较大规模压裂。

该技术的缺点是：（1）施工工序较复杂，需要射孔、压裂、填砂、冲砂等步骤，施工效率不高，完成多层压裂需要的时间长；（2）压力系数高的井带压冲砂困难，风险高；（3）环空注液时对井内连续油管有喷砂切割作用，可能导致连续油管破损甚至断裂。

5.1.1.2 套管滑套分层压裂技术

套管滑套分层压裂结合储层情况，连接滑套与套管并一趟下入井内，进行常规固井，再经由下入开关工具投入憋压球或者飞镖，逐级打开各层滑套，实现逐层改造。套管滑套分层压裂技术施工压裂级数不受限制、管柱内全通径、无需钻除作业、后期液体返排及后续工具下入便利、施工可靠性高，即使遇到储层出水，可以通过下入连续管开关工具将滑套关闭从而封堵底水。该技术广泛应用于非常规天然气储层的增产改造，应用前景广阔。

套管滑套主要由上接头、筒体、球座、滑套芯子、剪钉、锁环、端口保护罩、密封圈、固定销钉、下接头等组成。上接头、筒体、下接头由螺纹连接在一起，并通过固定销钉固定；端口保护罩套在筒体和上接头上，并通过上接头固定销钉；端口保护罩内填充有耐高温固体油脂，防止固井过程中水泥进入端口，影响滑套芯子的开启和压裂。滑套芯子装在筒体内，通过剪钉固定。球座装在滑套芯子内，用螺纹固定。通过投球产生的推力剪断滑套芯子剪钉，滑套芯子下移，露出端口挤开水泥环和储层压裂。滑套芯子内置开关槽，用于关闭滑套。锁环主要防止滑套意外关闭。

套管滑套分层压裂技术主要包括五部分，以投球打开的固井滑套为例，具体流程为：（1）结合不同储层具体情况，将各固井滑套的位置确定；（2）依照确定的深度将滑套和套管管柱一趟下入井内进行常规固井；（3）在第一层实施电缆射孔，接着开始压裂作业；（4）第一层压裂完成后，投入一定尺寸的球或飞镖坐入第一个固井滑套（第二层），打开滑套将前一个已经完成施工的层位封隔，然后实施第二层压裂；（5）重复以上过程，实现多级压裂施工。

5.1.2 水平井压裂工艺

5.1.2.1 裸眼封隔器投球滑套分段压裂技术

在采取水平井裸眼封隔器完井方式时，为提高水平井产能，根据水平井地质情况，综合考虑裂缝方位、水平井裂缝布局规律、裂缝干扰情况、裂缝间距设计等情况，结合测井解释，确定单井分段数量及长度。通过预先下入封隔器管串，封隔预压层段。再通过地面投球方式逐级打开各段喷砂器，实现分段压裂目的，最终形成水平井裸眼封隔器投球滑套分段压裂。

裸眼封隔器投球滑套分段压裂是将完井管柱和压裂管柱合并为一趟管柱一起下入，将双向锚定悬挂封隔器悬挂扩张式裸眼封隔器、投球式喷砂滑套、压差式开启滑套以及坐封球座等工具下入井内，使用裸眼封隔器封隔水平段，实现压裂作业井段横向选择性分段隔离，根据压裂段数进行分段压裂，可以实现全井段完全压裂作业（图5.2）。通过对储层进行选择性的改造,从而实现提高单井产量的目的。压裂管串与完井管串为同一管串,一同下入,减少了施工成本,不进行固井及射孔作业,极大地提高了完井作业效率,并且不进行固井作业,避免了水平井固井质量差的问题,因此在施工工期、施工费用及压裂改造效果有着其他水平井压裂改造技术无法比拟的优势。

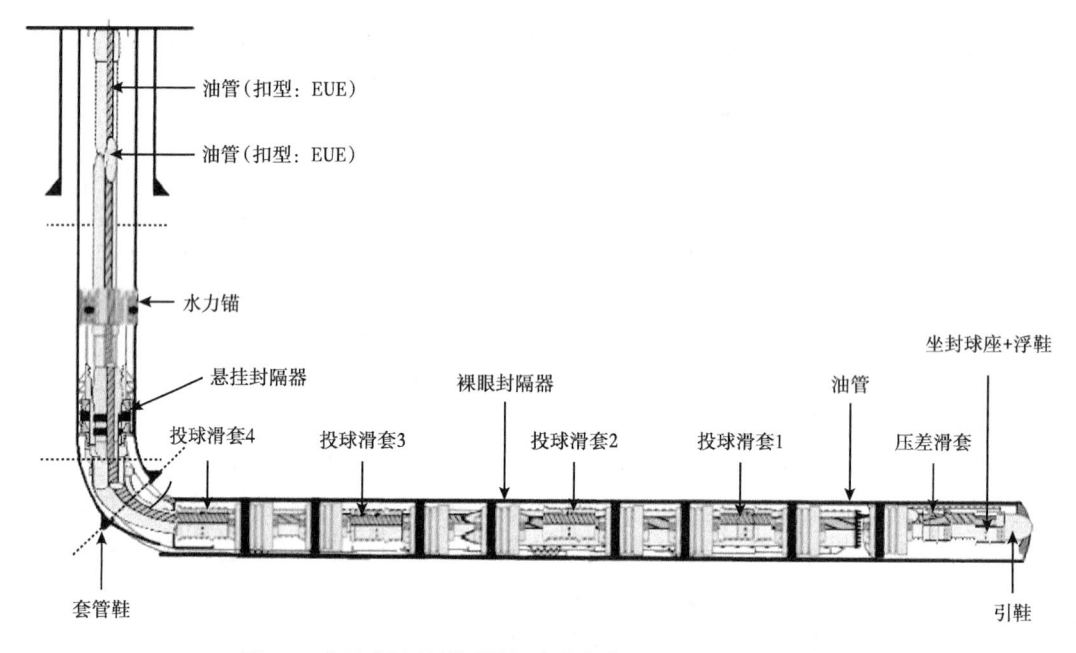

图 5.2 水平井裸眼封隔器投球滑套分段压裂技术施工管柱

具体技术原理为:用钻杆送分段压裂完井管柱到预定位置,管柱下到设计井深,开始进行钻井液顶替,顶替完钻井液后投入低密度球,待球落到坐封球座上后,打压16~18MPa,剪断坐封球座上的销钉,使坐封球座自喷并实现自封。管柱内继续打压,剪断裸眼封隔器和悬挂封隔器剪钉,使悬挂封隔器和裸眼封隔器开始坐封,逐级提高压力至20MPa,裸眼封隔器和悬挂封隔器涨封完毕,继续提高压力到25MPa,丢开悬挂器丢手,起出钻杆,下分段压裂施工管柱。完成分段压裂回接后从井口打压打开压差滑套,压裂第一段,然后根据设计需要依次投入相应尺寸的低密度球,待低密度球到达球座后打开喷砂滑套,依次进行相应层段的压裂施工。

5.1.2.2 套管封隔器分段压裂技术

视频 7 水平井压裂

套管封隔器分段压裂技术具有不压井、不动管柱、对目的层改造彻底和现场施工方便等优点。套管封隔器分段压裂工艺为:水平段内第 1 段压裂结束后,投球加压,使滑套下移,将下面一段关闭,露出第 2 段喷砂循环孔,开始压裂第 2 段,实现不动管柱压裂多段,一般一趟管柱可压 2~3 段(图 5.3 及视频 7)。其优点是,套管头不用承压,对于直井段套管和套管头抗压强度不高的水平井也具有较好的适应性;缺点是,水平井筒底部易沉砂,压裂后上提压裂管柱会压实沉砂或封隔器无法解封,造成上提遇卡，施工风险较大。

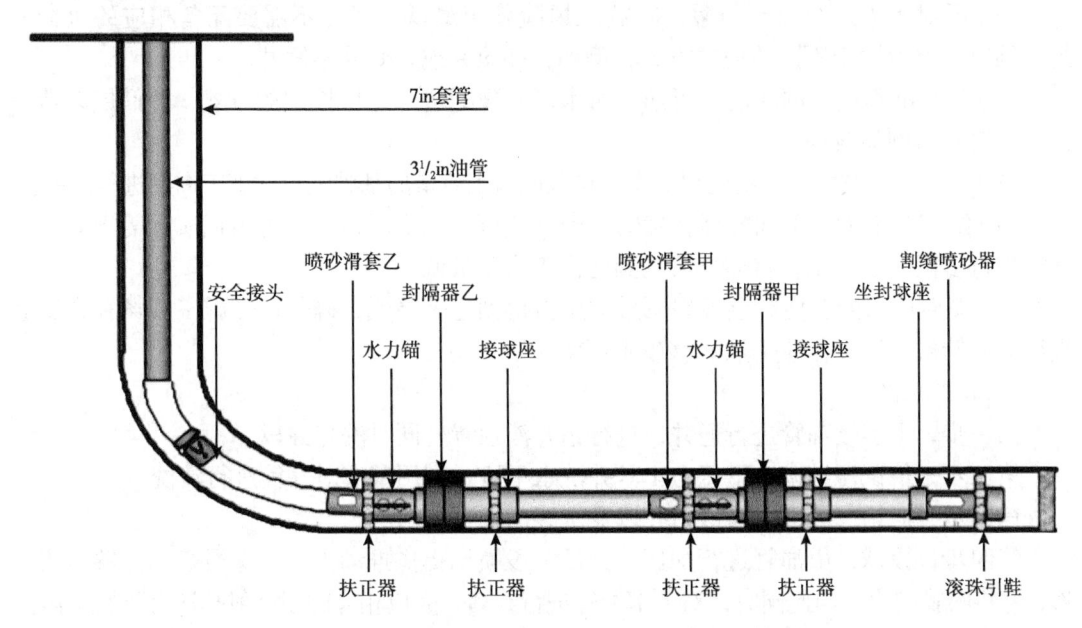

图 5.3　水平井套管封隔器分段压裂技术施工管柱

5.1.2.3　水力喷射分段压裂技术

水力喷射分段压裂技术是利用高速和高压流体携带砂体进行射孔，打开储层与井筒之间的通道后，提高流体排量，从而在储层中打开裂缝的水力压裂技术。

1）技术原理

水平井喷射分段压裂技术包括喷射和压裂两个过程，先进行喷砂射孔，然后向油套环空泵入压裂液压裂。

（1）水力喷砂射孔：将提前配好的压裂液与石英砂送入混砂车中搅拌均匀，再将携砂液通过主压车加压送入井内，在井筒内憋起高压，液体在通过喷嘴后形成高速射流，切割套管和岩石，形成一定深度的射孔孔眼，从而连通井筒与储层。其施工的难点主要在于控制喷砂射孔时的油压，如何在油管的承压条件和射孔理想效果间找到一个适当的压力是很重要的。

（2）水力喷射压裂：水力喷射压裂在继喷射完成之后连续进行，首先，通过地面高压泵组将液体以大大超出地层吸液量注入井底，使井底的压力高于地层的破裂压力，油管内的流体进入此前的喷射的孔道中，并沿着孔道将地层压开，此时曲线上会有一个较明显的破压点。

然后，在前置液加入完成后，将混有陶粒或石英砂的携砂液注入地层，使裂缝充分扩展，从而形成较大的裂缝，此为施工的主要阶段；最后，注入顶替液，液量为一个油管容积，将油管内的携砂液顶入地层。值得关注的是：注入油管的顶替液量必须与设计相符，过顶替必会造成近井地带裂缝中的支撑剂向前推进，压裂液返排后无支撑剂支撑的裂缝会闭合，降低了储层近井地带的导流能力；顶替液注入不足会使携砂液中的砂粒在井内沉积，造成卡钻事故。

2）技术特点

（1）可对水力进行自动封隔，将施工风险降至最低。通常不需要配备相应的机械坐封，同时能够运用于不同的完井方式，例如，裸眼井或是套管不固井。

（2）具有准确造缝的功能，可通过对水平井裂缝进行定位控制的方式，使储层改造工作的针对性得到显著提高。

（3）可一次完成射孔以及压裂操作，在保证施工质量的基础上，对施工周期进行压缩。

（4）配有多个大小不同的球，确保滑套开关可得到实时控制。可根据实际需求对一次管柱进行多段压裂施工，将储层所受到的伤害降至最低。

（5）喷射压力能够使储层破裂所形成压力得到显著降低，确保即使施工现场存在高破裂压力的储层，压裂作业仍然能够按照预期计划开展。

3）工艺流程

第一步，下连续油管进行通井，进行钻井液顶置，同时洗直井段。

第二步，待试压结束，下压力工具并洗水平段，利用基液对井筒进行清洗。

第三步，对第一段进行喷砂射孔以及压裂。

第四步，投球，由油管进行加压，为后一段喷枪提供推动力，确保滑套芯能够尽快下移，并将喷嘴露出，与此同时，对下部油管进行封堵，完成相应的喷砂射孔还有压裂工作。

第五步，重复上述工序，直至全部层段均完成压裂。

第六步，开井排液，在排液的同时将球取出，除特殊情况外，压裂管柱均可用于后期的生产。

4）喷射工具

喷射工具主要分为可调式及固定式两种，其中，可调式工具的特点是能够对井筒内喷嘴方向进行调节，具有良好的适应性，但前期所投入成本较高。而固定式工具可通过改善喷嘴布局的方式，使射孔方位变得更加合理，具有显著的经济效益。

5.1.3 多井同步分段压裂技术

多井同步分段压裂（简称同步压裂）是对两口或两口以上基本平行的水平井的对应井段同时进行分段压裂施工，以期获得更好的单井产量、提高采收率。同步压裂技术的实质是：两口水平井同时压裂产生多条裂缝，裂缝间相互干扰发生转向，并诱导各裂缝附近的天然微裂缝起裂延伸，形成复杂裂缝网络。

一般情况下，同步压裂井的井眼轨迹方位都与最小水平主应力一致，并且处于相同的深度，各水平段的每一级压裂同时进行，压裂顺序从水平段的趾端到跟端。水平井之间的间距一般等于水平井压裂主裂缝的半缝长，在压裂级数非常接近的情况下进行同步压裂，直到所有压裂完成后再返排。有些情况下，同步压裂相邻水平井水平段的深度不同，垂直交错布局不仅可以利用缝梢的张性区域，还能够利用裂缝顶部和底部的张性区域，增大诱导裂缝密度。

2006年，同步压裂技术最先在美国Fort Worth盆地的Barnett页岩中实施，在水平井段相隔152~305m的两口大致平行的水平配对井之间进行同步压裂。由于压裂井的位置接近，如果依次对两口井进行压裂，可能导致只在第二口井中产生流体通道而切断第一口井的流体通道。同步压裂能够让被压裂的两口井的裂缝都达到最大化，相对依次压裂来说，获得收益的速度更快。同步压裂作业后，这两口井均以相当高的速度生产，其中一口井以日产 25.5×10⁴m³ 的速度持续生产 30 天，而其他未压裂的井日产速度只有 5.66×10⁴m³ 到 14.16×10⁴m³ 不等，说明同步压裂效果良好。

同步压裂技术在 Woodford 页岩的开发中也获得了很好的效果。Woodford 页岩现场试验了 2.59 km² 面积内的 4 口水平井，水平段井深和水平段长度大致相同，压裂级数和施工参数基本一致。对 1 号井进行重复压裂，2 号井和 3 号井井同步压裂，4 号井单独压裂，所有井同步放喷投产。通过对比 90 天的累积产量发现，2 号井同步压裂井和 3 号井的产量高于 1 号井重复压裂井和 5 号井老井单井压裂，接近 4 号井新井单井压裂（表 5.1）。

表 5.1 不同压裂方式单井产量对比表

压裂方式	同步压裂	同步压裂	重复压裂	新井单井压裂	老井单井压裂
井号	2	3	1	4	5
30 天平均产量，10⁴m³/d	14.55	16.24	9.98	17.54	3.23
30 天累积产量，10⁴m³	436.36	489.92	307.76	529.13	209.01
90 天累积产量，10⁴m³	824.57	971.13	799.20	1262.24	430.50

2011 年 11 月，国内进行了首次双水平井同步压裂施工。该试验是长庆油田为有效动用鄂尔多斯盆地致密油资源而进行的，从裂缝实时监测结果初步判断，达到了增大裂缝缝网体积的目的。

2014 年 3 月，在宜宾市珙县上罗镇长宁 H2 井，成功实施了页岩气四井同步拉链式压裂作业。

2014 年 8 月，延川南煤层气田煤层气井同步压裂在 Y6-32-64 井、Y6-34-62 井、Y6-34-64 井展开，标志着延川南煤层气田首次同步压裂施工获得成功。

2014 年 8 月，涪陵页岩气产能建设示范区焦页 42 号平台上焦页 42-1 井、焦页 42-2 井、焦页 42-3 井、焦页 42-4 井同时完成压裂施工，标志着国内首次"井工厂"模式同步压裂施工获得成功。

5.1.4 水平井分段压裂优化设计

水平井分段压裂优化设计主要是基于提高水平井单井产能、降低施工难度和提高经济效益这三个目标来优化各项裂缝参数的。

5.1.4.1 以提高产能为目标的优化设计方法

目前水平井分段压裂优化主要是以产能为基础，对压裂参数进行优化设计。国内外已经形成了许多成熟的水平井分段压裂产能预测方法，但各方法都有一定的限制条件，这是优化设计理论与现场实施之间存在的主要矛盾，如何解决这一矛盾成了研究的重点。同时，在水平井压裂参数优化方面大多考虑单一因素分析，还需要考虑各因素之间的相互影响。同时，压裂参数优化也应综合考虑成本和效率的问题。

以提高产能为目标的压裂优化设计通常使用产能预测模型，包括解析法、半解析法、物理模拟法和数值模拟法等。解析法是一种从数学模型出发的方法，通过相应的假设条件与简化方程,得到水平井产能公式的解析模型,计算量小,所需参数较少,缺点是计算精度低。半解析法一般基于源函数,通过相应的数值变换分别建立气体在储层和裂缝中的渗流模型,最后利用连续性条件将两种模型耦合起来形成水平井压裂产能模型,缺点是不能较好地反映储层的非均质性。物理模拟法是基于水电相似理论,应用电场模拟水平井渗流场的方法来研究水平井生产动态,缺点是不适合致密储层。数值模拟法是结合气藏的生产特点和水力裂缝的渗流特征,根据物质平衡原理和两相渗流达西定律,建立气藏生产动态模型,缺点是建模过程复杂且计算结果具有不稳定性、求解速度慢。

5.1.4.2 水力裂缝形态影响因素

水力裂缝的形态受多种因素的影响,例如地应力、天然裂缝、储层渗透率、施工参数等。

1）地应力

地应力一般分为三个主应力,即垂直主应力 σ_v、最大水平主应力 σ_H、最小水平主应力 σ_h。这三个主应力与水力压裂施工所需要的破裂压力以及裂缝破裂的方向都是直接相关的,水力裂缝发生和延伸的平面一般是与最小主应力相垂直的平面。如果压裂裂缝是垂直的,那么水平主应力为最小值;当最小值是垂向主应力时,人工水力裂缝将扩展为水平缝。水力裂缝总是沿着阻力最小的方向发生及扩展,也就是说在垂直于最小主应力的平面上产生和延伸。因此,储层水平主应力与垂向主应力的相对大小决定了在储层中出现何种形态的裂缝。

水平井人工裂缝常见的裂缝形态有 4 种,分别是横向裂缝、纵向裂缝、扭曲裂缝和斜交裂缝(图 5.4)。横向裂缝是指水平井井筒与裂缝面相互垂直的裂缝,一条水平井可以产

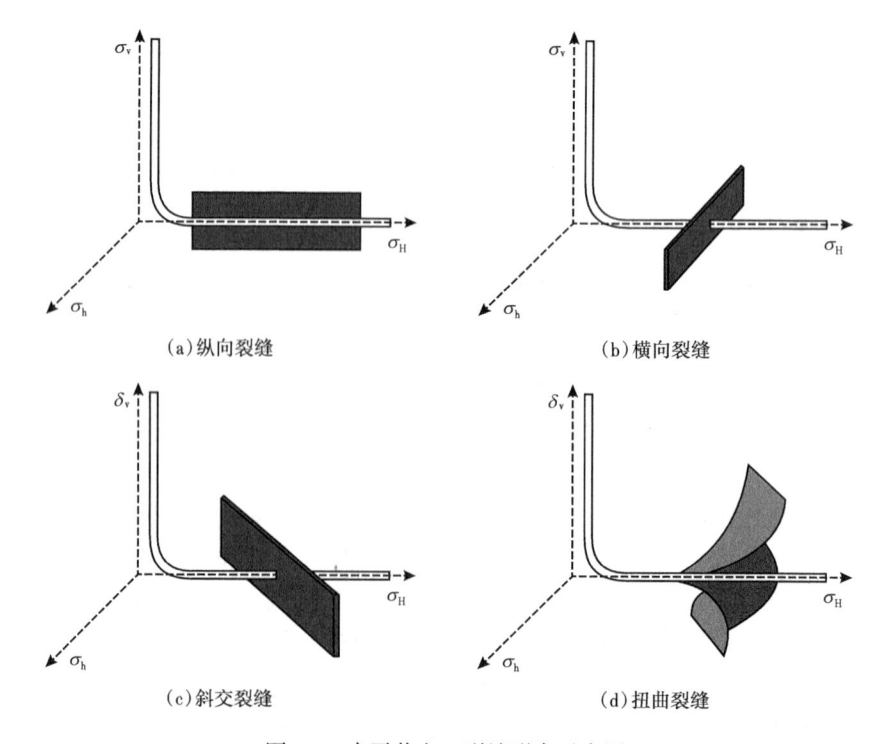

(a)纵向裂缝　　　　(b)横向裂缝

(c)斜交裂缝　　　　(d)扭曲裂缝

图 5.4　水平井人工裂缝形态示意图

生多条横向裂缝；纵向裂缝是指裂缝面沿着水平井井筒方向延伸的裂缝；斜交裂缝是指水平井井筒与裂缝面存在一定夹角的裂缝。当最小地应力和水平井井筒方向之间存在一定夹角时，有可能会产生扭曲裂缝。此外，对于水平井压裂施工，在压裂过程中产生哪一种形态的裂缝，在很大程度上取决于储层地应力的情况，所以在压裂设计时应充分考虑水平井井筒方位和储层地应力的情况。

2) 天然裂缝

人工裂缝在延伸的过程中可能会与多条天然裂缝发生交割，而天然裂缝和人工裂缝发生的每次交割都会经历两个过程：首先是和天然裂缝发生连通，在裂缝的延伸端应力场发生各向异性的消失；接着通过压裂液的不断积累来提高裂缝内的压力值。当有新的裂缝产生时，也就是静压力值与岩石的抗拉强度极限相等了，与此同时裂缝的延伸端各向异性增加，所需要的延伸压力值开始逐渐降低，然而在裂缝不与天然裂缝发生交割情况下应力场各向异性的增加速度远远大于这种情况下的增长。如果延伸点应力场的各向异性会因为天然裂缝的密集发育而减弱，那么需要提高静压力值来补偿，以保证裂缝延伸的进一步进行。非裂缝性储层人工裂缝延伸所需要的静压力值明显低于裂缝性储层，如果采用提高压裂液注入储层压力的方法来保证人工裂缝再一次起裂和延伸，那么会使得裂缝克服储层的高度有所增加，同时也会增加裂缝延伸的长度，有效的裂缝面积会减小；同时压裂施工在技术上的困难大大增加。

3) 储层渗透率

纵向裂缝和横向裂缝的优缺点都很明显。纵向裂缝与井筒共线，所以流体由储层流入纵向裂缝后，在裂缝内线性地流入井筒，流体的流动受井筒限制较小。横向裂缝最大的优点是：沿井筒方向可以布置多条横向裂缝，增大了裂缝与储层的接触面积，加快了油气的开采速度；但是与纵向裂缝相比，在相同的地应力条件下，横向裂缝的产生需要更高的破裂压力，裂缝起裂较困难。同时，沿井筒分布的各条横向裂缝相互之间存在相互干扰的现象。此外，横向裂缝的布置在很大程度上依赖于地应力与水平井井筒方位。如果地应力方位预测错误，则可能导致压裂施工失败。

对于横向裂缝而言，由于井筒直径很小，裂缝与井筒的接触面积受到了井筒的限制，裂缝中的流体流入井筒时就会产生汇流效应，从而流体在裂缝中产生附加的压力损失，这种因流体汇流导致压力损失的现象可以看作是一种表皮效应，称为节流表皮效应。由于在裂缝与井筒连接处存在节流表皮效应，这就需要较高强度的支撑剂来保证井口周围裂缝具有较高的导流能力。在无因次裂缝导流能力较低时，也就是储层渗透率较高时，横向裂缝内由于流体汇流产生的节流表皮效应较大，裂缝内附加压降较大，产能较低。因此，在高渗透地层中不适合用横向裂缝进行储层改造。而在低渗透储层中，当无因次裂缝导流能力较强时，节流表皮很小，甚至可以忽略不计。因此，在低渗透率地层中应用横向裂缝改造比较有利。

5.1.4.3 水力裂缝数值模拟

数值模拟可以定量对水平井中裂缝长度、裂缝分布、裂缝条数及裂缝导流系数进行研究并给出优化结果，为优化水平井分段压裂设计和施工提供建议。

早期对裂缝进行描述时，大多使用有限差分法把压裂裂缝看作矩形，用具有高渗透率的网格条带形式来模拟压裂产生的人工裂缝,其特点是:由于一般采用的网格尺寸较大,用等效阻力法来表征裂缝。有限元法在划分网格上比较灵活,在数值模拟过程中逐渐普及,可以采用更适合的楔形裂缝来刻画压裂裂缝;同时,距离和时间两个变量组成了表达裂缝渗透率的函数,裂缝的网格表征程度可以到 0.1 m,更加符合储层的真实情况。

水力裂缝网格类型有不同的分类方式,依据坐标类型进行分类,有非结构网格(PEBI 网格)、柱坐标网格、直角网格等;依据网格性质进行分类,有动态加密网格、静态加密网格以及正常的网络系统等。选择哪一种网格形式受多种因素的影响,主要包括地质状况、储层规模、驱替类型、油藏描述、开发历史及选择的开发措施,还要考虑数值模拟研究目标等。

与常规网格加密法相比,PEBI 网格改变了渗流方程的离散方式,从而改变了对人工裂缝的模拟方法。PEBI 网格加密采用有限元方法来划分网格,网格加密形式具有灵活性,可以加密成各种复杂的非结构网格类型,比如可以加密成六边形、圆柱形、三角形等其他复杂网格类型,从而能够逼近任何储层形状,这一优点决定了它能够很好地刻画裂缝特性,如复杂裂缝的形态、发育方向等,可以模拟各个方位的人工裂缝,可以准确地模拟真实油气田的复杂井型和地质边界,并且通过较为平滑的粗细网格过渡,可以实现网格与裂缝以及裂缝与井筒之间连接的一致性。当储层整体采用直角网格同时在近井筒附近采用 PEBI 网格时,会形成直角网格和近似径向的网格,依据实际需要可以对网格密度进行调整,能够趋避常规网格加密中粗细网格相连接的情况。用 PEBI 网格模拟裂缝时,使用微小元的网格来替代人工裂缝宽度,且网格块的宽度远小于井眼尺寸,从而能够更加真实地反应水力裂缝形态,模拟裂缝的渗流特性,不同方位裂缝不受网格取向影响,其特性能够得以很好的模拟,从而数值模拟方法可以应用于整个油气田中。

5.2 不同储层的压裂技术

5.2.1 致密气储层水力压裂

不同于煤层气或页岩气藏增产,以逐层压裂或多层分流压裂大幅提升储层与井筒接触面积的多级压裂技术是致密气藏成功开发的关键之一。20 世纪 90 年代,美国大绿河盆地 Jonah 气田首次实施直井多层压裂、分层排液技术,压裂 3~6 段,但增产效果不显著。2000 年以后,采用连续油管逐层分压、合层排采技术,36 小时可压裂 11 层,产量较常规压裂增加 90%。近期,以多级滑套封隔器、可钻式桥塞及水力喷射压裂为核心的水平井分段压裂技术已在致密气藏广泛应用。经过几十年发展,国外致密气藏改造技术已基本成熟(视频 8)。我国自 1971 年发现川西中坝致密砂岩气并进行压裂增产探索后,发展历程与国外基本一致,由小规模笼统压裂逐级发展至直井分压合采、水平井分段压裂,目前已形成以封隔器 + 投球滑套

视频 8 致密砂岩储层水平井的多层压裂

为主体的直井多级压裂技术,逐步形成双封单卡、滑套封隔、裸眼封隔、水力喷射压裂等水平井多级压裂技术。

目前致密气藏常用的多级压裂技术包括可钻式桥塞分压、裸眼封隔器 + 滑套分压、水

力喷射分压、连续油管喷射+封隔器/填砂分压、双封单卡拖动管柱分压、套管滑套分压、投球滑套+封隔器分压、限流分压、准时射孔分压等十余种，其难点在于分段压裂工艺方式和井下封堵工具的选择。

5.2.1.1 机械封隔多段压裂

机械封隔多段压裂在致密气藏直井及水平井中均有广泛应用，针对性强，适用于隔层较厚、导流能力较差、岩石脆性较高的气藏，普遍采用高排量滑溜水分压形成复杂缝网达到增产目的，主要包括封隔器、机械桥塞和套管阀三种封隔分压技术。封隔器多级压裂针对性强，压裂效果好，但对于深井、地温高的产层成功率较低；双封单卡工艺对于封隔器坐封、解封等机械性能要求极高，此外，破裂压力高的地层必须考虑封隔器间拉力，因此需要确定合理的排量，限定施工压力。套管阀技术以斯伦贝谢的TAP（Treat & Produce）为代表，该技术在2006年在美国首次进行现场实验，实现了6级连续压裂。我国长庆气田在2010年完成世界第三口、亚洲第一口实验TAP阀水平井，该技术进展迅速，在吐哈油田也有应用。

5.2.1.2 水力封隔多级压裂

该封隔方式主要应用于水力喷射压裂，目前致密气增产主要有连续油管水力喷射多级压裂、油管水力喷射+滑套多级压裂。连续油管水力喷射多级压裂适用实际垂深＜3000m、井底温度＜140℃、多薄层的气层，可一天施工4层。油管水力喷射+滑套多级压裂适宜井深＜4000m（最高可达7000m）、储层较厚、隔层分隔性好、温度＜140℃的气层。水力喷射压裂技术集喷砂射孔、水力压裂、分段封隔一体化，通常形成多级单一裂缝，适用导流能力较好、中脆性致密砂岩气藏，可在裸眼、筛管、套管完井中进行分段酸压或加砂压裂，无需机械封隔，施工安全快捷兼具保护储层和降低起裂压力等优点，且可采取井下混砂技术有效应对早期脱砂；其局限在于环空注液压力受限于套管承压极限，水力密封性有待进一步加强。该项技术与大直径连续油管联作是未来发展趋势。

5.2.1.3 暂堵剂封隔多级压裂

暂堵剂可由尼龙、硬质胶、生物可降解胶原或这三种材料复合制成，封堵时混入砂浆，压裂措施结束前到达并封堵孔眼，对封隔器无法分卡的层段有较好的封隔效果，目前主要有2种暂堵剂封隔多级压裂技术：准时射孔多级压裂技术、暂堵剂选择性多级压裂技术。该法具有工具简单、定位准确、施工快速安全、可与其他压裂方法配合使用等优点。技术关键是控制顶替液排量，保证暂堵球能有效封堵孔眼，排量低则球难以有效封堵，高则易使产层"包饺子"。此外，由于老井往往进行过补孔，孔径、孔眼形状有差异，因此该法更适宜新井。

5.2.1.4 摩阻分流多级压裂

该技术包括直井/水平井限流法压裂，原理为：尽可能大排量施工，依靠压裂液通过炮眼产生的摩阻，大幅提高井底压力，使压裂液自动转向从而相继压开破裂压力相近的各目的层。技术关键是根据多地层破裂压力、砂岩厚度及射孔位置关系，确定每个目的层所射孔炮眼数量及直径。该法可不动管柱一次处理多层，限流布孔易控制裂缝垂向延伸，利于保护储层，但不适宜深井、地应力高的地层，孔密、单条裂缝加砂控制易失效，限于未射孔新井。该技术适用产层量多且薄、地应力相近、纵向间距20~40 m的套管完井中浅气层。

致密气藏地质条件复杂，选配最适宜的多级压裂技术是成功开发致密气藏的关键。

裂缝导流能力最优原则：已知气藏孔隙度、渗透率、地层压力、厚度等储层物性参数，模拟产量与裂缝导流能力关系，得到该储层条件下最优裂缝导流能力，从而确定裂缝几何尺寸、支撑剂分布等施工参数，为优选多级压裂技术提供参考。

储层伤害最小原则：在保证压裂效果的前提下，尽量采用水力喷射、滑套封隔器等低伤害多级压裂技术，避免射孔压实带伤害储层，此外可应用CO_2泡沫、伴氮、阴离子表面活性剂、低浓度瓜尔胶等低滤失、易返排、低伤害压裂液体系。

施工风险最低原则：应充分考虑地层、工艺特点，保证压裂工具"下得去、卡得准、封得住、取得出"，避免施工压力过高及管柱刺漏、断裂、砂埋等风险，高效安全完成作业。

5.2.2 页岩气储层水力压裂

页岩气储层水力压裂改造的关键是尽可能扩大储层改造体积，形成裂缝网络。国外页岩气改造工艺经历了4个发展阶段：（1）第1阶段（1997年之前），主要采用直井+泡沫压裂或直井+大型冻胶压裂工艺，压后典型井产量（1.55~1.94）×$10^4 m^3/d$；（2）第2阶段（1997—2002年），通过测斜仪和微地震监测发现，滑溜水压裂后不再是单一对称裂缝，而形成复杂缝网，产量较冻胶压裂增加25%以上，形成了以直井+大型滑溜水为主的压裂工艺；（3）第3阶段（2002—2005年），形成了以"水平井套管完井+多簇射孔+桥塞分段+滑溜水"为主的压裂技术，产量一般是垂直井的3倍以上；（4）第4阶段（2005年后），"井工厂"模式压裂形成并快速推广[6-7]。

从国外页岩气压裂改造工艺发展历程来看，国外页岩气工业上取得的巨大成功得益于两项关键技术：水平井技术和"井工厂"作业模式。其中，以"水平井套管完井+多簇射孔+机械分段+滑溜水"为核心的压裂技术，大幅提高了改造增产效果，推动了页岩气革命，实现了页岩气规模商业开发（视频9）。而"井工厂"模式的应用和推广，大幅提高了压裂设备的利用率，减少了设备动迁和安装，减少了污水排放，提高了水资源利用率，大大缩短了区块的整体建设周期，降低了开发成本，并进一步提高了单井压裂增产效果。

视频9 页岩大型水力压裂

国内随着涪陵、长宁、威远等页岩气勘探开发的突破和商业性开发程度的加深，目前页岩气开发对象逐步转向深层储层（垂深3500m以上）。深层页岩的地质特征及其对压裂的影响与常压页岩相比具有较大变化，深层页岩气区块地质条件更为复杂，商业化开发难度更大，对工程技术提出了新的挑战，主要表现为：（1）储层埋藏更深，温度更高，压力体系复杂，对钻井提速、钻井液和固井提出了更高要求；（2）深层页岩塑性增强、闭合压力高、水平应力差异大，页岩地层的缝网改造难度更大；（3）常压页岩气区块气井压裂后产量低且递减快，降本增效压力大。

深层页岩气储层具有地应力高、水平两向应力差异大、储层温度高、层理和天然裂隙分布复杂、岩石塑性特征强，导致水力裂缝起裂扩展困难、裂缝复杂性程度及改造体积低、裂缝宽度小、导流能力低且递减快，国内外采用了多种压裂方式进行深层页岩的开发尝试。美国在 Eagle Ford、Haynesville、Cana Woodford 等区块使用水平井分段压裂+清水压裂的压裂工艺，同时水平井同步压裂技术不断发展，进而发展为"工厂化"压裂模式。美国针对深层页岩气储层，对压裂施工进行了有针对性的改进：（1）增加水平段长度及压裂段数；（2）降低单簇射孔长度，增大射孔孔径；（3）改变预处理酸液类型；（4）增加液量、砂量和砂液比；（5）采用连续加砂方式；（6）压裂液组合发生变化；（7）优化支撑剂组合；（8）大排量施工。美国深层页岩气储层压裂技术的主要特点是：（1）多簇、大孔径射孔，单段射孔 3~6 簇，孔径 14.5mm；（2）组合应用高黏压裂液与"预处理酸+线性胶+滑溜水+冻胶"组合模式；（3）采用低砂比连续加砂，平均综合砂液比 3%~6%；（4）支撑剂以 40/70 目覆膜砂或陶粒为主，尾追少量 30/50 目或 30/60 目覆膜砂或陶粒；（5）单段压裂施工规模大；（6）导流能力高，改造体积大。

国内在深层页岩气储层压裂技术上主要有以下特点：（1）常规射孔簇数与孔径，单段射孔 2 簇，孔径 10.5mm；（2）采用组合压裂用液模式，即"预处理酸+胶液+滑溜水+胶液"；（3）支撑剂以 100 目粉陶和 40/70 目覆膜陶粒为主，尾追少量 30/50 目覆膜陶粒，根据深层页岩造缝宽度窄的特点，加大 100 目粉陶的应用比例；（4）低砂比段塞式加砂，平均综合砂液比为 1.1%~4.2%；（5）液量大、砂量少，液量 2460~3091m^3，平均砂量 26~50m^3。

5.2.3 煤层气储层水力压裂

煤储层属于割理裂缝型储层，其裂缝系统包含了层面、外生节理、气胀节理、内生裂隙、滑移面和微裂隙等结构弱面。这些天然裂缝在成因（沉积作用和构造作用）、发育规模、产状及其组合形式等方面具有显著的差异性，导致天然裂缝空间分布具有强非均质性。此外，在应力作用下，这些天然裂缝处于闭合状态或被石英、方解石等矿物充填使储层渗透性低。水平井增大了井筒与煤储层的接触面积，轨迹对气藏有很大的穿透性。通过水力压裂，在高压流体注入煤储层后，不仅可以打开天然裂缝，而且还可以形成新的人工裂缝。这些压裂裂缝相互连通，从而形成复杂的裂缝网络[8]。

根据我国煤层气资源评价及勘探开发实践，将埋深 1000m 视为深部煤层和浅部煤层的分界深度。当前煤层气开发主要集中在埋深 1000m 以浅，该领域的开发技术相对完善和成熟。鄂东延川南区块万宝山一带煤层埋深 1100~1500m，煤层气直井平均日产量为 1300m^3，但稳产周期短、产量衰减较快，采取大水平段（大于 1500m）水平井分段压裂单井日产高达 28000m^3。水平井开发井型和水力压裂储层改造是当前普遍认可的煤层气开发增产两大关键技术，其中分段水力加砂压裂能够提高煤层气大面积解吸通道，起到增产增效的作用。

目前国内外煤储层的压裂技术普遍沿用改造砂岩层等常规油气井的工艺。但是，煤和砂岩、页岩在储层物性和储层结构、力学性质等方面有本质的区别。在储层物性和储层结构方面，煤层比砂岩低渗透、非均质性强；在力学性质方面，煤层塑性易碎易压缩，高泊松比、特低杨氏模量，叠合煤储层顶底板特性和构造特征，往往易出现直井压裂对压裂砂镶嵌严重，水平井压裂喷孔半径短导致波及面积小。煤层气储层地质条件复杂多变，往往无法在不同的地质条件下复制同一种压裂工艺，这种情况下压裂改造的效果也差别很大。

水平井采用分段多簇压裂方式，每一压裂层段的煤层改造后裂缝网格在纵切面上整体呈不规则椭圆形，多个裂缝椭球体贯穿于水平井筒的主干沟通线，形同串珠（图5.5）。在细分切割密集布缝的压裂模式下，缩小了分段和分簇间距，裂缝椭球体在不断扩展基础上相互靠近，整个井筒周围的煤层空间交汇贯通。水平井的这种缝网改造有利于后期井间干扰。井间干扰发生在同一水平井相邻段之间以及相邻煤层气井流体泄流的长轴方向，即压裂主干裂缝延伸方向。通过井网优化和缝网改造后，煤层气井排采阶段更容易形成体积压降，扩大煤层气解吸漏斗，从而大幅提高煤层气水平井产量。

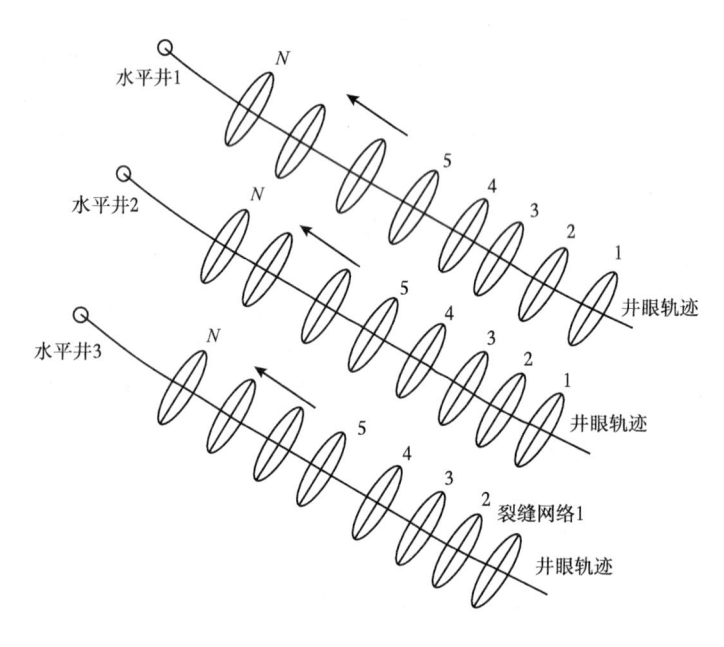

图5.5 煤层气储层水平井分段压裂裂缝分布示意图
1，2，3，…，N—裂缝网络

5.3 压裂监测技术

压裂监测指的是通过采集压裂施工过程中的一些参数资料，来分析地下压裂的施工进展情况和所压开裂缝的几何参数。压裂监测的意义体现在：（1）测量和评估压裂增产作业期间水力裂缝的延伸情况；（2）监测结果对于合理安排井位以及选择压裂施工时的施工规模、加砂浓度和用砂量、一次施工的井段数量、最佳射孔方式和其他压裂参数，评估现场施工质量，具有十分重要的指导意义；（3）通过对人工裂缝的监测，可以深入了解水力压裂裂缝的几何形态和延伸情况，从而制定出更有利于油田开发的开发方案[9]。

压裂监测技术可以分为两大类，分别是间接方法和直接技术。间接方法包括施工压力分析、不稳定试井分析、产量分析。直接技术分为直接近井地带技术和直接远场地带技术。直接近井地带技术细分为放射性示踪剂技术、井温测井技术、井眼成像测井技术、井下电视技术和井径测井技术；直接远场地带技术细分为微地震监测技术、周围井井下测斜技术、地面倾斜监测技术和施工井测斜技术。从表5.2中可以看到不同压裂监测方法可信度的对比，表中黑色星形图案代表监测结果可信，黑色菱形图案代表结果比较可信，圆形图案代表监测结果不可信。

表5.2 不同压裂监测方法可靠性对比表

类型		诊断方法	局限性	缝长	缝高	缝宽	方位	倾角	体积	导流能力
间接方法		施工压力分析	油藏模拟与实际不符	◆	◆	◆	○	○	◆	◆
		不稳定试井分析	要求准确的渗透率和压力	◆	○	◆	○	○	◆	◆
		产量分析	要求准确的渗透率和压力	◆	○	◆	○	○	◆	◆
直接技术	直接近井地带技术	放射性示踪剂技术	仅能探测井筒附近	○	◆	◆	◆	◆	◆	○
		井温测井技术	受到岩层导热性影响	○	◆	○	○	○	◆	○
		井眼成像测井技术	只能在裸眼井工作	○	◆	○	◆	○	◆	○
		井下电视技术	只能录取射孔孔眼情况	○	◆	○	○	○	◆	○
		井径测井技术	固井质量会影响结果	○	◆	○	◆	○	◆	○
	直接远场地带技术	微地震监测技术	信号较弱，需特殊处理	★	◆	○	★	◆	◆	○
		周围井井下测斜技术	井距越远，分辨率越低	★	★	◆	★	◆	◆	○
		地面倾斜监测技术	随深度增加，分辨率下降	◆	◆	○	★	★	★	○
		施工井测斜技术	缝长必须由缝高和缝宽算出	◆	★	★	○	○	○	○

5.3.1 间接方法

5.3.1.1 施工压力分析

施工压力分析是在不影响压裂施工的前提下监测压裂施工井下压力变化的全过程，井下仪器采集得到的压裂施工过程中的动态资料结合所施工储层的静态资料以及压裂施工参数，应用数学分析方法对压裂过程进行分析；最终的目的是得到裂缝及压裂施工评价参数，从而对压裂施工过程有一个及时、科学的认识。该技术具有适时、准确、高效、快速的特点。

施工压力分析流程如图5.6所示。

5.3.1.2 不稳定试井分析

按照测试目的分类，试井分为产能试井和不稳定试井，如图5.7所示。

试井操作按照SY/T 5440—2019《天然气井试井技术规范》执行。重点包括试井设计（试井地质设计、试井施工设计）、试井资料录取技术要求、试井施工、试井解释、试井报告编写。不稳定试井是通过改变油气井的工作制度，使井底压力发生变化，并根据压力变化资料来研究井控制范围内的储层参数、裂缝参数和井完善程度，推算地层压力，并判断井附近断层的位置等。

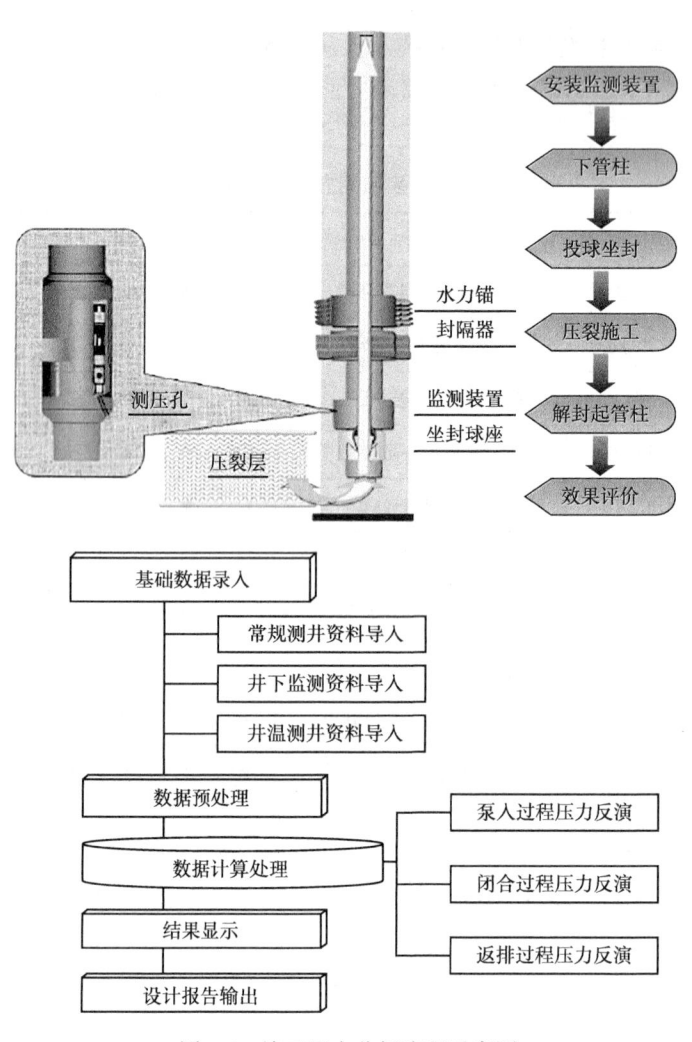

图 5.6　施工压力分析流程示意图

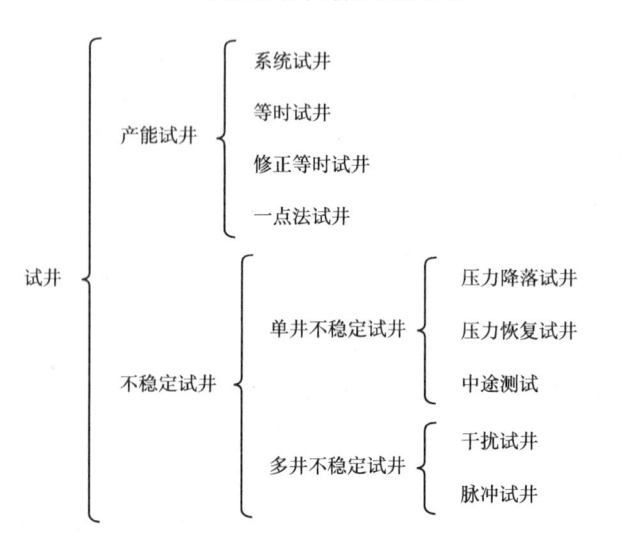

图 5.7　试井按测试目的分类图

5.3.2 直接近井地带技术

5.3.2.1 放射性示踪剂技术

该技术向井内注入被放射性同位素活化的物质,并在注入活化物质前后分别进行伽马测井,对比两次测量结果,找出活化物质在井内的分布情况,以确定岩层特性或井的技术状况或油气层动态(图 5.8)。

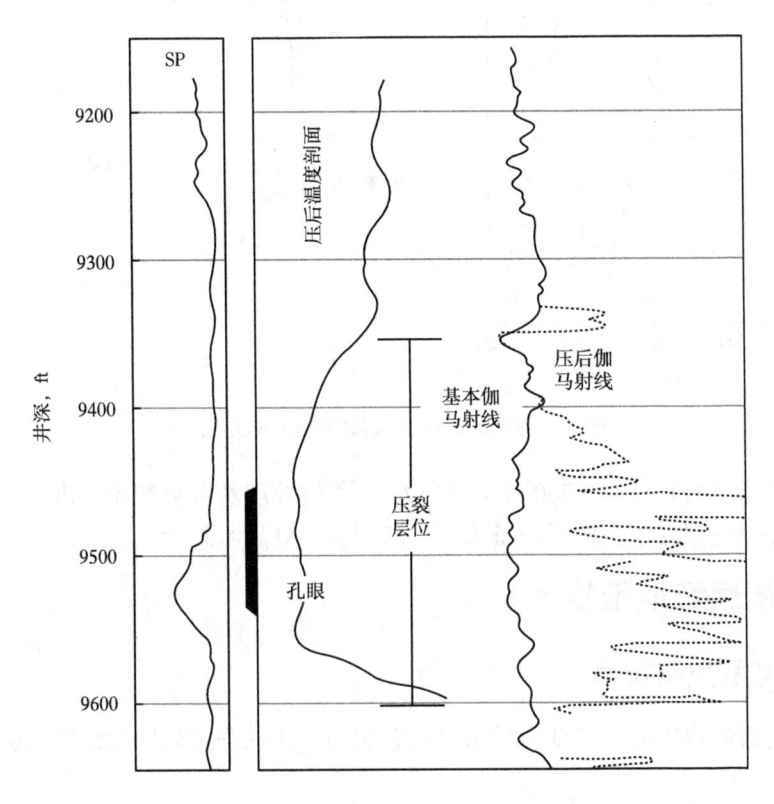

图 5.8 伽马曲线对比确定裂缝参数示意图

被压开的裂缝段吸附大量的放射性同位素物质,造成自然伽马值升高,而未被压裂的井段由于基本没有吸附放射性同位素物质,其测量的自然伽马值基本不变。监测压裂液和支撑剂中的放射性示踪剂,可以确定压裂施工期间压裂液和支撑剂所到达的区域。使用不同的放射性同位素,可以确定不同的施工阶段。该技术要求放射性同位素不发生自然扩散。

操作可参照 SY/T 5327—2008《放射性核素载体法示踪测井技术规范》执行。重点包括示踪剂的选择和用量,地面设备和下井仪器,施工流程,测井原始资料质量要求,安全、防护及环保要求。

5.3.2.2 井温测井技术

压裂施工期间,压裂液使储层冷却,由压前和压后的井温剖面对比,可以确定压裂裂缝的高度(图 5.9)。由于压入井内的液体有限,随着时间的推移,井筒中的温度场异常会逐渐恢复，因此要求压裂后的井温测井应在压裂施工结束后较短的时间内完成，否则会影响应用井温测井资料解释缝高的精度。

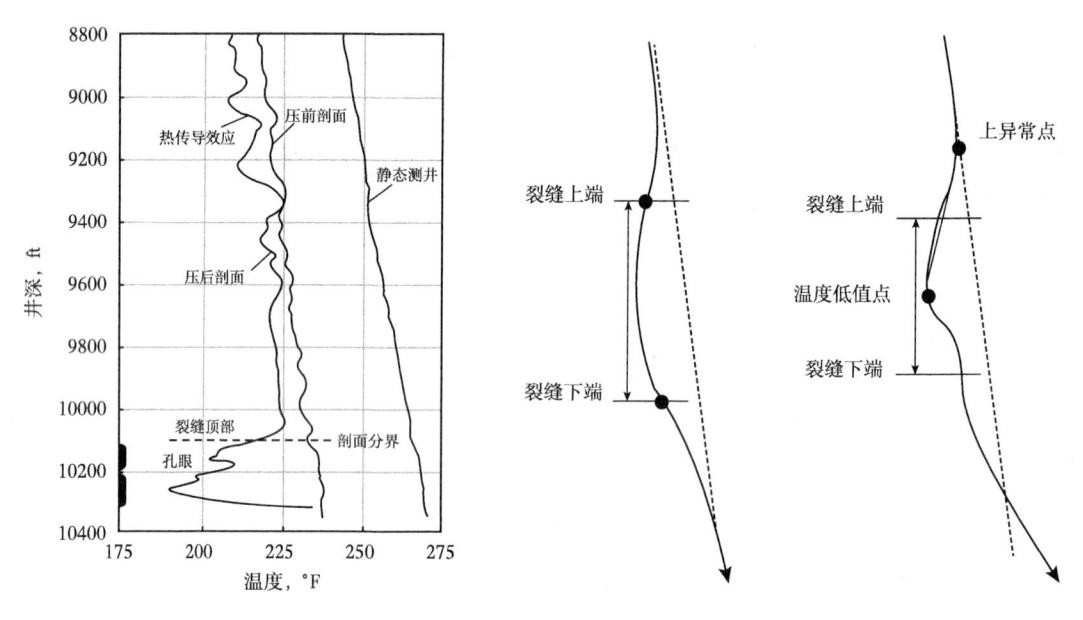

图 5.9 井温测井技术解释裂缝参数示意图

操作可参照 SY/T 6161—2009《天然气测井资料处理及解释规范》执行。重点包括设计准备、内容及一般要求、解释准备工作、测井资料处理与解释。

5.3.3 直接远场地带技术

5.3.3.1 微地震监测技术

微地震是岩体内因应力场变化导致岩石破裂而产生的强度较弱的地震波，即微弱的地震信号。

微地震（或叫无源地震）监测有时也称声发射法，指的是利用水力压裂、油气采出或常规注水、注气以及热驱等石油工程作业时引起的地下应力场变化而导致岩层裂缝或错断所产生的地震波，进行水力压裂裂缝成因监测或对储层流体运动进行监测的方法。微地震监测技术涉及无源微地震、莫尔—库仑理论、断裂力学准则、微地震波识别技术及微地震震源定位。1962 年，微地震监测技术的概念被提出。1973 年，微地震监测技术开始应用于地热开发行业。目前，微地震监测已经快速发展成为一项用于对各种油气藏作业过程进行成像监测的技术。其中，对水力压裂增产过程进行成像是此项技术最常见的应用领域之一。

微地震监测主要包括井中监测和地面监测。井中监测主要是在监测井中下入检波器，通过接收压裂过程中的地震波信号反算裂缝相关参数。地面监测则是水力压裂时，在射孔位置，当迅速升高的井筒压力超过岩石抗压强度，岩石遭到破坏，形成裂缝；裂缝扩展时，必将产生一系列向四周传播的微地震波，通过布置在被监测井周围的 A、B、C、D 等监测分站接收到微地震波的到时差，会形成一系列的方程组；反解这一系列方程组，就可确定微地震震源位置，进而给出裂缝的方位、长度、高度、产状及地应力方向等地层参数。图 5.10 是微地震井中监测示意图，图 5.11 是微地震地面监测流程示意图。

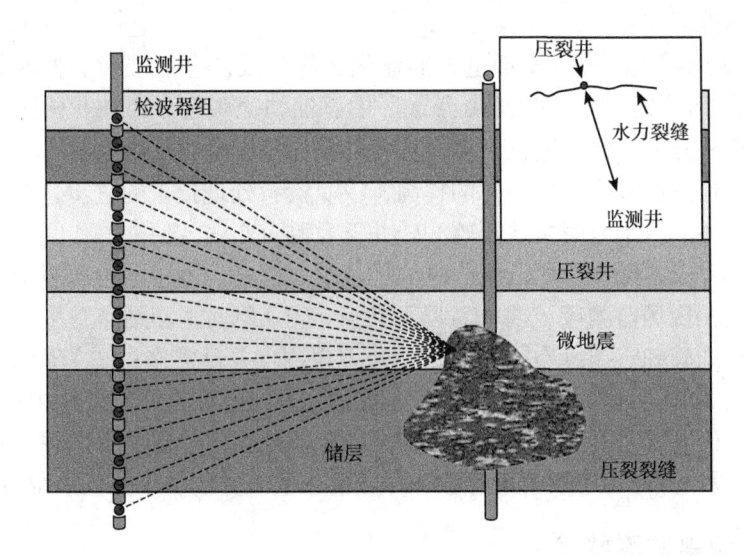

图 5.10　微地震井下监测示意图

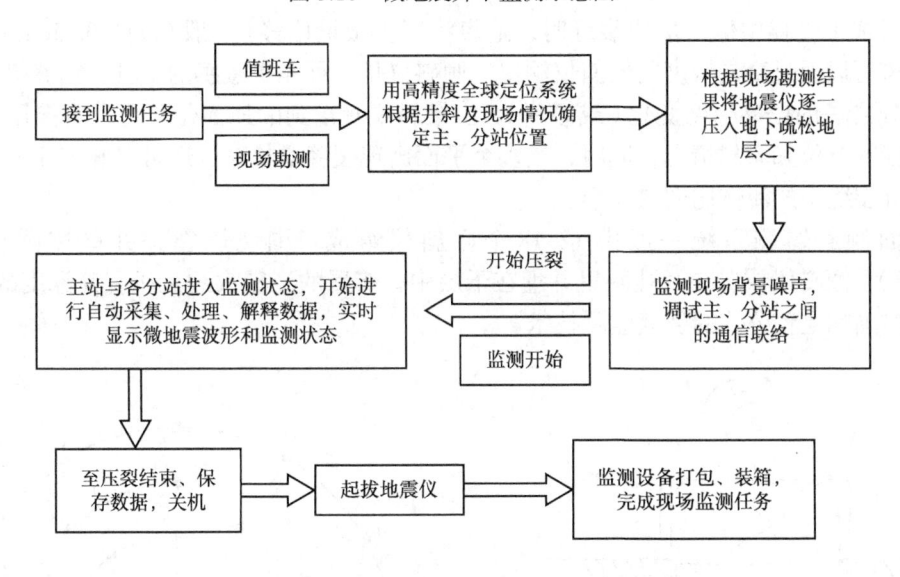

图 5.11　微地震地面监测流程示意图

作为 2010 年世界十大石油科学技术进展之一的微地震监测技术，它的发展在国外和国内经历了完全不同的发展历程。国外基本上是经历了由地面监测到井下监测再到地面监测的过程；而国内的水力压裂微地震监测从一开始便是井下监测和地面监测并驾齐驱。20 世纪 70 年代，美国油服公司和研究机构陆续开展了水力压裂地面微地震监测，但限于当时的仪器尤其是检波器性能，能量微弱且频率较高的微地震在地表没能被有效检测到。由于地面微地震监测的失败，这些机构转而在微地震震源附近监测并记录这些信号，这项技术就是现在水力压裂裂缝监测更为普遍的方式——井下监测。20 世纪 80 年代中期，井下监测已为石油工程界的专家所认可。然而，井下监测技术发展到今天，其成本巨大及监测条件难以满足等缺点限制了它在油气田尤其是井网稀疏、处于开发初期的油气田压裂裂缝监测中的应用；而随着检波器性能的提升以及微地震数据处理方法的创新，人们的目光再次转向了微地震地面监测。

2003年，微地震监测技术全面进入商业化运作阶段，直接推动了美国等国家的页岩气、致密气的勘探开发进程。从2010年起，中石油与壳牌合作，在我国四川盆地展开大规模页岩气勘探、开发工程，进行了多口页岩气井的多段压裂及微地震监测。

近年，随着检波器各项性能指标的提高，以及资料处理技术的进步，地面微地震监测又得到人们的关注。由于地面微地震监测较井下监测有布线方便、操作简单、无需监测井等特点，因此具有成本低、适用范围广泛等优越性。但是，由于水力压裂诱生微地震能量比较微弱，因此在现场监测应该要注意以下几点：(1)地面观测站点越多越好，为了准确确定震源位置以准确确定裂缝空间形态，微地震观测点要足够多；(2)降低、识别并消除地面噪声，现场观测尽可能远离或停止一切地面活动，把检波器安装在相对安静的地区，以免产生干扰，也可以在引起噪声的地区安置一个检波器，以帮助识别并进而消除地表噪声；(3)地面布设站点的位置要合理选取，尽可能在监测井的各个方向上都有检波器监测。

5.3.3.2 地面倾斜监测技术

压裂施工过程中储层形成裂缝时，地表将产生微量位移（一般0.003~0.13cm），这种微量位移可以通过高灵敏度的倾斜仪测出。倾斜仪是一种非常敏感的工具，能够感觉到小到十亿分之一的位移梯度变化（或倾斜）。由倾斜仪测量到的地面位移可以直接用来确定水力裂缝的方位和倾斜情况；同时，当多个平面出现裂缝增长时，还可以确定注入每个水平或垂直裂缝中的流体比例的大小。

地面倾斜监测系统一般由12~18个倾斜仪组成，围绕压裂井井筒按圆形排列（图5.12）。倾斜仪放置在浅孔眼里并埋在干层中，布置的半径大约是压裂井深度的40%，这是目前国际上较公认的裂缝监测技术。

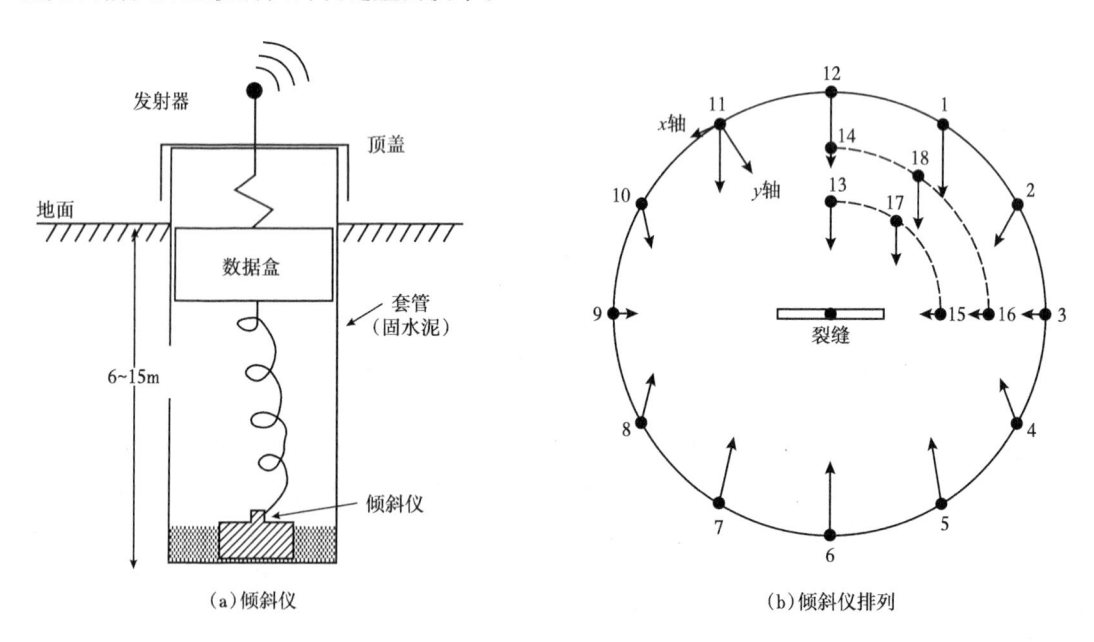

图 5.12 地面倾斜监测系统示意图

5.4 压裂发展方向

5.4.1 致密气压裂发展方向

未来致密气藏多级压裂技术将沿两个方向发展：

（1）对于横向连续性差、纵向叠置状透镜多层叠置型砂岩气藏（以苏里格上古生界砂岩气藏为代表，储层厚度30~50 m，主力气层10 m），多级压裂将向着不限改造级数、低伤害、低成本连续高效作业方向发展。

（2）对于储层厚度大、物性差、非均质性强、储量更丰富的大型低渗致密气藏（以须家河组致密砂岩、松辽盆地层状致密砂岩、塔里木山前近块状致密砂岩为代表：储层厚度200~300 m），将沿着大型体积压裂方向发展，通过低黏度、大排量、低砂比、小粒径混合压裂液（清水+冻胶携砂液）形成网状裂缝系统，充分释放增产体积中的天然气。借鉴北美页岩气增产技术，可采取水平井+多级同步压裂、水平井+多级交替压裂、水平井+分段多簇压裂方式进行体积改造，核心都是通过缝间应力干扰连通"应力松弛"及天然裂缝形成缝网。我国致密气体积压裂技术刚刚起步，苏里格气田采用水平井双级双簇水力喷砂完成10段20簇压裂，新疆致密油田应用套管滑套技术，完成15段大型水力压裂体积改造，压裂液用量为$1.6×10^4 m^3$。

5.4.2 页岩气压裂发展方向

页岩气储层水平井压裂技术发展方向体现为：

（1）地质工程一体化。实现地质评价、甜点评价、力学评价、完井品质评价等的一体化评价，地质模型、油藏模型、裂缝模型、经济模型一体化，压后跟踪、措施评判、效果评价、模型修正一体化。

（2）在裂缝扩展与应力场模拟等基础理论研究方面，进一步加强地应力场分布、岩石力学性质与裂缝扩展规律研究。重点是高温岩石力学性质、大型层理发育页岩人工裂缝扩展物理模拟与裂缝分布三维表征技术研究，揭示复杂储集层的裂缝起裂规律与控制因素，探索不同地质条件下岩石人工裂缝扩展规律。在水平井工艺优化设计中进一步完善缝控压裂技术，以3~5年为投资回报期，优化裂缝导流能力、簇间距、裂缝条数、施工规模等，形成适合不同地区、不同储层条件的水平井分段压裂施工参数优化方法与设计图版等。

（3）通过物联网、大数据实现储层信息、工具参数信息、地面井口信息、压裂设备状态参数等各种信息的采集、交流、集成，并赋予其人工智能，实现储层改造的人工智能化。

5.4.3 煤层气压裂发展方向

煤层气储层水力压裂发展方向体现为：

（1）对煤层压裂过程中裂缝起裂和扩展的多物理场耦合作用进行多方法综合研究，更深层次揭示煤层裂缝起裂与裂缝扩展机理。

（2）现有压裂技术升级或复合压裂新技术，例如超临界CO_2压裂。

（3）研究满足防膨、降滤、携砂、降阻、助排与煤层配伍要求的低成本、高性能多元化压裂液。

参 考 文 献

[1] 俞绍诚.水力压裂技术手册[M].北京：石油工业出版社，2010.
[2] 卢拥军，邹洪岚.现代压裂技术：提高天然气产量的有效方法[M].北京：石油工业出版社，2012.
[3] 郭建春.页岩储层水平井多段多簇压裂理论[M].北京：科学出版社，2020.
[4] 何骁，桑宇，郭建春，等.页岩气水平井压裂技术[M].北京：石油工业出版社，2021.
[5] 伊向艺，雷群，丁云宏，等.煤层气压裂技术及应用[M].北京：石油工业出版社，2012.
[6] 罗啸.深层页岩气大型压裂工艺技术研究[D].成都：西南石油大学，2018.
[7] 周小金.深层页岩气水平井压裂工艺技术研究[D].成都：西南石油大学，2019.
[8] 申鹏磊，吕帅锋，李贵山，等.深部煤层气水平井水力压裂技术：以沁水盆地长治北地区为例[J].煤炭学报，2021，46（8）：2488-2500.
[9] 刘先灵.水力压裂实时监测及解释技术研究与应用[D].南充：西南石油学院，2003.

思考题

1. 根据不同的监测技术，裂缝表征参数的数值如何获得？
2. 通过阅读课后文献，试述不同类型非常规天然气储层压裂的主要区别。
3. 考虑压裂技术可行性的同时，如何兼顾压裂的经济性？
4. 通过阅读课后文献，试述压裂裂缝参数的计算方法有哪些。

6 储层伤害、渗吸与水锁

储层伤害是指从打开储层开始的整个油气开采过程中，由人为原因导致产能下降的现象。储层伤害是外部因素与储层内部因素相互作用共同引发的。它是颗粒、流体及地层在物理、化学、生物、水动力等相互作用下，产生机械形变等作用而引发的。而这些作用发生在油气田开发过程的各环节中，包括钻井、完井、修井、开采、压裂和酸化[1]。

影响储层伤害的因素分为以下几种：（1）外部流体的侵入，例如水、化学药剂、钻井液和修井液；（2）外来颗粒的侵入和原生颗粒的移动，例如砂、泥质细粒、煤粉、细菌和碎屑；（3）作业状况，如井的产量、井筒压力、温度；（4）储层流体的性质和孔隙介质。

根据储层伤害因素可以将伤害类型分为7种：（1）地层流体与外来流体的不配伍性，如钻井液与地层流体可能会发生有害反应，从而导致润湿性反转；（2）储层岩石与外来流体的不配伍性，如储层岩石与外来液体接触，储层中的黏土遇水膨胀，导致的地层渗透率降低；（3）侵入，如钻井固体或加重剂的侵入；（4）微粒运移，如因微粒在岩石孔隙中移动而造成的孔喉堵塞和桥塞；（5）相捕获，如水基液或油基液在近井区域的侵入及捕获；（6）润湿性反转和化学吸附，如乳化剂导致储层润湿性及流体流动性质的改变；（7）生物作用，如某些细菌随着钻井过程进入地层，随后产生的聚合物黏液会导致储层渗透率降低。

本章主要介绍储层伤害原理、储层伤害评价、渗吸与水锁、储层伤害减缓方法等内容。

6.1 储层伤害原理

6.1.1 钻井液伤害原理

钻井液伴随着钻井过程，在钻井压差的影响下侵入地层之中，会对地层造成伤害。在钻井液侵入的过程中，会在井筒壁面上逐渐形成沉淀物，导致滤饼的生成。这些固体沉淀物的侵入往往只集中在井筒附近几厘米范围之内，而钻井液液体在经过滤饼过滤后，会侵入更深的地层之中[2]。

钻井液循环可以带走钻井过程中产生的热量和岩屑，同时还起到了减小摩擦和润滑的作用。把某些固体微粒加入钻井液之中作为加重剂是一种通常的手段。但是，钻井液中的固体微粒会进入地层，并在井壁形成滤饼。一方面，滤饼会降低钻井液滤液的侵入速度，从而阻碍钻井液侵入地层，造成地层伤害；但滤饼也不是稳定不变的，钻井液的剪切应力也能会把滤饼冲蚀。

与固相微粒侵入相比，钻井液滤液侵入地层更深。影响钻井液滤液侵入深度的因素有地层渗透率、压差、滤饼质量、浸泡时间和动失水速度。钻井液滤液侵入量的影响因素主要是压差和浸泡时间。同时，储层中的原生黏土矿物和钻井液滤液接触后，可能会导致黏土膨胀和运移。而释放的微粒会被滤液带入地层，导致孔隙堵塞，渗透率降低。水基钻井液会使束缚水饱和度升高，可能会产生水堵，导致油（气）相渗透率的降低。

钻井液滤液侵入过程如图 6.1 所示，是一个机制复杂的物理过程，它涉及钻井液本身的性质、被侵入储层性质以及浸泡时间等因素。钻井液滤液侵入大致可分成三个物理过程：（1）驱替——在钻井压差的作用下，钻井液滤液向井筒四周渗滤，代替原来孔隙中的流体；（2）混合——侵入地层的钻井液滤液与地层孔隙中的原生流体混合；（3）扩散——由于钻井液滤液与地层水矿化度不同，两种液体接触后，会在接触面产生离子扩散。

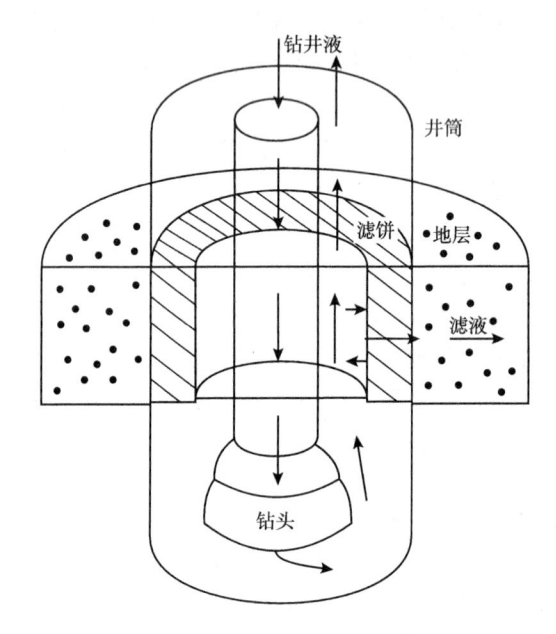

图 6.1　钻井液侵入地层示意图

6.1.2　黏土水化膨胀伤害原理

黏土水化膨胀是造成储层伤害的主要因素之一。水化膨胀是指储层中的膨胀性黏土遇到外来水发生膨胀，从而伤害储层渗透率。

钻开储层前，黏土矿物与地层原生水达到膨胀平衡；钻开储层后，随着外来流体的侵入，由于外来流体的化学成分和矿化度与原生储层黏土及流体不配伍，会导致大量水分子被吸附在膨胀性黏土的表面和单元晶层间，从而使其体积膨胀。储层中含有大量的原生黏土矿物充填在孔隙之中，由于其岩化程度较低，松散地附着在孔隙的表面上，所以特别容易受到外来因素影响而造成储层伤害。

黏土矿物一般可分成三类：高岭石类、蒙脱石类、伊利石类。除此之外，还可由这三类中的某几种矿物组成混层黏土矿物。高岭石是双电层结构，碱离子交换能力很弱，K^+ 可交换阳离子，基本不膨胀，但容易分散和移动；蒙脱石是三层结构，碱离子减缓能力强，具有高膨胀性和高分散性；伊利石是层间结构，最不稳定，容易分散，同时又易膨胀。

黏土伤害有三种作用方式：（1）非膨胀性黏土，如伊利石和高岭石，从孔隙表面上脱离，在孔隙中随着流体的流动而运移；（2）膨胀性黏土，如蒙脱石和混层黏土矿物，先膨胀再分离、运移；（3）附着在膨胀性黏土上的非膨胀性微粒在黏土膨胀的过程中也可能会松动、脱落。

膨胀性黏土的结构模型如图 6.2 所示。层间的阳离子（Mg^{2+}）是可交换的，且简单的阳离子交换是可逆的，两个结构的层间间距 $d(001)$ 的大小受到可交换阳离子的特性、溶液及黏土组成的影响。黏土膨胀从本质上来说，就是可交换的阳离子在水化时，结构层间距发生扩大，从而导致体积增大的现象。

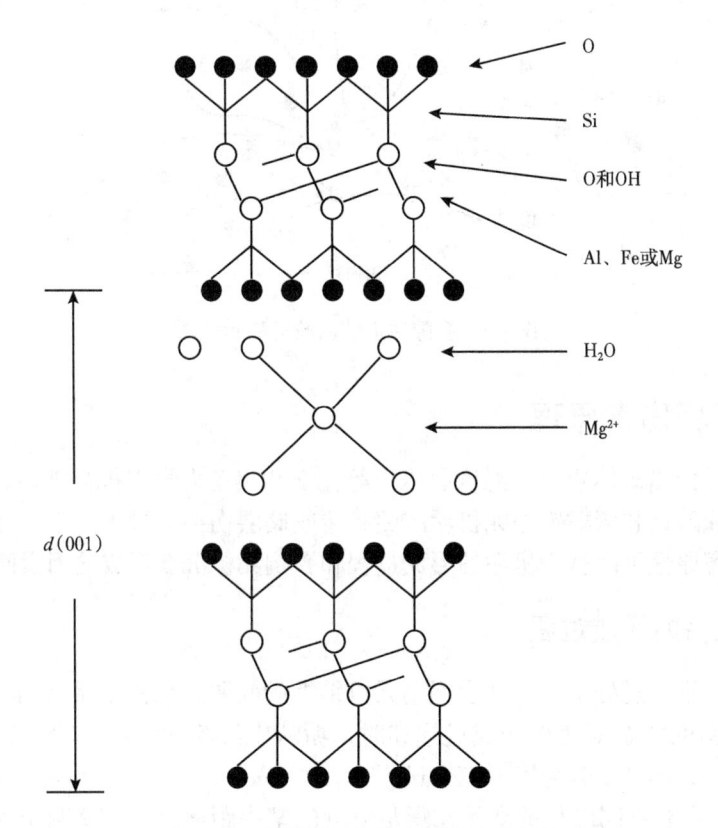

图 6.2 膨胀性黏土的结构模型示意图

6.1.3 微粒运移伤害原理

微粒运移是一种发生在储层之内的微粒运动，受到很多因素的影响，如储层流体的流速、水动力及压力波动。储层中的微粒或稳固地胶结在岩石骨架上，或散乱地附着在孔隙壁面上。当储层流体流速很大、水动力充足或压力波动较大时，孔隙壁面上松散的微粒可能会发生运移，而固结在岩石骨架上的微粒一般不会运移。这些发生运移的微粒，会首先悬浮在流体之中，之后会慢慢沉积到孔隙壁面上，或堵塞在孔喉处。

储层中的微粒来源主要分成三类：（1）由于修井、完井和增产而向储层注入流体带来的外源性微粒；（2）由于注入储层的流体，及各种岩石和流体之间的相互作用，而造成原位储层微粒移动；（3）由于化学反应、沉淀而产出的微粒。

当微粒随着孔隙介质中的流体流动时，微粒主要通过四种机理发生运移：扩散、沉积、吸附和流体动力。

孔隙介质内部发生的微粒作用可分成：孔隙表面作用（包括微粒的脱落和沉淀）、孔喉作用（包括堵塞和非堵塞）、孔隙体积作用（滤饼的形成和损耗、运移、微粒的生成和消耗以及相间传输或交换）。

图 6.3 是孔隙通道中的颗粒运移示意图。

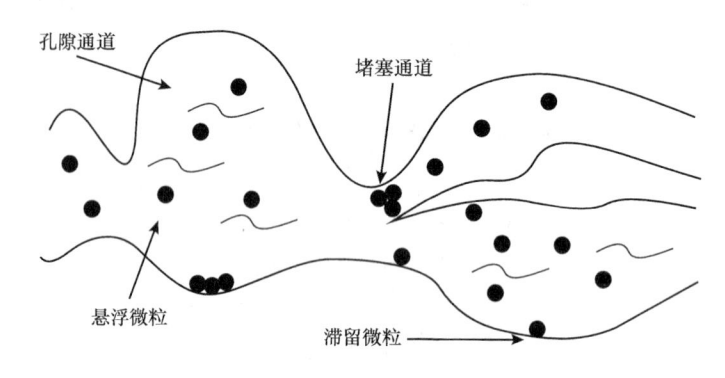

图 6.3 孔隙通道的微粒运移示意图

6.1.4 无机垢伤害原理

无机结垢是指当流体成分、温度及压力等化学和热动力学平衡被破坏，从而引起碳酸钙、硫酸钙、硫酸钡和碳酸铁等无机垢沉淀，造成储层伤害的过程。

无机垢伤害原理可以从无机垢的形成过程和影响无机沉淀形成的因素两个方面讨论。

6.1.4.1 无机垢的形成过程

在油气井的生产过程中，往往会遇到无机结垢的问题。无机结垢是因矿物水溶液的热力学和化学平衡的状态变化而变成过饱和时，垢从中沉淀的一种过程。垢的形成过程复杂，一般来说，大体可以分为以下三个过程：

（1）当两个带有不同电荷的离子靠得足够近的某一距离时，若这两个离子之间的库仑力大于热运动作用力，这两个离子就能缔合成一个稳定的新单元。在溶液中，带有不同电荷的离子会结合成难溶的盐类分子：

$$Ca^{2+}+CO_3^{2-} \longrightarrow CaCO_3\downarrow$$
$$Ca^{2+}+2HCO_3^- \longrightarrow CaCO_3\downarrow+CO_2\uparrow+H_2O$$
$$Ca^{2+}+SO_4^{2-} \longrightarrow CaSO_4\downarrow$$
$$Sr^{2+}+SO_4^{2-} \longrightarrow SrSO_4\downarrow$$
$$Ba^{2+}+SO_4^{2-} \longrightarrow BaSO_4\downarrow$$

（2）这些新缔合成的难溶盐类分子会发生结晶作用。这些分子会相互结合，形成微晶体，之后这些微晶体会发生晶粒化。

（3）晶体堆积成长，沉积凝结成垢。

就碳酸钙垢的形成而言，垢的形成经历了三个过程：

（1）不稳定相的生成和转变：在没有碳酸钙晶种的过饱和溶液中，首先会生成不稳定的无定形碳酸钙，随后这种状态的碳酸钙很快会转化为多晶碳酸钙。可以说，这种不稳定的无定形相态碳酸钙是碳酸钙结晶过程中的先驱相。

（2）介稳定相的生成和转变：当不稳态的碳酸钙转变为多晶碳酸钙后，多晶碳酸钙可以分成文石、方解石和六方方解石三类。这三类中，方解石的溶度积是最小的，所以方解石是稳定的晶形。六方方解石和文石溶度积较大，是介稳态的晶形。之后，这种介稳态的晶形会经过溶解、重结晶的过程，向稳态晶形转变。

（3）稳定晶体的生长发育：这一过程是指在介稳态的晶形都转变为稳定的方解石后，方解石的生长、聚结以及沉积的过程。

6.1.4.2 影响无机沉淀形成的因素

从无机垢的形成过程可以看出，影响无机沉淀形成的重要因素有：水溶液的组成、微溶盐类的溶解度、结晶作用以及流体动力学因素。

1）水溶液的组成

水溶液中成垢离子的含量对无机垢的形成有重要影响。当水溶液中的离子平衡被打破时，成垢离子会缔合成微溶盐类分子。

2）微溶盐类的溶解度

微溶盐类的溶解度会受到温度、压力的影响，除此之外，还受到溶液组成的影响。微溶盐类的溶解度在单一溶液和混合溶液的过饱和程度是不一样的。

3）结晶作用

溶液中的成垢离子受到晶体之间的内聚力和晶体与金属表面间的黏着力，在这两种力的作用下析出晶体。研究表明，在单一盐类的过饱和溶液中，可以在很高的过饱和程度下而没有晶体析出。当有晶体析出时，析出晶体的晶格排列整齐、规则，具有强度很大的晶体之间的内聚力和晶体与金属表面间的黏着力，形成的晶体稳定、结实。

4）流体动力学因素

无机沉淀形成还会受到液流形态以及流速等流体动力学因素的影响。如液流形态为紊流，要比液流形态为层流更加容易形成晶体，这是因为紊流中的成垢离子碰撞概率更大，碰撞更加激烈，更容易形成晶核。而流速对无机结垢同时具有促进和阻碍的作用。

6.2 储层伤害评价

储层伤害评价技术包括室内评价和矿场评价。室内评价的目的是研究储层敏感性，配合进行机理研究，同时对可采用的保护技术进行可行性和判定性评价，为现场提供室内依据。矿场评价则是在现场开展有针对性的试验，分析判断室内试验效果，选择合理的方法、技术。常规的室内评价方法主要是在模拟储层现场条件的情况下，进行岩心流动实验，在观察和分析所取得实验结果的基础上，研究储层伤害的机理。主要实验内容包括：X射线衍射分析，扫描电镜分析，薄片分析；储层敏感性实验，包括速敏性实验、水敏性和盐敏性实验、酸敏性实验、碱敏性实验以及压力敏感性实验。

6.2.1 钻井液对储层伤害评价

通过评价不同钻井液体系、不同浸泡时间以及不同密度钻井液对储层的伤害情况，研究钻井液对储层的伤害机理并评价伤害程度。

钻井液对岩心渗透率伤害程度依据 SY/T 6540—2021《钻井液完井液损害油层室内评价方法》进行评价。

钻井液污染深度 L_d 的数学计算模型：

$$L_d = 0.3317 e^{0.0683 D_i} + f(K) \tag{6.1}$$

式中　L_d——污染深度，cm；

　　　D_i——侵入深度，cm；

　　　$f(K)$——渗透率 K 的函数。

钻井液对岩心渗透率伤害程度可参考表 6.1。

表 6.1　储层伤害程度评价参数

渗透率伤害比 K_0/K_d	<1	=1	1~2	2~5	≥5
储层伤害程度	良性改善	无伤害	轻度伤害	中等程度伤害	严重伤害

由于实验所用岩心渗透率都很低，在钻井液伤害过程中，进入岩心的钻井液量很少，因此采用数学计算模型分析钻井液的伤害深度。由于岩心的渗透率是一定的，因此只要测定岩心在钻井液伤害后的渗透率就可以估算钻井液的侵入深度，并以此来评价岩心受钻井液污染的程度，评价结果见表 6.2。

表 6.2　砂岩岩心污染前后渗透率变化

岩心编号	原始渗透率 K_0, $10^{-3} \mu m^2$	污染后渗透率 K_d, $10^{-3} \mu m^2$	伤害比 (K_0/K_d)	钻井液侵入深度 L_d, mm	伤害程度评价
1 号砂岩	0.075	0.026	2.88	14.87	中等伤害
2 号砂岩	0.036	0.024	1.50	4.35	轻度伤害
3 号砂岩	0.048	0.023	2.09	8.03	中等伤害
4 号砂岩	0.063	0.032	1.99	7.63	轻度伤害

钻井液对岩石的伤害程度大小受到钻井液自身的动滤失量、黏度、有机组分含量等性质，以及外部的压差、温度、浸泡时间、岩石孔隙类型和渗透率因素的影响，它们共同决定着钻井液侵入岩石的深度及其所引起的伤害程度。

6.2.2 黏土水化膨胀对储层伤害评价

某些岩层对钻井液中的自由水有敏感作用，例如遇水发生吸水膨胀、遇水溶解、遇水电离造成离子侵入破坏钻井液、遇水发生水锁破坏储层的渗透率，等等。这些作用就称为储层的水敏效应，此类储层也称为水敏性储层。

水敏黏土矿物广泛分布于储层孔隙中，而所有流过储层的流体都能与其接触，并使其发生水化、膨胀。水敏性黏土矿物的水化、膨胀，一方面缩小了岩石孔喉直径，另一方面使一些微粒从孔壁上散落下来，在孔喉中迁移，并产生桥堵，从而降低了储层的渗透率。

产生水敏性的主要原因是储层中存在与水溶液作用而产生晶格膨胀或分散运移的黏土矿物。这些矿物主要结构单元是二维排列的硅—氧四面体和二维排列的铝—氧或镁—氧八面体。它们之间的结合方式与数量比例不同，其水敏特性也不同。如蒙脱石由两片四面体晶片夹一片 Al—O—OH 八面体晶片结合成一单元结构（TOT 型）。这种单元结构层内的高价阳离子（Al^{3+}、Si^{4+}）常被低价阳离子（Mg^{2+}、Ca^{2+}、Na^+）所置换，造成正电荷不足，负电荷过剩，使得蒙脱石产生带负电荷的表面，常常吸引溶液中的阳离子来中和平衡。与此同时，蒙脱石表面与晶层间所吸附的离子又吸引大量极性水分子，导致蒙脱石的体积膨胀。高岭石相邻两层间除有范德华引力外，还有一定比例 OH 原子团形成的氢键力将相邻两晶层紧密结合起来，使水不易进入晶层之间，故高岭石属于水敏性不强的黏土矿物。常见的黏土矿物基本存在形式及潜在伤害见表6.3。

表6.3 常见黏土矿物基本存在形式及潜在伤害

黏土类型	单体形态	在孔隙中存在形式	潜在的伤害
蒙脱石	蜂窝状、网状、片状	薄膜衬垫式分布在颗粒表面	水化膨胀、分散运移
高岭石	蠕虫状、书页状	粒间、少量颗粒表面	微粒运移、堵塞孔喉
伊利石	片状、丝状、毛发状	充填粒间或分布在颗粒表面	水化膨胀、分散运移
绿泥石	叶片状、层状、绒球状、叶状	充填粒间常与石英、高岭石共存	运移

按 SY/T 5358—2010《储层敏感性流动实验评价方法》规定计算水敏指数，其公式如下：

$$I_w = \frac{K_i - K_w}{K_i} \tag{6.2}$$

式中 I_w——水敏指数；
K_i——用地层水测定的岩样渗透率，$10^{-3} \mu m^2$；
K_w——用蒸馏水测定的岩样渗透率，$10^{-3} \mu m^2$。

水敏程度评价标准如表6.4所示。

表6.4 水敏性评价标准

I_w	>0.9	0.9~0.7	0.7~0.5	0.5~0.3	0.3~0.05	≤0.05
水敏程度	极强	强	中等偏强	中等偏弱	弱	无

黏土矿物含量高的岩样会产生岩样初始液体渗透率偏低的现象，对最终水敏感性实验结果的判断造成一定的偏差，因此当岩样初始液体渗透率与岩样气体渗透率比值较小时，

可认定该岩样为水敏性岩样。

6.2.3 微粒运移对储层伤害评价

储层微粒指的是粒径小于 37μm 的矿物微粒。这些微粒在油气生产阶段可以随液流运移，在油气通道中形成堵塞而影响油气通道的畅通，造成油气产量大大降低，或运移到井筒中损坏采油机械的运动部件而造成巨大损失。

储层岩石中细颗粒越多，则岩石比表面积越大。例如，粉砂岩的比表面积最大（大于 $2300cm^2/cm^3$），细砂岩次之（950~$2300cm^2/cm^3$），砂岩最小（小于 $950cm^2/cm^3$）。比表面积越大，流体与岩石接触面越大，岩石与流体的作用越充分，能够导致微粒运移的潜在程度也越大。

速敏性是指由于流体流动速度变化引起储层岩石中微粒运移、堵塞喉道，导致岩石渗透率或有效渗透率下降的现象。评价速敏性有两个参数，一个是临界流速，另一个是发生微粒运移后渗透率降低程度（即伤害率）。临界流速反映黏土微结构破坏的难易程度，临界流速越高，说明黏土微结构越稳定。

以不同的注入速度向岩心中注入针对特定储层的实验流体，并测定各个注入速度下岩心的渗透率，从注入速度与渗透率的变化关系上，判断储层岩心对流速的敏感性，并找出渗透率明显下降的临界流速。

采用逐步增大注入流量 Q 的方法，如果前一流量 Q_{i-1} 对应的渗透率 K_{i-1} 与流量 Q_i 对应的渗透率 K_i 满足：

$$\frac{K_{i-1} - K_i}{K_{i-1}} \times 100\% \geqslant 10\% \tag{6.3}$$

说明当流量为 Q_i 时已发生速度敏感，流量 Q_{i-1} 即为临界流量 Q_c。

室内评价实验得到的临界流量 Q_c 一般以 mL/min 表示，可以换算为孔隙内的临界流速 v_c：

$$v_c = \frac{14.4 Q_c}{A\phi} \tag{6.4}$$

式中　Q_c——室内临界流量，mL/min；
　　　v_c——临界流速，m/d；
　　　A——岩心截面积，cm^2；
　　　ϕ——岩心孔隙度。

采用速敏指数 D_{kl} 来表示速敏程度：

$$D_{kl} = \frac{K_{wl} - K_{min}}{K_{wl}} \times 100\% \tag{6.5}$$

式中　K_{wl}——临界流速前岩样渗透率算数平均值，$10^{-3}\mu m^2$；
　　　K_{min}——临界流速后岩样渗透率的最小值，$10^{-3}\mu m^2$。

因速敏性引起的渗透率伤害程度评价指标见表 6.5。

表 6.5 流速敏感性评价指标

速敏指数 D_{kl}, %	伤害程度
$D_{kl} \leqslant 5$	无
$5 < D_{kl} \leqslant 30$	弱
$30 < D_{kl} \leqslant 50$	中等偏弱
$50 < D_{kl} \leqslant 70$	中等偏强
$D_{kl} > 70$	强

以苏里格致密气储层岩样为对象进行速敏实验，首先通过 X 射线衍射对目标区黏土矿物总量、成分进行分析，结果见表 6.6。黏土含量平均值为 13.85%，其中伊蒙混层相对含量高达 30%，为易膨胀黏土类矿物；高岭石含量也比较高，平均在 21.0%。高岭石虽为非膨胀性黏土矿物，但由于其集合体内各晶体片之间的结合力很弱，且与碎屑颗粒的附着力也很差，在高速流体的剪切应力作用下，很容易随孔隙流体运移堵塞孔喉，具有较强微粒运移的可能性。

表 6.6 苏里格气田黏土矿物成分分析结果表

井号	黏土矿物总量 %	黏土矿物相对含量，%			
		伊利石（I）	高岭石（K）	绿泥石（C）	伊蒙混层（I/S）
A 井	11.5	5	7	47	41
B 井	14.0	7	36	45	12
C 井	12.4	4	35	50	11
D 井	17.5	6	6	32	56
平均	13.85	5.5	21.0	43.5	30

目标区岩心平均孔喉半径在 0.17~0.32μm，黏土类与细粉砂之和所占比例平均为 26.36%，数值较高，而黏土类及细粉砂类的粒径为微米数量级，在很大程度上存在着流过孔隙时易于在孔喉处堵塞喉道的可能性。进行岩心的速敏实验，在不同定压差下，通过氮气驱替外来液，测定岩心气体有效渗透率，作出气体有效渗透率与驱替时间之间的关系曲线，根据这一关系曲线判断是否存在微粒运移伤害。

6.2.4 无机结垢对储层伤害评价

储层中形成的无机垢主要是储层发生碱敏伤害的结果。碱敏性是指在碱性环境下，黏土颗粒易于分散、运移，诱发黏土矿物失稳，碱性介质与储层岩石反应使矿物颗粒分散，与地层水相互作用生成无机垢等，从而造成储层渗透率下降的可能性及其程度。

碱敏性主要由于外来流体的碱度与储层自身 pH 值存在差异，这种碱度的差异除了会导致储层内部发生化学反应生成新的沉淀而堵塞喉道以外，还有可能引起其他敏感性的发生，都将改变储层的渗透率。其计算公式如下：

$$D_{aln} = \frac{|K_i - K_n|}{K_i} \times 100\% \quad (6.6)$$

$$D_{al} = \max(D_{al1}, D_{al2}, \cdots, D_{aln}) \quad (6.7)$$

式中　D_{aln}——不同 pH 值碱性流体对应的岩样渗透率伤害率，%；

　　　K_n——不同 pH 值碱液所对应的岩样渗透率，mD；

　　　D_{al}——最大碱敏渗透率伤害率，%。

根据 SY/T 5358—2010《储层敏感性流动实验评价方法》，得到碱敏性评价标准：$D_{al} \leq 5\%$，无碱敏；$5\% < D_{al} \leq 30\%$，弱碱敏；$30\% < D_{al} \leq 50\%$，中等偏弱碱敏；$50\% < D_{al} \leq 70\%$，中等偏强碱敏；$D_{al} > 70\%$，强碱敏。根据最大碱敏渗透率伤害率即可评价储层碱敏性程度。

以塔里木盆地超深致密气藏样品为对象，进行储层碱敏程度测试，评价结果见表 6.7。目标区表现出了较强的碱敏伤害，碱敏程度为强。

表 6.7　塔里木盆地致密气储层碱敏伤害实验评价结果

岩样	参数	流体 pH 值						储层伤害结果
		6.5	7.5	8.5	10	11.5	13	
A1	K，$10^{-4}\mu m^2$	0.0577	0.0131	0.0131	0.0107	0.0112	0.0048	强
	伤害率，%	—	77.23	77.23	81.34	80.54	91.68	
A2	K，$10^{-4}\mu m^2$	0.0042	0.0013	0.0012	0.0009	0.0013	0.0014	强
	伤害率，%	—	70.00	71.40	78.30	68.10	66.90	
A3	K，$10^{-4}\mu m^2$	0.0028	0.0007	0.0009	0.0002	0.0002	0.0004	强
	伤害率，%	—	76.78	91.61	85.66	92.00	86.93	
A4	K，$10^{-4}\mu m^2$	0.0042	0.0013	0.0009	0.0010	0.0008	0.0007	强
	伤害率，%	—	68.61	78.86	76.04	81.09	83.24	

6.3　渗吸与水锁

由于非常规油气储层与常规油气储层物性具有显著的差异，普遍具有低孔、低渗的特性，微纳米孔隙发育，大多不具有自然产能，目前主要依靠水平井多级水力压裂技术来获得工业油气流。而水力压裂技术在改造储层的过程中会向储层注入大量的压裂液，由于非常规储层普遍发育微纳米孔隙，使储层具有极强的毛管力，对于储层内部的压裂液具有较强的渗吸作用。

相较于常规储层，非常规储层压裂返排率较低，普遍低于 50%。非常规储层内部更易形成较高的含水饱和度，导致基质渗透率严重下降，甚至形成"水锁"的现象，严重影响储层油气的有效产出，极大降低储层的改造效果。

对非常规天然气储层，压裂过程中的渗吸与水锁关系就像是具有矛盾的"孪生兄弟"，正如人们生活中的很多事情既有好的一面也有不利的影响。要提高非常规天然气开发效率，需要正确认识渗吸与水锁的关系。在前面的章节中已对渗吸作了解释说明，在本节重点阐述与压裂相关的水锁现象、水锁伤害的评价方法以及渗吸—水锁综合效应。

6.3.1 水锁现象

当外来的水相流体渗入油气层孔道后，会将储层中的油气推向储层深部，并在油气—水界面形成一个凹向的弯液面。由于表面张力的作用，任何弯液面都存在一个附加压力，即产生毛管阻力。欲使油气相驱动水相而流向井筒，就必须克服这一毛管阻力和流体流动的摩擦阻力。若储层能量不能克服这一毛管阻力，就不能把水相的堵塞消除，最终影响储层的采收率，这种伤害称为水锁[3]。

水锁伤害严重影响油气藏的有效开发，已经成为非常规储层（致密储层）的主要伤害类型之一[4]，因此研究水锁效应基本原理以及评价方法，对油气藏的高效开发具有重要意义。

一般认为造成水锁伤害的原因主要有2个：毛管力自吸作用和液相滞留作用。

6.3.1.1 毛管力自吸作用

以致密砂岩气井为例，井筒中存在正压差，储层与工作液直接接触，毛管力影响着储层中润湿相和非润湿相渗流。假设储层孔隙结构可视为毛管束，毛管中弯液面两侧润湿相和非润湿相之间的压力差定义为毛管压力，其大小可由任意界面的Laplace方程来表示：

$$p_c = \sigma \left(\frac{1}{R_1} + \frac{1}{R_2} \right) \qquad (6.8)$$

式中　σ——界面张力；

p_c——毛管压力，方向始终指向凹面方向（非润湿相一方）；

R_1、R_2——两相间形成液膜的曲率半径。

对气藏岩石而言，单根毛管中的液面常常是球面、柱面两种形式，如图6.4所示。

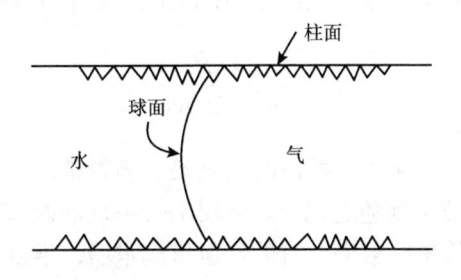

图6.4　亲水毛管中的气水界面

如果毛管壁上无水膜，则毛管中的气水界面为球面，此时的毛管力为

$$p_c = \frac{2\sigma \cos\theta}{r} \qquad (6.9)$$

式中 r——毛管半径。

式（6.9）表明，p_c 与毛管半径 r 成反比；毛管半径越小，毛管压力越大。两相界面张力越大，接触角越小，则毛管力越大。毛管力的方向是指向凹面，即毛管力有利于水相的推进。钻井压裂等作业中水锁伤害的形成过程为在一定的正压差条件下，润湿液相排替非润湿气相的过程。

如果毛管壁上有水膜，管中心部分为气充满时形成柱面。此时，$R_1=\infty$，$R_2=r$。则 $p_c=\sigma/r$，p_c 指向管心，其作用是增加毛管中的水膜厚度。

对于裂缝性储层而言，当两相流体处于平行裂缝间时，如以 W 表示裂缝宽度，则有

$$p_c = \frac{2\sigma\cos\theta}{W} \tag{6.10}$$

上述分析表明，不论何种形式的亲水毛管，在水锁伤害形成过程中，毛管力均促进外来液体向储层中推进。

6.3.1.2 液相滞留作用

根据 Poiseuille 定律，单根毛管排出液柱的体积 Q 为

$$Q = \frac{\pi r^4 (\Delta p - p_c)}{8\mu l} \tag{6.11}$$

式中 l——液柱长度；
Δp——驱动压力；
μ——外来流体的黏度。

若换算为线速度，则式（6.11）成为

$$\frac{dl}{dt} = \frac{\pi r^4 (\Delta p - p_c)}{8\mu l}$$

代入式（6.9）并积分，得出从半径为 r 的毛管中排出长度为 l 的液柱所需时间为

$$t = \frac{4\mu l^2}{\Delta p r^2 - 2r\sigma\cos\theta} \tag{6.12}$$

由式（6.12）可以看出，r 越小，排液时间越长。随着排液过程的进行，液体逐渐从由大到小的毛管中排出，排液速度随之减慢。储层毛管一旦形成水锁，首先解除的是相对较大的毛管，相对较小的毛管解除较慢，有的甚至形成水墙，难以消除，实质就是毛管力对液相滞留作用的结果。非常规储层孔喉细小，非均质性强，利用其自身的能量解除水锁伤害是十分困难的。

从热力学和动力学的角度分析水锁伤害影响因素，可将其分为内因和外因两方面，其中内因包括储层孔渗性、孔喉半径及分布、地层压力、含水饱和度、黏土矿物种类及含量等；外因包括外来流体的界面张力、润湿性、外来流体的黏度、液相侵入深度及横截面积、驱替压差等。

6.3.2 水锁伤害的评价方法

6.3.2.1 岩心流动实验评价

根据水锁的一般概念，储层岩石的气相渗透率随着岩石含水饱和度的变化规律和变化程度能够直观地反映其水锁伤害情况。因此，采用气水两相岩心流动实验成为最广泛使用的实验研究方法。

尽管在气水两相岩心流动实验的具体操作细节上不同的学者有着不同的做法，但其基本实验步骤是一致的，即：

（1）实验岩心样品的准备，包括钻取、洗油、烘干、测量孔隙度和气体渗透率、抽真空；

（2）计算岩石原始束缚水饱和度或者采用完全真空饱和岩心；

（3）采用含水饱和度递减法或递增法测定不同的含水饱和度及其对应的气体渗透率。

图 6.5 是常用的水锁伤害实验流程图。

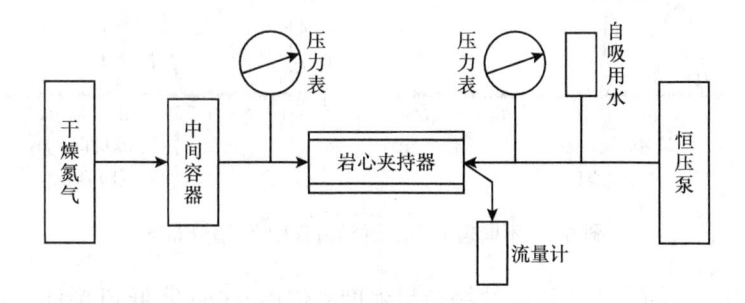

图 6.5 水锁伤害实验流程图

岩心的水锁伤害程度通常采用水锁伤害指数（I_w）来定义：

$$I_w = \frac{K_{S_{wi}} - K_{S_w}}{K_{S_{wi}}} \tag{6.13}$$

式中 $K_{S_{wi}}$——原始含水饱和度的气体渗透率；

K_{S_w}——S_w 对应的气体渗透率。

在式（6.13）中，由于很多情况下要重建原始含水饱和度 S_{wi} 时存在困难，往往采用 $S_{wi}=0$，即干岩心的气体渗透率来代替 $K_{S_{wi}}$ 进行评价。如果 $I_w=1$，则 $K_{S_w}=0$，气藏受到最为严重的水锁伤害；如果 $I_w=0$，则 $K_{S_w}=K_{S_{wi}}$，气藏不存在水锁伤害；如果 I_w 介于 0~1 之间，气藏受到一定程度的水锁伤害。

根据 I_w 值的大小评价水锁伤害程度的标准为：$I_w \leqslant 0.3$，水锁伤害弱；$I_w \geqslant 0.7$，水锁伤害程度严重；I_w 为 0.3~0.7，水锁伤害程度中等。

6.3.2.2 渗吸+离心+核磁共振法

该法主要是利用渗吸实验模拟压裂液的注入过程，通过离心实验模拟非常规天然气储层压裂返排过程，利用核磁共振测定实验过程中流体在微观孔隙中的分布情况，并最终评价水锁伤害程度。水锁伤害程度评价是基于核磁共振 T_2 截止值法计算束缚水饱和度，通过建立的束缚水饱和度与渗透率伤害率关系，得到储层水锁伤害程度[5]。

1）压裂返排过程研究

采用离心法模拟矿场压裂液返排过程，实验材料为渗吸饱和后的岩心、离心机、核磁共振仪等。

离心设备为 CSC-12 型离心机，最高转速为 12000r/min，对渗吸饱和后的岩心进行不同转速的离心，转速设置分别为 400r/min、1000r/min、2000r/min、3000r/min、4000r/min、5000r/min、6000 r/min、7000 r/min、8000 r/min，离心时间为 20min，每一次离心完后进行一次核磁共振实验，观察 T_2 图谱中流体分布情况（图 6.6）。

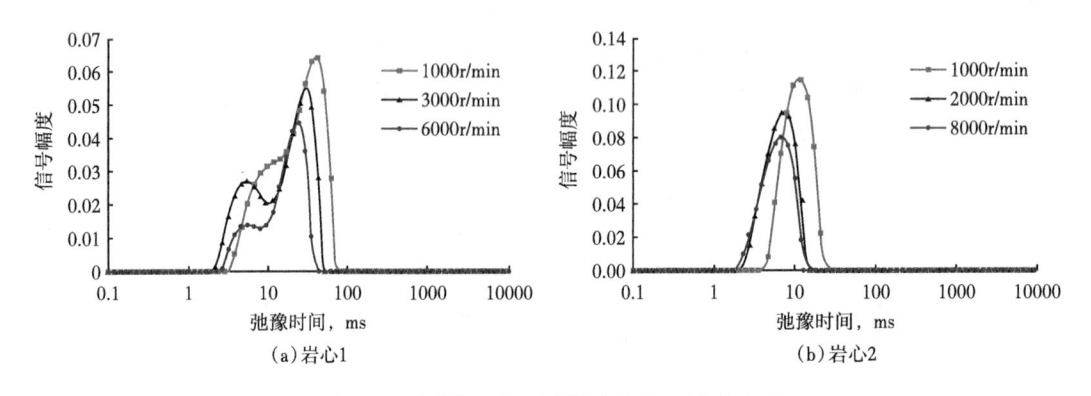

图 6.6 不同岩心离心返排过程中 T_2 谱分布图

图 6.6 中岩心 1 的自由水核磁共振信号强度峰值由 0.064 降低到 0.044，束缚水核磁共振信号强度由 0.032 降低到 0.0132，返排过程下降幅度均为 0.020，但由于自由水所包面积大，因此其返排速率更高；岩样 2 返排结果如图 6.6（b）所示，在返排前后只含有束缚水，核磁共振信号强度峰值由 0.012 下降为 0.080，下降幅度为 0.040。

对离心返排后的岩心与饱和时的核磁共振曲线进行比较，如图 6.7 所示。样品在离心

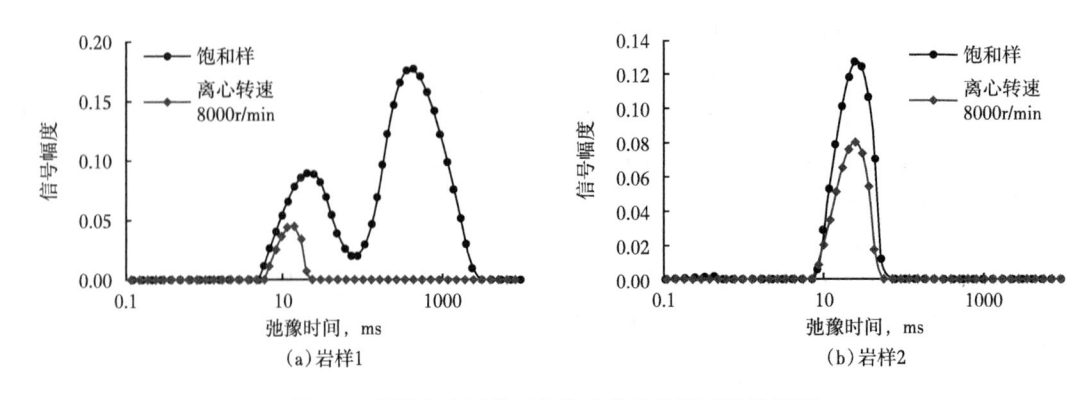

图 6.7 岩样离心返排后与饱和核磁共振对比结果图

后，岩心中仍含有一定量的地层水，即为束缚水，因此，束缚水多残留于微孔、小孔和中孔中，束缚水含量依次降低。

2）潜在水锁伤害评价

束缚水饱和度与水锁程度存在一定的联系，因此，可以通过计算岩石内流体饱和度的大小对潜在水锁伤害进行定量比较（图6.8），此处采用 T_2 截止值法计算岩心内流体饱和度，计算步骤如下：

（1）对离心前后的 T_2 谱分别作 T_2 谱累积曲线，即为累积孔隙率曲线；

（2）从离心后的 T_2 谱累积 T_2 曲线最大值处（即束缚水体积）作横轴的平行线，与饱和状态下 T_2 谱累积曲线相交；

（3）由交点引垂线到横轴，其对应的值即为弛豫时间即为 T_{2c}，计算出所有的 T_{2c} 以及束缚流体和可动流体饱和度。

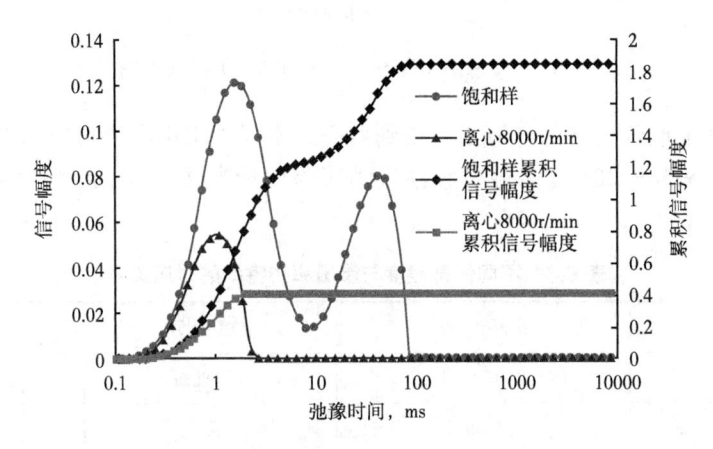

图6.8 束缚流体和可动流体计算示意图

对于致密气储层水锁伤害的研究，可以对不同含水饱和度下的渗透率进行计算，通过将不同含水下的渗透率与干岩心气体渗透率进行比较，求得渗透率伤害率，以此来判断不同含水饱和度条件对应的渗透率伤害程度，并将束缚水饱和度下的渗透率伤害率称为水锁伤害率，计算公式为

$$D_K = \frac{K_i - K_n}{K_i} \times 100\% \quad (6.14)$$

式中 D_K——渗透率伤害率，%；

K_i——干岩心原始气测渗透率，$10^{-3} \mu m^2$；

K_n——不同含水下的实时气测渗透率，$10^{-3} \mu m^2$。

当 K_n 为束缚水下的渗透率时，所计算出对应的 D_K 即为水锁伤害率。

致密砂岩气储层，束缚水饱和度与渗透率之间呈幂函数相关关系；随渗透率的增加，水锁伤害越来越小，呈对数相关关系。因此，含水饱和度与渗透率伤害率呈对数相关关系。同时，综合国内南方某致密砂岩气储层、大牛地致密砂岩气储层、塔里木致密砂岩气储层等不同储层的含水饱和度与渗透率伤害率之间的关系，根据其数据绘制渗透率伤害率随含水饱和度变化的散点图，如图 6.9 所示。

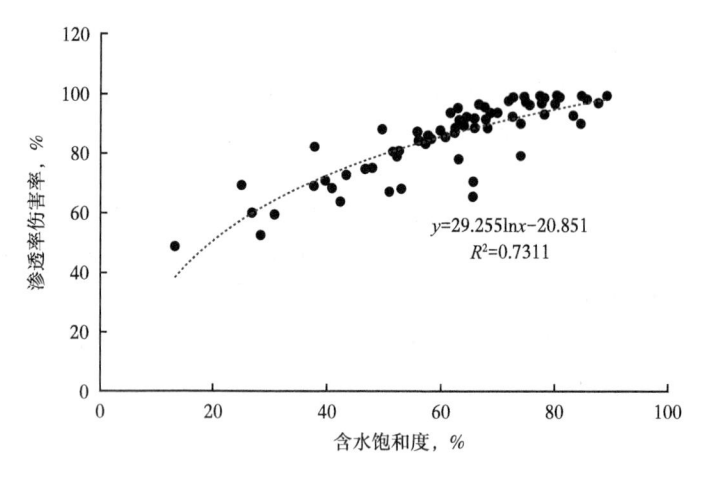

图 6.9 渗透率伤害率与含水饱和度关系散点图

根据图 6.9 中拟合得到的计算式，得到离心后不同含水饱和度对应的岩心渗透率伤害率，结合 SY/T 5358—2010《储层敏感性流动实验评价方法》，确定潜在的水锁伤害程度（表 6.8）。

表 6.8 不同伤害程度与渗透率伤害率的对应关系

伤害程度	伤害率,%	伤害程度	伤害率,%
无	≤5	中等偏强	50~70
弱	5~30	强	≥70
中等偏弱	30~50		

6.3.3 渗吸—水锁综合效应

6.3.3.1 综合效应关系

致密储层在水力压裂过程中，由于开发方式、地层条件、孔隙结构等诸多复杂因素的影响，渗吸与水锁现象不可避免。图 6.10 是岩样渗透率伤害率与渗吸采收率的关系图，图中低渗吸类型指的是渗吸采收率低于 50%，中等渗吸类型指的是渗吸采收率介于 50%~70% 之间，高渗吸类型指的是渗吸采收率大于 70%。

渗吸采收率越高的岩心其渗透率伤害率在返排后也越高。对三种渗吸类型的岩心的渗透率伤害率进行比较，低渗吸类型平均含水饱和度为 44.62%，其渗透率伤害率平均为 33.24%；中等渗吸类型平均含水饱和度为 64.39%，其渗透率伤害率平均为 49.64%；高渗吸类型平均含水饱和度为 82.23%，其渗透率伤害率平均为 74.47%。渗透率伤害率与渗吸采收率呈一定的正相关关系，但也存在渗吸采收率低、渗透率伤害率高的情况。因此，进一步对渗吸及水锁效应的影响因素进行探究非常必要。

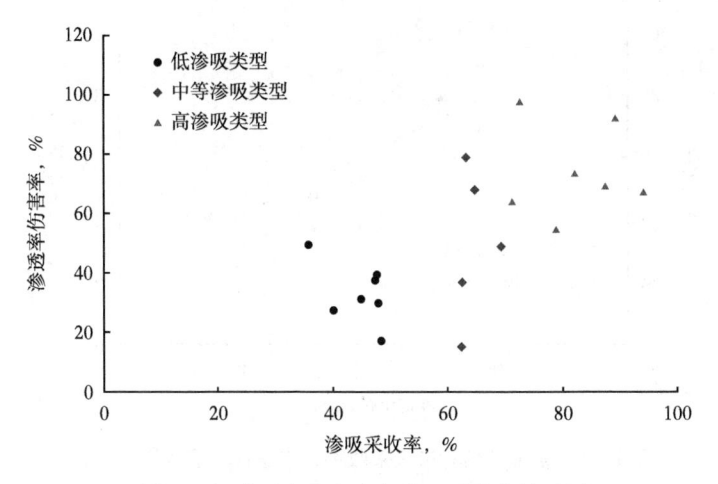

图 6.10 渗透率伤害率与渗吸采收率关系图

6.3.3.2 渗吸—水锁效应影响因素

结合延长致密气储层的微观孔隙结构特征，主要从孔隙形态、孔容和比表面积、孔隙喉道大小方面对渗吸、水锁的影响进行分析。

1）孔隙形态及大小的影响

由低温液氮实验中的等温吸附曲线，可将按孔隙形态将其划分为圆筒孔和立方体孔、四周开放的狭长平板孔两类。分别对两种孔隙的平均孔径、比表面积、孔容与渗吸采收率、渗透率伤害率关系进行研究。

从图 6.11 可以看到，第 I 类圆筒孔和立方体孔中平均孔径与渗吸采收率、渗透率伤害率之间无明显相关关系，这可能与圆筒孔和立方体孔孔径分布不均匀、跨度较大有关。第 II 类狭长平板孔的平均孔径与渗吸采收率、渗透率伤害率存在较好的正相关关系。传统理论认为，平均孔径越大，渗吸采收率越高，渗透率伤害率越低，但这与图 6.11 中实验结果并不一致，这可能与连通孔隙之间的喉道有关。结合恒速压汞实验结果，对岩样喉道情况进行分析，绘制喉道半径与渗吸采收率、渗透率伤害率关系散点图，如图 6.12 所示。

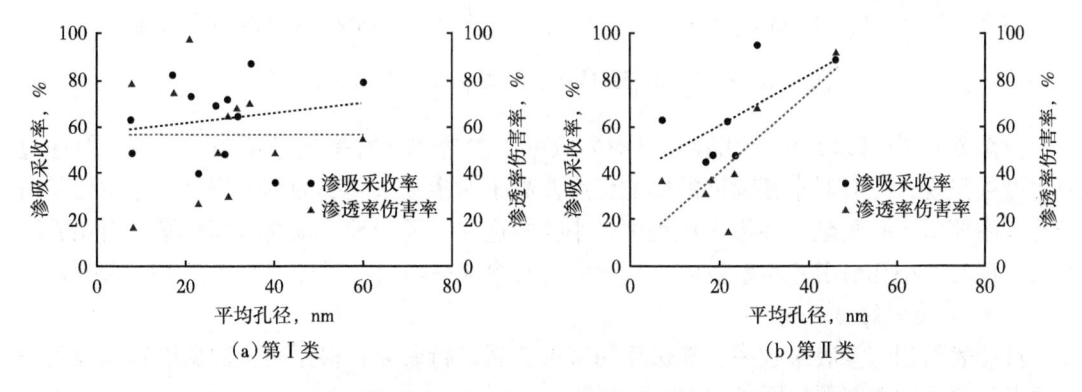

图 6.11 两种不同形态孔隙平均孔径与渗吸采收率、渗透率伤害率

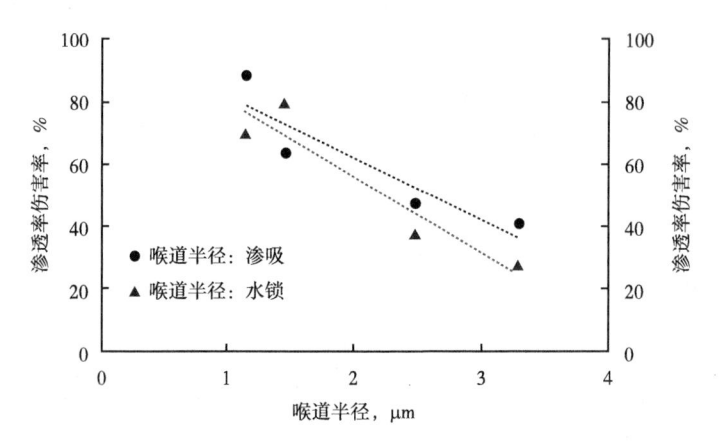

图6.12 喉道半径与渗吸采收率、渗透率伤害率关系图

由图6.12可以很好地看出，喉道半径越大，渗吸采收率越低，水锁程度也越低。这充分说明，在渗吸过程中，孔隙半径的影响占主导地位，而在渗透率伤害率上，喉道半径大小的影响更为明显。

2）孔容的影响

对孔容与渗吸采收率、渗透率伤害率关系进行研究，根据实验数据绘制孔容与两者关系散点图，如图6.13所示。

(a) 孔容与渗吸采收率关系　　(b) 孔容与渗透率伤害率关系

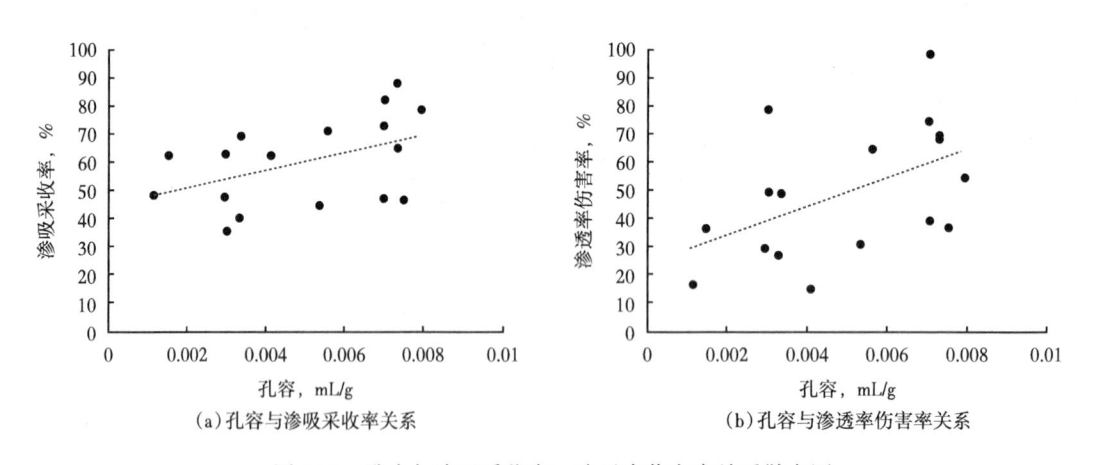

图6.13 孔容与渗吸采收率、渗透率伤害率关系散点图

由图6.13中可以看出，孔容与渗吸采收率、渗透率伤害率均呈正相关关系，但通过对比可以发现，孔容对水锁程度的影响程度要高于对渗吸采收率的影响程度，这主要是由于孔容主要由小孔贡献，在渗吸过程中，小孔的进入时间较长，填充时间较慢；而在岩心产生水锁时，小孔易引起贾敏效应，从而使岩心渗透率降低，对渗透率伤害率影响偏大。

3）比表面积的影响

对比表面积与渗吸采收率、渗透率伤害率关系进行研究，根据实验数据绘制比表面积与两者的关系散点图，如图6.14所示。

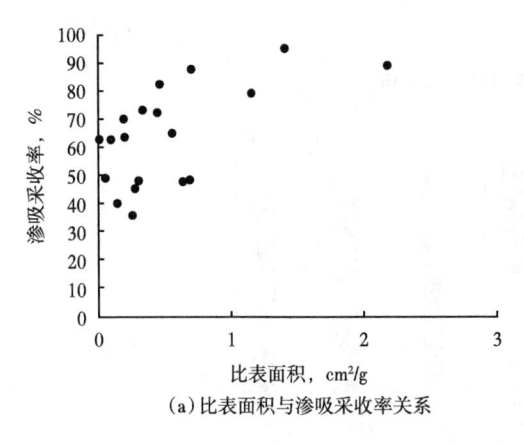

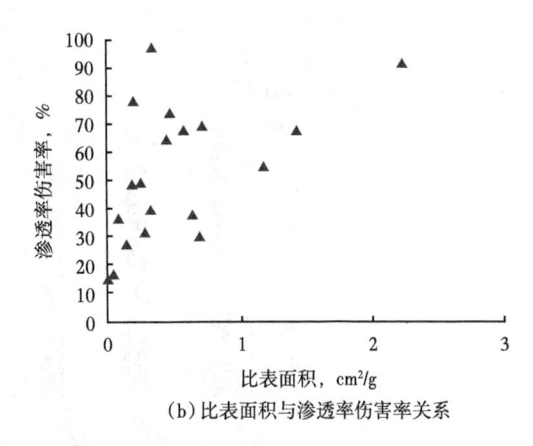

图 6.14 比表面积与渗吸采收率、渗透率伤害率关系散点图

由图 6.14 中可以看出，比表面积与渗吸采收率、渗透率伤害率之间在比表面积较小时存在较好的正相关关系。以比表面积等于 1cm²/g 为分界点，比表面积小于 1cm²/g 时，其与渗吸采收率、渗透率伤害率正相关性较好，尤其对于渗透率伤害率；比表面积大于 1cm²/g 时，虽然散点较少但其与渗透率伤害率正相关关系明显。在致密砂岩中，比表面积主要由微孔贡献，且微孔越小单位质量的比表面积越大，由于比表面积越大渗吸采收率、渗透率伤害率也越大，因此在一定范围内，微孔越小，渗吸采收率越大，渗透率伤害率也越大。

6.3.3.3 影响因素重要性排序

由于致密储层孔隙结构复杂，在研究渗吸规律及水锁效应时，单一影响因素不足以表征两者之间的关系，因此，采用灰色关联法，以微观孔隙结构特征参数为基础，研究渗吸、水锁效应之间的联系。

选取五块样品的孔隙度、渗透率、孔容、比表面积、平均孔隙半径、平均孔喉比、平均喉道半径参数进行灰色关联度的计算，并计算两者各因素的平均值，计算结果如表 6.9 所示。

表 6.9 渗吸、水锁相关孔隙结构参数灰色关联度计算结果

样品参数		孔隙度 %	渗透率 mD	孔容 mL/g	比表面积 m²/g	平均孔隙半径 nm	平均孔喉比	平均喉道半径 μm
样品编号	161-1	15.06	0.2880	0.0073	0.8479	149.741	138.482	1.151
	162-1	6.50	1.4640	0.0075	1.6981	191.096	128.319	2.483
	169-1	7.80	0.6430	0.0033	0.5898	190.514	114.641	3.292
	252-1	10.82	0.4310	0.0030	1.9322	189.480	162.353	1.454
	340-2	2.23	0.0078	0.0064	1.2641	131.250	35.455	4.067
关联度	渗吸	0.69	0.70	0.65	0.71	0.59	0.80	0.59
	水锁	0.72	0.84	0.70	0.61	0.79	0.68	0.76
	平均值	0.71	0.77	0.68	0.66	0.69	0.74	0.68

由表 6.12 中相关计算数据，绘制各孔隙结构参数与渗吸、水锁关联性对比柱状图，如图 6.15 所示。

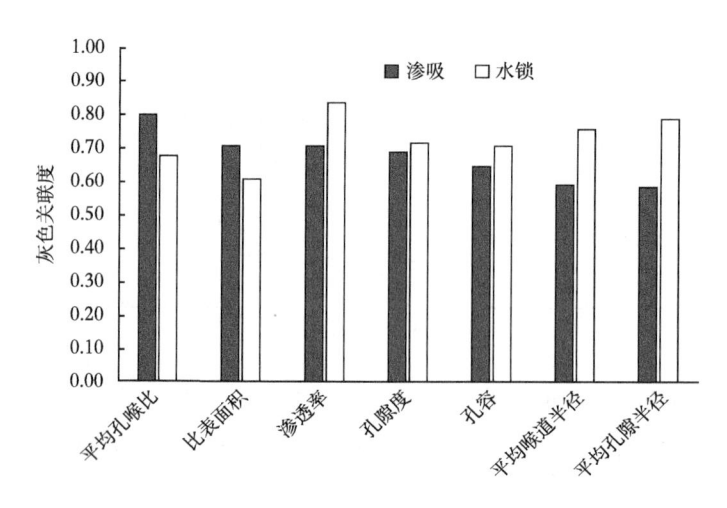

图 6.15 渗吸、水锁影响因素灰色关联性对比柱状图

由于渗吸、水锁的影响因素灰色关联性不尽相同，因此将两者灰色关联度平均，最终得到各因素对渗吸—水锁综合效应的影响大小，如图 6.16 所示。

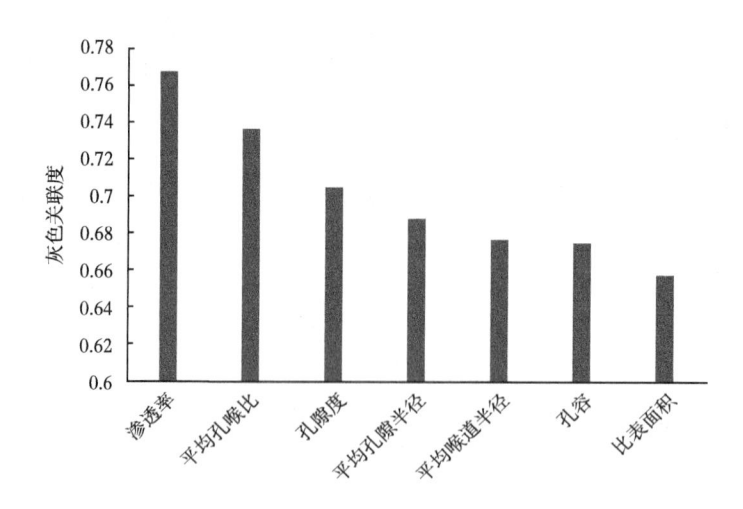

图 6.16 渗吸—水锁综合影响因素对比图

由表 6.12 及图 6.15 中可以看出，对渗吸采收率影响较大的有平均孔喉比、比表面积、渗透率三个参数；对水锁影响较大的有渗透率、平均孔隙半径、平均喉道半径三个参数。综合对比图 6.16 来看，渗透率对渗吸—水锁的综合效应影响最大，其次为平均孔喉比、孔隙度、平均孔隙半径等。

6.4 储层伤害减缓方法

在实际生产过程中，储层伤害不可避免，重点要考虑的是用什么方法减缓伤害造成的影响。

6.4.1 储层保护技术

储层保护技术是指在油气井作业中，最大限度地降低储层伤害的方法。本书主要介绍钻井中的几项储层保护技术：平衡压力钻井技术、欠平衡钻井技术以及屏蔽暂堵技术。

6.4.1.1 平衡压力钻井技术

平衡压力钻井是国外20世纪60年代末70年代初在压差理论的基础上发展起来的钻井技术。平衡压力钻井不但明显提高机械钻速，降低钻井成本，而且能有效地保护油气层，并可将诸如压差卡钻、井壁不稳定和井喷等井下复杂情况和事故减少到较低限度。平衡压力钻井是指钻进时井内钻井液柱的有效压力等于所钻地层的地层压力。然而，实际钻井中要严格保持钻进中不存在压力差会给施工带来一些麻烦，因为需要钻井液密度在井内产生的静液柱压力小于地层压力，这将引起地层流体进入井内和井眼垮塌。为了维持井内压力平衡，在停泵接单根或起下钻时就必须注入加重钻井液，而重新钻井时又将加重物除掉。目前国内外所谓的平衡压力钻井在实施中，是指钻进时井内钻井液柱的有效压力略高于地层压力的正压差近平衡压力钻井。

6.4.1.2 欠平衡钻井技术

欠平衡钻井是在钻井液液柱压力小于地层压力的情况下，有控制地让地层流体进入井眼的一种钻井技术。在设计条件下，钻井液液柱静压头对井底所施加的压力低于要钻地层的压力时所进行的钻井叫欠平衡钻井。欠平衡钻井不但能提高产能，还能大幅度提高机械钻速。

欠平衡钻井保护储层的原理是，它能把近平衡钻井和过平衡钻井造成的下列伤害的原因完全克服掉：（1）可避免因钻井液滤失速度高造成的细颗粒和黏土颗粒运移；（2）可避免钻井液中加入的固相和储层产生的固相侵入储层；（3）可避免钻井液侵入；（4）可避免对水相敏感的储层在与钻井液接触时产生影响储层渗透率的反应；（5）可避免黏土膨胀、化学吸附、润湿性反转等一系列物理、化学反应；（6）不会产生沉淀、结垢等不利的物理化学反应；（7）不存在旨在抑制侵入深度的低渗滤饼的设计问题。

目前广泛使用的欠平衡钻井工艺主要有：（1）泡沫钻井；（2）空气钻井；（3）雾化钻井；（4）充气钻井液钻井；（5）井下注气钻井。

实现欠平衡钻井的主要方法有自然法和人工诱导法两种。自然法就是当地层压力系数大于1.10时，可降低常规钻井液体系的密度来实现欠平衡钻井，即边喷边钻；人工诱导法就是当地层压力系数小于1.10，采用常规钻井液无法实现欠平衡钻井作业时，可采用可压缩性钻井液实现欠平衡钻井。

实现欠平衡钻井的关键技术包括：（1）欠平衡钻井设计；（2）根据地层压力确定采用自然法还是人工诱导法实现欠平衡；（3）为了避免欠平衡条件的丧失，应实时监测作业参数和产出流体量；（4）欠平衡钻井作业的控制技术；（5）产出流体的地面处理；（6）测量技术。

欠平衡钻井技术有如下缺点：（1）钻井成本高——钻井设备多，井场面积大，占地费用高，控流钻井采用的含油钻井液成本高，完井时若采用强行起下钻设备起下钻具，将导致钻井成本上升；（2）存在安全隐患——存在井喷和井塌的隐患，使用空气作为注入气可能造成井下爆炸或钻具腐蚀；（3）储层伤害——在欠平衡钻井过程中，储层压力高于循环钻井液井底压力,所以在岩石表面不能形成滤饼,一旦在钻井和完井作业期间不能保持持续的欠平衡状态,无滤饼的井壁将无法阻止液相和固相对地层的侵入,有更大的污染可能。

6.4.1.3 屏蔽暂堵技术

屏蔽暂堵技术是根据储层孔喉尺寸及其分布规律,在钻通储层前20~50m将钻井液中的固相颗粒调整到与之相匹配,即加入高纯度、超细目、多级配的刚性架桥、充填粒子和变形粒子等固相颗粒,有意识地在很短时间内在储层距井壁很小的距离内产生严重的暂时堵塞,使渗透率急剧下降,从而有效地阻止钻井液和后续施工对储层的继续伤害,最后用射孔穿透来解堵,使储层渗透率恢复到原始水平。

1) 基本原理

多级架桥暂堵储层保护技术是利用钻井液中的固相颗粒在一定的正压差作用下,很短时间内在距井壁很近的距离内形成有效封堵(渗透率接近为零)的暂堵层。它具备一定的承压能力,能够阻止钻井液中大量固相和液相进一步侵入储层。最后,利用一种经济合理的解堵方式解除暂堵层,使储层的渗透率恢复到原始水平。

由于形成的低渗透暂堵层很薄(一般小于5cm),容易被射孔弹射穿,同时也可通过流体返排或其他解堵技术解除堵塞,因而这种堵塞是暂时性的,不会对此后的流体产出带来不利影响。

利用钻进储层过程中对储层发生伤害的两个不利因素(压差和钻井液中固相颗粒),将其转变为保护储层的有利因素,达到减少钻井液、水泥浆、压差和浸泡时间对储层伤害的目的。该技术是在研究储层物性参数(渗透率、孔隙度、孔喉分布、孔喉对渗透率的贡献值、地层温度)的基础上有针对性地选择桥塞粒子、填充粒子和软性封堵粒子,使其能在钻开储层的短时间内在井筒附近形成渗透率为零或接近零的保护带,从而达到保护储层的目的。

2) 屏蔽暂堵技术物理模型

屏蔽暂堵技术的物理模型示意图如图6.17所示,图中展示了一个理想孔喉中的颗粒堵塞情况。颗粒在孔喉中的堵塞在一定的条件下遵循"选择性架桥,逐级填充"的过程。

图6.17 屏蔽暂堵物理模型示意图

(1) 架桥粒子的架桥。图中最大的颗粒为架桥粒子,单个架桥粒子随钻井液相进入储层,在流经孔喉时,若$r_粒$远小于$r_孔$(一般小于1/7),则通过孔喉;若$r_粒 > r_孔$,则沉积在孔喉外；若$r_{粒}/r_{孔}$介于1/3~2/3，则在孔喉处卡住，成功架桥。

（2）填充粒子的填充。架桥粒子架桥后，孔喉孔隙大量减少，钻井液中更小一级的粒子卡在更小喉道处，这一不断重复的过程叫单粒逐级填充。这时堵塞带的渗透率取决于钻井液中最小一级粒子的粒级，但渗透率不会为零。

（3）变形粒子的作用。如果钻井液中仅有刚性颗粒作为架桥和填充粒子，仍会留下形状不规则的微间隙（图6.17中的黑色部分），暂堵带的渗透率不会为零。这就需要引入屏蔽暂堵最关键的颗粒——外形在一定温度条件下可变的软化变形颗粒。当最小粒级的粒子是可变形颗粒时，就会嵌入不规则的微间隙，堵塞带的渗透率可接近于零。

3）屏蔽暂堵技术的优势

（1）钻井过程中，钻井液中加入屏蔽暂堵颗粒临时封堵储层井壁孔隙，后期完井时通过射孔之后的负压返排进行解堵，其解堵率高达70%以上；

（2）屏蔽暂堵技术在正压差的作用下在井壁上形成的渗透率为零的滤饼，能阻止钻井液中的液相对储层的伤害，消除了储层黏土对液相的敏感性；

（3）形成的滤饼增强了储层岩石抗破碎的能力，提高了井壁附近储层的承压能力，降低了井漏和地层破裂的风险。

6.4.2 水锁伤害的预防及减缓

6.4.2.1 预防的技术原则

1）选择适宜的工作流体

作业中不适宜的工作流体是导致水锁伤害的最本质外因。如果确认储层有严重的潜在水锁伤害，就应避免将水基工作液引入储层。使用气体类流体（如空气、CO_2、气态烃等）作为工作液，可以有效地避免储层的水锁伤害。

如果在作业过程中必须采用含有水相的工作液，应当尽量降低其滤失量，常用的方法是在工作液中加入适当的降滤失剂。另外一种实践证明非常有效的方法是在水相工作液中混入气体，如N_2、CO_2等，形成泡沫流体，并在其中加入稳定剂和降滤失剂进一步降低其滤失量。泡沫类工作液不仅自身的滤失量非常低，而且可以促进工作液的快速、有效返排。

降低水相工作液体的表面张力，削弱其侵入储层时的毛管力自吸效应，降低气体返排时的阻力，也是减轻水锁伤害的常用方法[6]。加入表面活性剂或者低表面张力的互溶剂可以起到降低表面张力的作用，若同时注入CO_2气体，其增能作用还会局部增大返排压力梯度，促进滤液返排。

2）确定合理的作业压差

在不得不采用水基工作液时，合理的作业压差对降低水锁伤害程度起着关键作用。在正压差钻井、完井作业中，当采用屏蔽暂堵技术时，过低的压差不能快速形成滤饼；而过高的正压差则可能导致滤饼被击穿，固相和液相侵入加剧。

欠平衡钻井、完井作业是通过压差控制防止水锁伤害的另一条途径，并逐渐被广泛使用。一般认为，在水基欠平衡钻井作业中，毛管力的逆向自吸效应和液相滞留作用仍不可避免，并且在欠平衡过程中缺少滤饼的保护。只要达到某一合理的欠压值，水锁伤害就有可能被控制在能够接受的范围内。

3）缩短暴露时间

在水相工作液已经接触储层的情况下，尽量缩短暴露时间显得尤为重要。水相的侵入和毛管力自吸效应是时间的函数。暴露时间越长，侵入量越大，侵入深度也越大，水锁伤害就越严重。在钻井、完井作业中，提高钻速和减少钻井事故是缩短暴露时间的有效途径。在压裂、酸化等增产作业中，促进工作液的快速返排也是缩短暴露时间的重要途径。

6.4.2.2 添加有机溶剂减缓水锁伤害

以山西沁水盆地赵庄井田煤层气储层为对象，通过对比乙醇、异丙醇、乙二醇乙醚三种有机溶剂对煤微观孔隙结构的影响及流体分布，得到不同有机溶剂对煤样水锁伤害的减缓效果[7]。

1）有机溶剂影响机理

已知煤是由许多相似结构单元构成的高分子化合物，结合单元为缩聚芳环、氢化芳环，或含氧、氮、硫的各种杂环。结构单元之间由醚键（—O—），次甲基（—CH$_2$—）、硫键（—S—）和芳香碳键等连接成为三维空间大分子。煤分子表面上既有酸性（阴离子）基团（如羧基），又有碱性（阳离子）基团（如胺基）。在一般中性条件下，胺基不带电荷，阴离子基团使煤表面带负电荷，因而煤微粒与孔隙壁面之间存在静电斥力。阳离子表面活性剂和非离子表面活性剂中不含与煤表面上阴离子基团相互排斥的基团，定向吸附作用比阴离子表面活性剂差，故伤害作用较小。

2）孔隙结构及流体分布的影响

利用核磁共振技术，得到用矿化水饱和的煤样离心后的核磁共振 T_2 谱曲线和用有机溶剂溶液饱和的煤样离心后的核磁共振 T_2 谱曲线，通过核磁共振 T_2 谱的分布变化情况，观察不同煤样在矿化水和充分返排后岩心孔隙介质中水相的分布情况及变化规律。

图 6.18 是煤样使用有机溶剂前后 T_2 谱曲线对比图，曲线 1 代表煤样饱和矿化水后的 T_2 谱，曲线 2 代表煤样饱和有机溶剂溶液之后的 T_2 谱曲线。使用有机溶剂饱和过的煤样的 T_2 弛豫峰普遍在使用矿化水的 T_2 弛豫峰的右边，由于 T_2 弛豫时间越小孔径越小，即曲线越靠近左边，液体所在的孔径越小，因此图 6.18 说明了在矿化水条件下水分主要滞留在微孔中，而有机溶剂条件下的水分主要滞留在小孔中。

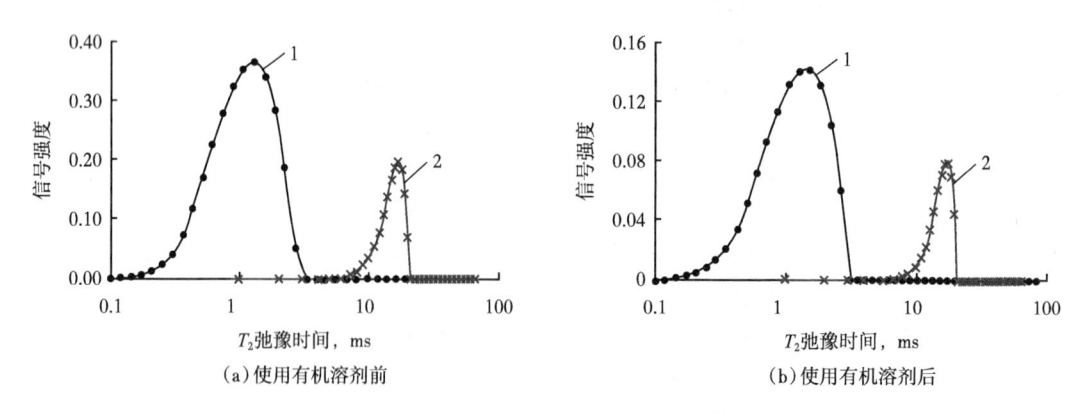

（a）使用有机溶剂前

（b）使用有机溶剂后

图 6.18 使用有机溶剂前后煤样 T_2 谱曲线对比

除此之外，观察T_2谱曲线与横坐标所围面积可以发现，样品的矿化水饱和T_2谱曲线与横坐标所围面积要大于有机溶剂饱和T_2谱曲线与横坐标所围面积，由此可以看出，有机溶剂使得滞留在孔隙中的液体整体减少，也就表明有机溶剂能够有效地减缓潜在的水锁伤害。

选用乙醇、乙二醇乙醚、异丙醇溶液浸泡所选岩心12h，再放入烘干机内24h，取出岩心后先测干重，之后用离心机进行离心，离心前后测量质量的变化。根据质量法计算得到束缚水饱和度，可以得出使用有机溶剂前后束缚水饱和度的变化。结果表明，使用乙醇溶液对该区的煤样孔径影响比较大。

图6.19是不同煤样分别用0.20%、0.40%、0.60%的乙醇溶液饱和后，用离心机在转速2000r/min下离心，再用核磁共振仪测出T_2谱曲线。

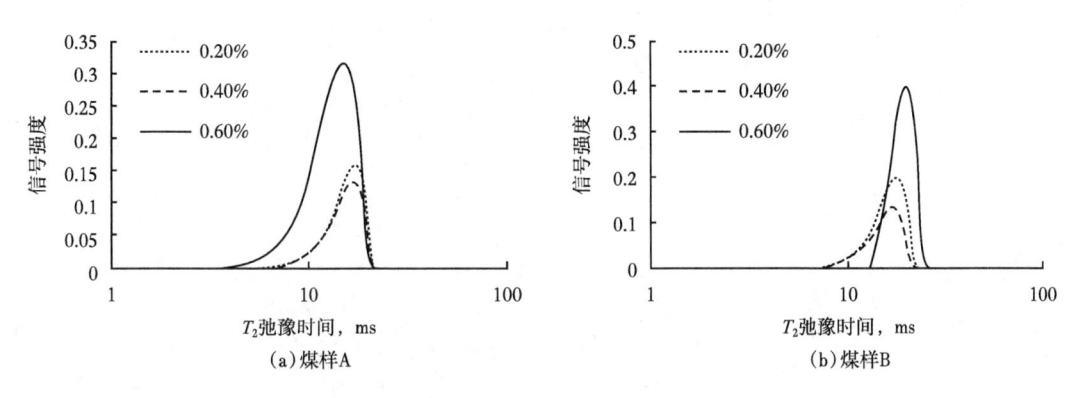

图6.19　不同浓度乙醇溶液作用后样品T_2谱曲线

在0.40%乙醇溶液下的T_2谱曲线与横坐标所围面积最小，也就说明该浓度下滞留在煤样中的液体最少。乙醇溶液处理前渗透率伤害率为74.88%，水锁伤害程度为强；使用0.40%乙醇溶液处理后煤样渗透率伤害率降为66.34%，潜在水锁伤害程度为中等偏强；通过对比，可以得到有机溶剂能够有效缓解水锁伤害程度。

参考文献

[1] 刘虹瑜, 刘举, 袁学芳, 等. 油气藏储层伤害: 原理、模拟、评价和防治 [M]. 北京: 石油工业出版社, 2019.
[2] 阳飞. 钻井泥浆对储层伤害评价及机理研究 [D]. 西安: 西安石油大学, 2016.
[3] 李皋, 孟英峰, 唐洪明. 低渗透致密砂岩水锁损害机理及评价技术 [M]. 成都: 四川科学技术出版社, 2012.
[4] 朱维耀, 杨西一. 水对致密气藏气相渗流能力作用机理研究 [J]. 特种油气藏, 2019, 26（3）: 128-132.
[5] 蒋志宇. 延长致密气储层渗吸—水锁综合效应研究 [D]. 北京: 中国地质大学（北京）, 2019.
[6] 王亚娟. 砂岩储层的伤害诊断技术与伤害解除对策研究 [D]. 成都: 西南石油学院, 2005.
[7] 木卡旦斯·阿克木江. 赵庄煤矿低渗煤储层水锁伤害机理及减缓方法研究 [D]. 北京: 中国地质大学（北京）, 2019.

思考题

1. 非常规天然气储层伤害机理有哪些?
2. 生产过程中如何通过工作制度的调整减缓储层伤害?
3. 除有机溶剂外,是否有其他添加剂可以减缓水锁效应,作用机理是什么?
4. 通过阅读课后文献,说明水锁效应程度的评价方法还有哪些。
5. 如何正确理解渗吸与水锁对非常规天然气生产的影响?

7 产能评价及动态分析

产能评价及动态分析是气藏高效开发的基础,掌握并分析气藏的开采动态是开发气田和改造气田不可缺少的部分。针对不同的非常规天然气藏,由于其特殊的地质特征、开发特征,动态规律也存在较大的差异。本章分别针对致密气藏、页岩气藏和煤层气藏,讨论各类气藏的动态分析与规律。

7.1 致密气藏产能评价及动态分析

致密气已成为我国天然气产量增长的重要一部分,但是储层致密、产水是制约气井产能和气田采出程度的关键。气井产水会增大气体渗流阻力、阻碍气体产出,产水严重时会导致气井产能迅速下降。

7.1.1 气水同产产能评价

建立一套考虑多重流动机理及多尺度裂缝的致密气藏气水两相压裂水平井产能模型,通过该模型得到致密气藏在不同生产时刻的压力分布,对致密气藏不同裂缝模型及不同参数下的气、水产量及累积产量动态规律进行研究。

7.1.1.1 建立物理模型

假定原始致密气藏储层微裂缝不发育,储层经多级压裂水平井改造后,流体从储层基质中渗流进入裂缝系统,最后经裂缝系统流向井筒。模型设定致密气藏外边界为封闭边界,井为多级压裂水平井,具体如图 7.1 所示。

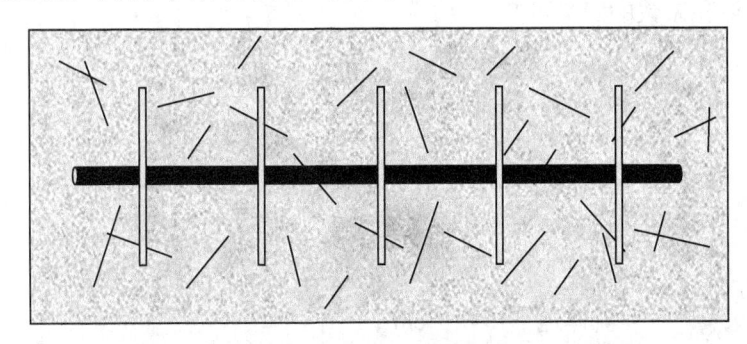

图 7.1 矩形封闭致密气藏多级压裂水平井物理模型

从跨尺度渗流机理考虑，基质系统中气相流动考虑滑脱效应和应力敏感效应的影响，裂缝系统中考虑应力敏感及高速非达西效应。为了方便计算，给出如下假设条件：

（1）流动过程为等温渗流；
（2）气藏中只有气相和水相两种流体，且气相不溶于水相；
（3）储层岩石具有应力敏感现象，并具有各向异性；
（4）储层内有气水两相，气相、水相的流动符合达西定律；
（5）渗流过程考虑重力与毛管力的影响；
（6）气水相间无传质过程。

7.1.1.2 数学模型

考虑源（汇）项的存在，基于物质守恒原理，采用无穷小单元分析法得到气水两相的连续性方程[1-2]

气相
$$-\nabla \cdot (\rho_g v_g) + \rho_g q_g = \frac{\partial}{\partial t}(\rho_g \phi S_g) \tag{7.1}$$

水相
$$-\nabla \cdot (\rho_w v_w) + \rho_w q_w = \frac{\partial}{\partial t}(\rho_w \phi S_w) \tag{7.2}$$

式中　ρ_g、ρ_w——气、水的密度，g/cm³；
　　　v_g、v_w——气、水的流速，cm/s；
　　　q_g、q_w——气、水的流量，cm³/s；
　　　S_g、S_w——气、水的饱和度；
　　　ϕ——孔隙度。

根据达西定律，对应的气水两相的运动方程可以表示为

$$v_l = -\frac{KK_{rl}}{\mu_l}\nabla p_l \quad (l=\text{w,g}) \tag{7.3}$$

式中　K——绝对渗透率，mD；
　　　K_{rl}（l=w, g）——相对渗透率；
　　　p_l（l=w, g）——压力，MPa。

根据流体体积系数的定义可知

$$B_l = \frac{V_l}{V_{lsc}} = \frac{M/\rho_l}{M/\rho_{lsc}} = \frac{\rho_{lsc}}{\rho_l} \quad (l=\text{w,g}) \tag{7.4}$$

所以有

$$\rho_l = \frac{\rho_{lsc}}{B_l} \quad (l=\text{w,g}) \tag{7.5}$$

式中　V_l（l=w, g）——流体地下体积，cm³；
　　　V_{lsc}（l=w, g）——流体地面体积，cm³；

M——摩尔质量，g/mol；

ρ_{lsc}（l=w, g）——流体地面密度，g/cm³；

B_l（l=w, g）——流体体积系数。

将运动方程代入连续性方程，将其中的密度 ρ_g、ρ_w 改用体积系数表示，并在式子两端同时除以 ρ_{lsc}，得到

气相
$$\nabla \cdot \left(\frac{KK_{rg}}{\mu_g B_g} \nabla p_g \right) + \frac{q_g}{B_g} = \frac{\partial}{\partial t}\left(\frac{\phi S_g}{B_g} \right) \tag{7.6}$$

水相
$$\nabla \cdot \left(\frac{KK_{rw}}{\mu_w B_w} \nabla p_w \right) + \frac{q_w}{B_w} = \frac{\partial}{\partial t}\left(\frac{\phi S_w}{B_w} \right) \tag{7.7}$$

方程（7.6）和方程（7.7）中含有 4 个未知量，分别是 S_g、S_w、p_w、p_g，因此还需要两个辅助方程。

气、水饱和度满足如下方程：
$$S_w + S_g = 1 \tag{7.8}$$

毛管压力满足如下方程：
$$p_c(S_w) = p_g - p_w \tag{7.9}$$

式中 S_w——含水饱和度；

S_g——含气饱和度；

p_c——毛管力，MPa；

p_g——气相压力，MPa；

p_w——水相压力，MPa。

下面将气、水两相渗流微分方程的右端项进一步变形。令

$$R_g = \frac{\partial}{\partial t}\left(\frac{\phi S_g}{B_g} \right), \quad R_w = \frac{\partial}{\partial t}\left(\frac{\phi S_w}{B_w} \right)$$

对渗流微分方程的右端项进行整理可得

$$\begin{cases} R_g = \dfrac{B_g \dfrac{\partial}{\partial t}(\phi S_g) - \phi S_g \dfrac{\partial B_g}{\partial t}}{B_g^2} = \dfrac{B_g S_g \dfrac{\partial \phi}{\partial t} + B_g \phi \dfrac{\partial S_g}{\partial t} - \phi S_g \dfrac{\partial B_g}{\partial t}}{B_g^2} \\ \quad = \dfrac{\phi}{B_g}\dfrac{\partial S_g}{\partial t} + \left(\dfrac{S_g}{B_g}\dfrac{\partial \phi}{\partial p_g} - \dfrac{\phi S_g}{B_g^2}\dfrac{\partial B_g}{\partial p_g} \right)\dfrac{\partial p_g}{\partial t} \\ R_w = \dfrac{B_w \dfrac{\partial}{\partial t}(\phi S_w) - \phi S_w \dfrac{\partial B_w}{\partial t}}{B_w^2} = \dfrac{B_w S_w \dfrac{\partial \phi}{\partial t} + B_w \phi \dfrac{\partial S_w}{\partial t} - \phi S_w \dfrac{\partial B_w}{\partial t}}{B_w^2} \\ \quad = \dfrac{\phi}{B_w}\dfrac{\partial S_w}{\partial t} + \left(\dfrac{S_w}{B_w}\dfrac{\partial \phi}{\partial p_w} - \dfrac{\phi S_w}{B_w^2}\dfrac{\partial B_w}{\partial p_w} \right)\dfrac{\partial p_w}{\partial t} \end{cases} \tag{7.10}$$

考虑流体及岩石的压缩性，由压缩系数的定义可以得到

$$\begin{cases} C_w = -\dfrac{1}{B_w}\dfrac{\partial B_w}{\partial p_w} \\ C_g = -\dfrac{1}{B_g}\dfrac{\partial B_g}{\partial p_g} = \dfrac{1}{p} - \dfrac{1}{Z}\dfrac{dZ}{dp} \\ C_\phi = \dfrac{1}{\phi}\dfrac{\partial \phi}{\partial p} \end{cases} \quad (7.11)$$

式中　Z——压缩系数，MPa^{-1}；

　　　C_w——水相压缩系数，MPa^{-1}；

　　　C_g——气相压缩系数，MPa^{-1}。

式（7.10）可以整理为

$$\begin{cases} R_g = \dfrac{\phi}{B_g}\dfrac{\partial S_g}{\partial t} + \left(\dfrac{S_g}{B_g}\dfrac{\partial \phi}{\partial p_g} - \dfrac{\phi S_g}{B_g^2}\dfrac{\partial B_g}{\partial p_g}\right)\dfrac{\partial p_g}{\partial t} = \dfrac{\phi}{B_g}\dfrac{\partial S_g}{\partial t} + \dfrac{\phi S_g}{B_g}(C_\phi + C_g)\dfrac{\partial p_g}{\partial t} \\ R_w = \dfrac{\phi}{B_w}\dfrac{\partial S_w}{\partial t} + \left(\dfrac{S_w}{B_w}\dfrac{\partial \phi}{\partial p_w} - \dfrac{\phi S_w}{B_w^2}\dfrac{\partial B_w}{\partial p_w}\right)\dfrac{\partial p_w}{\partial t} = \dfrac{\phi}{B_w}\dfrac{\partial S_w}{\partial t} + \dfrac{\phi S_w}{B_w}(C_\phi + C_w)\dfrac{\partial p_w}{\partial t} \end{cases} \quad (7.12)$$

令 $C_{g1} = \dfrac{\phi}{B_g}$，$C_{g2} = \dfrac{\phi S_g}{B_g}(C_\phi + C_g)$，$C_{w1} = \dfrac{\phi}{B_w}$，$C_{w2} = \dfrac{\phi S_w}{B_w}(C_\phi + C_w)$，$Q_g = \dfrac{q_g}{B_g}$，$Q_w = \dfrac{q_w}{B_w}$，则方程（7.6）、方程（7.7）可写为

$$\begin{cases} \nabla \cdot \left(\dfrac{KK_{rg}}{\mu_g B_g}\nabla p_g\right) + Q_g = C_{g1}\dfrac{\partial S_g}{\partial t} + C_{g2}\dfrac{\partial p_g}{\partial t} \\ \nabla \cdot \left(\dfrac{KK_{rw}}{\mu_w B_w}\nabla p_w\right) + Q_w = C_{w1}\dfrac{\partial S_w}{\partial t} + C_{w2}\dfrac{\partial p_w}{\partial t} \end{cases} \quad (7.13)$$

根据饱和度归一化方程及毛管力方程，展开式（7.13）第二式的右端：

$$\begin{aligned} C_{w1}\dfrac{\partial S_w}{\partial t} + C_{w2}\dfrac{\partial p_w}{\partial t} &= C_{w1}\dfrac{\partial(1-S_g)}{\partial t} + C_{w2}\dfrac{\partial(p_g - p_c)}{\partial t} = -C_{w1}\dfrac{\partial S_g}{\partial t} + \left(C_{w2}\dfrac{\partial p_g}{\partial t} - C_{w2}\dfrac{\partial p_c}{\partial t}\right) \\ &= -C_{w1}\dfrac{\partial S_g}{\partial t} + C_{w2}\dfrac{\partial p_g}{\partial t} + C_{w2}\dfrac{dp_c}{dS_w}\dfrac{\partial S_g}{\partial t} \end{aligned} \quad (7.14)$$

则式（7.13）可写为

$$\nabla \cdot \left(\dfrac{KK_w}{\mu_w B_w}\nabla p_w\right) + Q_w = -\left(C_{w1} - C_{w2}\dfrac{dp_c}{dS_w}\right)\dfrac{\partial S_g}{\partial t} + C_{w2}\dfrac{\partial p_g}{\partial t} \quad (7.15)$$

式（7.13）第一式两端同乘 $M = \dfrac{C_{w1} - C_{w2}\dfrac{dp_c}{dS_w}}{C_{g1}}$ 得

$$M\left[\nabla\cdot\left(\frac{KK_{rg}}{\mu_g B_g}\nabla p_g\right)+Q_g\right]=\left(C_{w1}-C_{w2}\frac{dp_c}{dS_w}\right)\frac{\partial S_g}{\partial t}+C_{g2}M\frac{\partial p_g}{\partial t} \quad (7.16)$$

将式（7.15）、式（7.16）相加得

$$M\left[\nabla\cdot\left(\frac{KK_{rg}}{\mu_g B_g}\nabla p_g\right)+Q_g\right]+\left[\nabla\cdot\left(\frac{KK_{rw}}{\mu_w B_w}\nabla p_w\right)+Q_w\right]=\left(C_{w2}+C_{g2}M\right)\frac{\partial p_g}{\partial t} \quad (7.17)$$

将 $p_w=p_g-p_c$ 代入式（7.17），并令 $M_p=(C_{w2}+C_{g2}M)$，则可得到气相压力方程为

$$M\nabla\cdot\left(\frac{KK_{rg}}{\mu_g B_g}\nabla p_g\right)+\nabla\cdot\left(\frac{KK_{rw}}{\mu_w B_w}\nabla p_g\right)-\nabla\cdot\left(\frac{KK_{rw}}{\mu_w B_w}\nabla p_c\right)+MQ_g+Q_w=M_p\frac{\partial p_g}{\partial t} \quad (7.18)$$

将饱和度归一化方程代入气相方程（7.13），整理可得到水相饱和度微分方程为

$$\nabla\cdot\left(\frac{KK_{rg}}{\mu_g B_g}\nabla p_g\right)+Q_g=C_{g1}\frac{\partial(1-S_w)}{\partial t}+C_{g2}\frac{\partial p_g}{\partial t}=-C_{g1}\frac{\partial S_w}{\partial t}+C_{g2}\frac{\partial p_g}{\partial t} \quad (7.19)$$

式（7.18）及式（7.19）共同构成了以气相压力和水相饱和度为基本求解变量的渗流微分方程的一般形式。

经多级压裂水平井改造后的致密砂岩气藏地质模型一般可分为基岩系统和裂缝系统[3]。将单层致密砂岩储层简化为储层中部深度的二维平面［图7.2（a）］，对于裂缝系统，通过"降维"处理，将裂缝简化为一维线单元，如图7.2（b）所示。

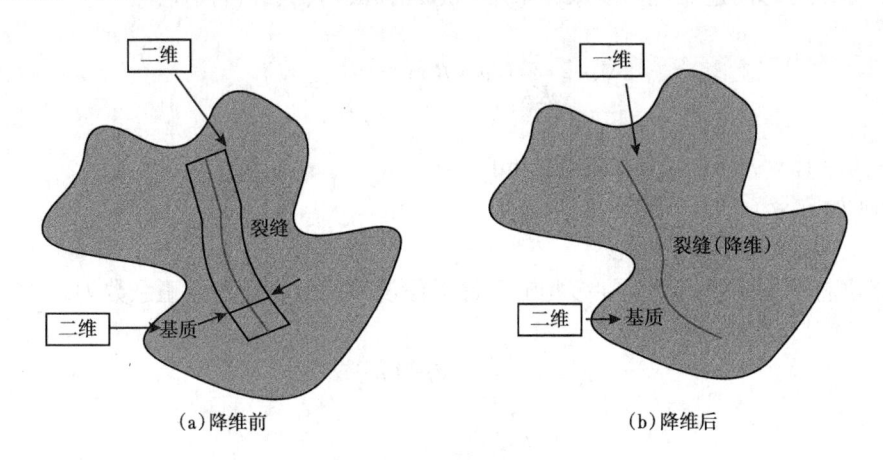

图7.2 裂缝模型降维示意图

对于二维基岩系统，考虑气体滑脱效应时，可引入表观渗透率：

$$K_{me}=K_m\left(1+\frac{b}{p}\right) \quad (7.20)$$

式中　K_m——基质渗透率，mD；
　　　b——克氏系数，MPa。

考虑气水相对渗透率时变表征束缚水饱和度对相对渗透率的影响，气水相对渗透率考虑为含水饱和度和压力的函数：

$$K_{rg} = K_{rg}\left(S_w, \Delta p_g\right) \quad (7.21)$$

$$K_{rw} = K_{rw}\left(S_w, \Delta p_g\right) \quad (7.22)$$

假设基质系统的毛管压力曲线是一个取决于饱和值的函数，忽略裂缝系统中的毛管力：

$$p_{cm} = -B_m \ln S_{wm} \quad (7.23)$$

则对应的气相压力方程可以表示为

$$M\nabla \cdot \left(\frac{K_{me}K_{rg}}{\mu_w B_g}\nabla p_{gm}\right) + \nabla \cdot \left(\frac{KK_{rw}}{\mu_w B_w}\nabla p_{gm}\right) - \nabla \cdot \left(\frac{KK_{rw}}{\mu_w B_w}\nabla p_{cm}\right) - \delta q^*_{mfT} = M_p \frac{\partial p_{gm}}{\partial t} \quad (7.24)$$

式中 q^*_{mfT}——总的流体交换量，$q^*_{mfT} = q^*_{mfw} + q^*_{mfg}$；

K_{me}——气体表观渗透率，mD；

K——绝对渗透率，mD。

基岩系统水相饱和度方程为

$$\nabla \cdot \left(\frac{K_{me}K_{rg}}{\mu_g B_g}\nabla p_{gm}\right) - \delta q^*_{mfg} = -C_{g1}\frac{\partial S_{wm}}{\partial t} + C_{g2}\frac{\partial p_{gm}}{\partial t} \quad (7.25)$$

对于裂缝系统考虑高速非达西现象，采用Forchheimer公式进行描述：

$$\nabla p = \frac{\mu_l}{KK_{pl}}v + \beta\rho_l v^2 \quad (l = g, w) \quad (7.26)$$

式中 μ_l（$l=g, w$）——流体的黏度，mPa·s；

v_l（$l=g, w$）——流体速度，cm/s；

β——二项式系数。

忽略水相的非达西流动，在多相流条件下假设气相的非达西校正系数为ε_n。

$$\begin{cases} v_n = \varepsilon_n \dfrac{KK_{rg}}{\mu_g}\nabla p \quad (n = x, y, z) \\ v_{dn} = \dfrac{KK_{rg}}{\mu_g}\nabla p \end{cases} \quad (7.27)$$

式中 v_n——高速非达西流速，m/s；

v_{dn}——达西流速，m/s。

将式（7.27）代入式（7.26），将非达西校正系数 s 表示成饱和度和速度的函数：

$$\varepsilon_n = \frac{2}{1+\sqrt{1+4\lambda\beta KK_{rg}v_{dn}}} \quad (7.28)$$

其中

$$\lambda = \frac{\rho_\mathrm{g}}{\mu_\mathrm{g}} \quad (7.29)$$

对于非达西系数 β，采用下列经验公式：

$$\beta_\mathrm{g} = \frac{6.92 \times 10^{10}}{(KK_\mathrm{rg})^{0.5}[\phi(1-S_\mathrm{w})]^{1.5}} \quad (7.30)$$

考虑应力敏感效应的裂缝系统表观渗透率公式为

$$K_\mathrm{fe} = K_\mathrm{fi} \mathrm{e}^{-\alpha_\mathrm{f}(p_\mathrm{i}-p)} \quad (7.31)$$

式中　K_fi——裂缝系统初始渗透率，mD；
　　　α_f——应力敏感系数。

综上，一维裂缝系统的渗流微分方程可以表示为

$$M\frac{\partial}{\partial l}\left(\left(\varepsilon_n \frac{K_\mathrm{fe}K_\mathrm{rg}}{\mu_\mathrm{g}B_\mathrm{g}}\right)\frac{\partial p_\mathrm{gf}}{\partial l}\right) + \frac{\partial}{\partial l}\left(\left(\frac{K_\mathrm{fe}K_\mathrm{rv}}{\mu_\mathrm{w}B_\mathrm{w}}\right)\frac{\partial p_\mathrm{gf}}{\partial l}\right) + MQ_\mathrm{gf} + Q_\mathrm{wf} + \delta q_\mathrm{mfT}^* = M_\mathrm{p}\frac{\partial p_\mathrm{gf}}{\partial t} \quad (7.32)$$

$$\frac{\partial}{\partial l}\left(\left(\varepsilon_n \frac{K_\mathrm{ft}K_\mathrm{rg}}{\mu_\mathrm{g}B_\mathrm{g}}\right)\frac{\partial p_\mathrm{gf}}{\partial l}\right) + Q_\mathrm{gf} + \delta q_\mathrm{mfg}^* = -C_\mathrm{gl}\frac{\partial S_\mathrm{wf}}{\partial t} + C_\mathrm{g2}\frac{\partial p_\mathrm{gf}}{\partial t} \quad (7.33)$$

式中　l——沿裂缝延伸方向的局部坐标系；
　　　Q_{lf}（l=g, w）——裂缝系统流体流量，cm³/s。

若令流动系数 $\lambda_{\mathrm{g}\sigma} = \varepsilon_n \frac{\overline{K}_\mathrm{o}K_\mathrm{rg}}{\mu_\mathrm{g}B_\mathrm{g}}$，$\lambda_{\mathrm{w}\sigma} = \varepsilon_n \frac{\overline{K}_\sigma K_\mathrm{rw}}{\mu_\mathrm{w}B_\mathrm{w}}$　（σ = m, f），基质系统不考虑高速非达西效应的存在，则致密气藏多级压裂水平井模型的气水两相渗流微分方程可以简写为：

基岩系统：

$$\begin{cases} M\nabla \cdot (\lambda_\mathrm{gm}\nabla p_\mathrm{gm}) + \nabla \cdot (\lambda_\mathrm{wm}\nabla p_\mathrm{gm}) - \nabla \cdot (\lambda_\mathrm{wm}\nabla p_\mathrm{cm}) - \delta q_\mathrm{mfT}^* = M_\mathrm{p}\frac{\partial p_\mathrm{gm}}{\partial t} \\ \nabla \cdot (\lambda_\mathrm{gm}\nabla p_\mathrm{gm}) - \delta q_\mathrm{mfg}^* = -C_\mathrm{gl}\frac{\partial S_\mathrm{wm}}{\partial t} + C_\mathrm{g2}\frac{\partial p_\mathrm{gm}}{\partial t} \end{cases} \quad (7.34)$$

裂缝系统：

$$\begin{cases} M\dfrac{\partial}{\partial l}\left(\lambda_\mathrm{gf}\dfrac{\partial p_\mathrm{gf}}{\partial l}\right) + \dfrac{\partial}{\partial l}\left(\lambda_\mathrm{wf}\dfrac{\partial p_\mathrm{gf}}{\partial l}\right) + Q_\mathrm{gf} + Q_\mathrm{wf} + \delta q_\mathrm{mfT}^* = M_\mathrm{p}\dfrac{\partial p_\mathrm{gf}}{\partial t} \\ \dfrac{\partial}{\partial l}\left(\lambda_\mathrm{gf}\dfrac{\partial p_\mathrm{gr}}{\partial l}\right) + Q_\mathrm{gf} + \delta q_\mathrm{mfg}^* = -C_\mathrm{gl}\dfrac{\partial S_\mathrm{wf}}{\partial t} + C_\mathrm{g2}\dfrac{\partial p_\mathrm{gf}}{\partial t} \end{cases} \quad (7.35)$$

其中 $\delta = \begin{cases} 1(在源汇处) \\ 0(在源汇处) \end{cases}$, $q_{mfT}^* = q_{mfw}^* + q_{mfg}^*$

式中 λ——流体流度，mD/（mPa·s）；
δ——delt 函数；
Q——源汇项；
q^*——基岩系统与裂缝系统间的流体交换量；
S——饱和度；
q^*——总的流体交换量。

式（7.35）中下标 m 代表基岩系统，f 代表裂缝系统，w 代表水相，g 代表气相。
根据毛管力函数，裂缝系统与基质系统中的饱和度存在如下关系：

$$S_{wf} = [p_{cf}]^{-1} p_{cm}(S_{wm}) \tag{7.36}$$

裂缝中的含水饱和度可以用基岩中的含水饱和度表示，可以得到

$$\frac{\partial}{\partial l}\left(\lambda_{gf}\frac{\partial p_{gf}}{\partial l}\right) + Q_{gf} + \delta q_{mfg}^* = -C_{g1}\frac{dS_{wf}}{dS_{wm}}\frac{\partial S_{wm}}{\partial t} + C_{g2}\frac{\partial p_g}{\partial t} \tag{7.37}$$

当基质和裂缝系统毛管力函数相同时，可以得到 $dS_w/dS_{wm}=1$。不考虑裂缝系统的毛管力，所以在基质与裂缝交界面处的饱和度仍连续，即 $dS_w/dS_{wm}=1$。

给定初始条件及边界条件，其中，初始条件用下式表示：

$$\begin{cases} p_l(x,y,z)|_t = p_{l0}(x,y,z) & (l = w,g) \\ S_l(x,y,z)|_t = S_{l0}(x,y,z) & (l = w,g) \end{cases} \tag{7.38}$$

式中 $p_{l0}(x,y,z)$——初始压力分布函数；
$S_{l0}(x,y,z)$——初始饱和度分布函数。

定井底流压：

$$p_{wf}|_{r=r_w} = C \tag{7.39}$$

封闭外边界：

$$\left.\frac{\partial p}{\partial n}\right|_\Gamma = 0 \tag{7.40}$$

7.1.1.3 模型求解

1）气相方程有限元离散

数学模型考虑了源汇项的存在，当注采井被视为点源或点汇时，对源汇项积分是没有意义的，因为该点处的流量在空间上是不连续的，所以在推导气相压力方程的有限元格式时暂时忽略源汇项。由于基质与裂缝交界面的窜流量是连续的，采用叠加原理将基质和裂

缝系统的流动方程组合起来的时候,基质与裂缝间的流体交换项会相互抵消,所以不考虑基质与裂缝交界面处的窜流量。

忽略窜流量的影响,将式(7.34)展开得

$$M\frac{\partial}{\partial x}\left(\lambda_{gmx}\frac{\partial p_{gm}}{\partial x}\right) + M\frac{\partial}{\partial y}\left(\lambda_{gmy}\frac{\partial p_{gm}}{\partial y}\right) + \frac{\partial}{\partial x}\left(\lambda_{wmx}\frac{\partial p_{gm}}{\partial x}\right) + \frac{\partial}{\partial y}\left(\lambda_{wmx}\frac{\partial p_{gm}}{\partial y}\right)$$
$$-\frac{\partial}{\partial x}\left(\lambda_{wmx}\frac{\partial p_{cm}}{\partial x}\right) - \frac{\partial}{\partial y}\left(\lambda_{wmx}\frac{\partial p_{cm}}{\partial y}\right) = M_p\frac{\partial p_{gm}}{\partial t} \quad (7.41)$$

首先进行单元分析。针对求解域的每个面积为 A 的三角形单元(e),气相压力的解为

$$\begin{cases} p_{gm} = \sum_{l=i}^{k} N_l p_{gl} & (l=i,j,k) \\ p_{cm} = \sum_{l=1}^{k} N_l p_{cl} & (l=i,j,k) \end{cases} \quad (7.42)$$

式中 N_l($l=i,j,k$)——单元基函数。

根据有限元理论,单元基函数形式为

$$N_l = \frac{1}{2A}(a_l + b_l x + c_l y) \quad (l=i,j,k) \quad (7.43)$$

且

$$\begin{cases} a_i = y_j - y_k; & b_i = x_k - x_j; & c_i = x_j y_k - x_k y_j \\ a_j = y_k - y_i; & b_j = x_i - x_k; & c_j = x_k y_i - x_i y_k \\ a_k = y_i - y_j; & b_k = x_j - x_i; & c_k = x_i y_j - x_j y_i \end{cases} \quad (7.44)$$

单元内各节点坐标满足

$$\begin{cases} x = \sum_{l=i}^{k} N_l x_l \\ y = \sum_{l=i}^{k} N_l y_l \end{cases} \quad (7.45)$$

采用 Galerkin 有限元法对气相压力方程(7.41)进行积分,得到其等效积分形式如下:

$$\iint_{\Omega_m} N_l \left[M\frac{\partial}{\partial x}\left(\lambda_{gmx}\frac{\partial p_{gm}}{\partial x}\right) + M\frac{\partial}{\partial y}\left(\lambda_{gmy}\frac{\partial p_{gm}}{\partial y}\right) + \frac{\partial}{\partial x}\left(\lambda_{wmx}\frac{\partial p_{gm}}{\partial x}\right) + \frac{\partial}{\partial y}\left(\lambda_{wmx}\frac{\partial p_{gm}}{\partial y}\right) \right.$$
$$\left. -\frac{\partial}{\partial x}\left(\lambda_{wmx}\frac{\partial p_{cm}}{\partial x}\right) - \frac{\partial}{\partial y}\left(\lambda_{wmx}\frac{\partial p_{cm}}{\partial y}\right) \right] d\Omega_m = \iint_{\Omega_m} N_l M_p \frac{\partial p_{gm}}{\partial t} d\Omega_m \quad (7.46)$$

为得到气相压力方程的 Galerkin 等效积分弱形式,对式(7.46)左端的前两项进行分部积分,并通过 Green-Gauss 公式变形可得

$$\iint_{\Omega_m} N_l \left[M \frac{\partial}{\partial x} \left(\lambda_{gmx} \frac{\partial p_{gm}}{\partial x} \right) + M \frac{\partial}{\partial y} \left(\lambda_{gmy} \frac{\partial p_{gm}}{\partial y} \right) \right] d\Omega_m$$

$$= -\left(\iint_{\Omega_m} \frac{\partial N_l}{\partial x} \lambda_{gmx} M \frac{\partial p_{gm}}{\partial x} + \frac{\partial N_l}{\partial y} \lambda_{gmx} M \frac{\partial p_{gm}}{\partial y} \right) d\Omega_m + \oint_\Gamma N_l M \frac{\partial p_{gm}}{\partial \boldsymbol{n}} d\Gamma$$

$$= -\left(\iint_{\Omega_m} \frac{\partial N_l}{\partial x} \lambda_{gmx} M \frac{\partial p_{gm}}{\partial x} + \frac{\partial N_l}{\partial y} \lambda_{gmx} M \frac{\partial p_{gm}}{\partial y} \right) d\Omega_m + \oint_\Gamma N_l v d\Gamma \quad (7.47)$$

式中 Γ——单元 e 的区域边界；

v——外边界上的流速。

式（7.47）右端第二项为沿单元边界的环路积分。

对于内部单元，式（7.47）中线积分为零，则将式（7.42）至式（7.45）代入式（7.47）后可写成如下的矩阵形式：

$$\iint_{\Omega_w} N_l \left[M \frac{\partial}{\partial x} \left(\lambda_{gmx} \frac{\partial p_{gm}}{\partial x} \right) + M \frac{\partial}{\partial y} \left(\lambda_{gmy} \frac{\partial p_{gm}}{\partial y} \right) \right] d\Omega_m$$

$$= -\iint_{\Omega_m} \begin{pmatrix} \dfrac{\partial N_i}{\partial x} & \dfrac{\partial N_i}{\partial y} \\ \dfrac{\partial N_j}{\partial x} & \dfrac{\partial N_j}{\partial y} \\ \dfrac{\partial N_k}{\partial x} & \dfrac{\partial N_k}{\partial y} \end{pmatrix} \begin{pmatrix} M\lambda_{gmx} & 0 \\ 0 & M\lambda_{gmy} \end{pmatrix} \begin{pmatrix} \dfrac{\partial p_{gm}}{\partial x} \\ \dfrac{\partial p_{gm}}{\partial y} \end{pmatrix} d\Omega_m$$

$$= -\iint_{\Omega_m} \begin{pmatrix} \dfrac{\partial N_i}{\partial x} & \dfrac{\partial N_i}{\partial y} \\ \dfrac{\partial N_j}{\partial x} & \dfrac{\partial N_j}{\partial y} \\ \dfrac{\partial N_k}{\partial x} & \dfrac{\partial N_k}{\partial y} \end{pmatrix} \begin{pmatrix} M\lambda_{gmx} & 0 \\ 0 & M\lambda_{gmy} \end{pmatrix} \begin{pmatrix} \dfrac{\partial N_i}{\partial x} & \dfrac{\partial N_j}{\partial x} & \dfrac{\partial N_k}{\partial x} \\ \dfrac{\partial N_i}{\partial y} & \dfrac{\partial N_j}{\partial y} & \dfrac{\partial N_k}{\partial y} \end{pmatrix} \begin{pmatrix} p_{gmi} \\ p_{gmj} \\ p_{gmk} \end{pmatrix} d\Omega_m$$

$$= -\left(\iint_{\Omega_m} \boldsymbol{B}^T \boldsymbol{T}_{pl} \boldsymbol{B} d\Omega_m \right) \cdot \boldsymbol{P}_{gm} \quad (7.48)$$

其中

$$\boldsymbol{B} = \begin{pmatrix} \dfrac{\partial N_i}{\partial x} & \dfrac{\partial N_j}{\partial x} & \dfrac{\partial N_k}{\partial x} \\ \dfrac{\partial N_i}{\partial y} & \dfrac{\partial N_j}{\partial y} & \dfrac{\partial N_k}{\partial y} \end{pmatrix} \quad (7.49)$$

$$\boldsymbol{T}_{gm} = \begin{pmatrix} M\lambda_{gmx} & 0 \\ 0 & M\lambda_{gmy} \end{pmatrix} \quad (7.50)$$

单元节点压力向量为

$$\boldsymbol{P}_{\mathrm{gm}} = \begin{pmatrix} p_{\mathrm{gm}i} \\ p_{\mathrm{gm}j} \\ p_{\mathrm{gm}k} \end{pmatrix} \tag{7.51}$$

类似地,式(7.46)左端的第三项和第四项可以整理为

$$\iint_{\Omega_{\mathrm{m}}} N_l \left[\frac{\partial}{\partial x}\left(\lambda_{\mathrm{wm}x} \frac{\partial p_{\mathrm{gm}}}{\partial x} \right) + \frac{\partial}{\partial y}\left(\lambda_{\mathrm{wm}y} \frac{\partial p_{\mathrm{gm}}}{\partial y} \right) \right] \mathrm{d}\Omega_{\mathrm{m}}$$

$$= -\iint_{\Omega_{\mathrm{m}}} \begin{bmatrix} \frac{\partial N_i}{\partial x} & \frac{\partial N_i}{\partial y} \\ \frac{\partial N_j}{\partial x} & \frac{\partial N_j}{\partial y} \\ \frac{\partial N_k}{\partial x} & \frac{\partial N_k}{\partial y} \end{bmatrix} \begin{pmatrix} \lambda_{\mathrm{wm}x} & 0 \\ 0 & \lambda_{\mathrm{wm}y} \end{pmatrix} \begin{pmatrix} \frac{\partial N_i}{\partial x} & \frac{\partial N_j}{\partial x} & \frac{\partial N_k}{\partial x} \\ \frac{\partial N_i}{\partial y} & \frac{\partial N_j}{\partial y} & \frac{\partial N_k}{\partial y} \end{pmatrix} \begin{pmatrix} p_{\mathrm{gm}i} \\ p_{\mathrm{gm}j} \\ p_{\mathrm{gm}k} \end{pmatrix} \mathrm{d}\Omega_{\mathrm{m}}$$

$$= -\left(\iint_{\Omega_{\mathrm{m}}} \boldsymbol{B}^{\mathrm{T}} \boldsymbol{T}_{\mathrm{p}2} \boldsymbol{B} \mathrm{d}\Omega_{\mathrm{m}} \right) \cdot \boldsymbol{P}_{\mathrm{gm}} \tag{7.52}$$

其中

$$\boldsymbol{T}_{\mathrm{wm}} = \begin{pmatrix} \lambda_{\mathrm{wm}x} & 0 \\ 0 & \lambda_{\mathrm{wm}y} \end{pmatrix}$$

同样地,式(7.46)左端的第五项和第六项可以写成

$$-\iint_{\Omega_{\mathrm{m}}} N_l \left[\frac{\partial}{\partial x}\left(\lambda_{\mathrm{wm}x} \frac{\partial p_{\mathrm{cm}}}{\partial x} \right) + \frac{\partial}{\partial y}\left(\lambda_{\mathrm{wm}y} \frac{\partial p_{\mathrm{cm}}}{\partial y} \right) \right] \mathrm{d}\Omega_{\mathrm{m}}$$

$$= \iint_{\Omega_{\mathrm{m}}} \begin{pmatrix} \frac{\partial N_i}{\partial x} & \frac{\partial N_i}{\partial y} \\ \frac{\partial N_j}{\partial x} & \frac{\partial N_j}{\partial y} \\ \frac{\partial N_k}{\partial x} & \frac{\partial N_k}{\partial y} \end{pmatrix} \begin{pmatrix} \lambda_{\mathrm{wa}x} & 0 \\ 0 & \lambda_{\mathrm{wm}y} \end{pmatrix} \begin{pmatrix} \frac{\partial N_i}{\partial x} & \frac{\partial N_j}{\partial x} & \frac{\partial N_k}{\partial x} \\ \frac{\partial N_i}{\partial y} & \frac{\partial N_j}{\partial y} & \frac{\partial N_k}{\partial y} \end{pmatrix} \begin{pmatrix} p_{\mathrm{cm}i} \\ p_{\mathrm{cm}j} \\ p_{\mathrm{cm}k} \end{pmatrix} \mathrm{d}\Omega_{\mathrm{m}}$$

$$= \left(\iint_{\Omega_{\mathrm{m}}} \boldsymbol{B}^{\mathrm{T}} \boldsymbol{T}_{\mathrm{w}} \boldsymbol{B} \mathrm{d}\Omega_{\mathrm{m}} \right) \cdot \boldsymbol{P}_{\mathrm{cm}} \tag{7.53}$$

单元节点毛管压力为

$$\boldsymbol{P}_{\mathrm{cm}} = \begin{pmatrix} p_{\mathrm{cm}i} \\ p_{\mathrm{cm}j} \\ p_{\mathrm{cm}k} \end{pmatrix} \tag{7.54}$$

式(7.46)右端变为

$$\iint_{\varOmega_\mathrm{m}} N_l M_\mathrm{p} \frac{\partial p_\mathrm{gm}}{\partial t} \mathrm{d}s = \iint_{\varOmega_\mathrm{m}} N_l M_\mathrm{p} \begin{bmatrix} N_i & N_j & N_k \end{bmatrix} \begin{pmatrix} \dfrac{\partial p_{\mathrm{gm}i}}{\partial t} \\ \dfrac{\partial p_{\mathrm{gm}j}}{\partial t} \\ \dfrac{\partial p_{\mathrm{gm}k}}{\partial t} \end{pmatrix} \mathrm{d}\varOmega_\mathrm{m} = \left(\iint_{e_\mathrm{m}} M_\mathrm{p} \boldsymbol{N}^\mathrm{T} \boldsymbol{N} \mathrm{d}\varOmega_\mathrm{m} \right) \frac{\partial p_\mathrm{gm}}{\partial t}$$

（7.55）

其中 $$\boldsymbol{N} = \begin{bmatrix} N_i & N_j & N_k \end{bmatrix}$$

对于边界单元，至少有一个边 ij 处于边界上。由于考虑储层为封闭外边界，所以此处可以把上述线积分处理为 $[0, 0, 0]^\mathrm{T}$ 向量。

综上，对于任意三角形单元（e），整理后的式（7.46）为

$$\iint_{\varOmega_\mathrm{m}} \boldsymbol{B}^\mathrm{T}\left(\boldsymbol{T}_\mathrm{gm}+\boldsymbol{T}_\mathrm{wm}\right)\boldsymbol{B}\mathrm{d}\varOmega_\mathrm{m} \cdot \boldsymbol{P}_\mathrm{gm} + \iint_{\varOmega_\mathrm{m}} M_\mathrm{p} \boldsymbol{N}^\mathrm{T}\boldsymbol{N}\mathrm{d}\varOmega_\mathrm{m} \frac{\partial \boldsymbol{P}_\mathrm{gm}}{\partial t} = \iint_{\varOmega_\mathrm{m}} \boldsymbol{B}^\mathrm{T}\boldsymbol{T}_\mathrm{wm}\boldsymbol{B}\mathrm{d}\varOmega_\mathrm{m} \cdot \boldsymbol{P}_\mathrm{cm} \quad (7.56)$$

令 $$\boldsymbol{K}_{ep} = \iint_{\varOmega_\mathrm{m}} \boldsymbol{B}^\mathrm{T}\left(\boldsymbol{T}_\mathrm{gm}+\boldsymbol{T}_\mathrm{wm}\right)\boldsymbol{B}\mathrm{d}\varOmega_\mathrm{m}, \boldsymbol{C}_{ep} = \iint_{\varOmega_\mathrm{m}} M_\mathrm{p} \boldsymbol{N}^\mathrm{T}\boldsymbol{N}\mathrm{d}\varOmega_\mathrm{m}, \boldsymbol{F}_{ep} = \iint_{\varOmega_\mathrm{m}} \boldsymbol{B}^\mathrm{T}\boldsymbol{T}_\mathrm{wm}\boldsymbol{B}\mathrm{d}\varOmega_\mathrm{m} \cdot \boldsymbol{P}_\mathrm{cm}$$

则可得到气相压力方程的有限元单元平衡方程：

$$\boldsymbol{K}_{ep}\boldsymbol{P}_\mathrm{gme} + \boldsymbol{C}_{ep}\frac{\partial \boldsymbol{P}_\mathrm{gme}}{\partial t} = \boldsymbol{F}_{ep} \quad (7.57)$$

通过 $\boldsymbol{K}_\mathrm{p} = \sum \boldsymbol{K}_{ep}$，$\boldsymbol{C}_\mathrm{p} = \sum \boldsymbol{C}_{ep}$，$\boldsymbol{F}_\mathrm{p} = \sum \boldsymbol{F}_{ep}$ 对各个单元的有限元平衡方程的系数矩阵进行组装，得到有限元总体平衡方程如下：

$$\boldsymbol{K}_\mathrm{p}\boldsymbol{P}_\mathrm{gm} + \boldsymbol{C}_\mathrm{p}\frac{\partial \boldsymbol{P}_\mathrm{gm}}{\partial t} = \boldsymbol{F}_\mathrm{p} \quad (7.58)$$

由于定解问题为非稳态问题，对时间项采用向后差分的全隐式格式，其具体形式如下：

$$\frac{\partial \boldsymbol{P}_\mathrm{gm}}{\partial t} = \frac{\boldsymbol{P}_\mathrm{gm}^{(n+1)} - \boldsymbol{P}_\mathrm{gm}^{n}}{\Delta t} \quad (7.59)$$

综上，气相压力微分方程的 Galerkin "弱"形式有限元矩阵平衡方程为

$$\boldsymbol{K}_\mathrm{p}\boldsymbol{P}_\mathrm{gm}^{(n+1)} + \boldsymbol{C}_\mathrm{p}\frac{\boldsymbol{P}_\mathrm{gm}^{(n+1)} - \boldsymbol{P}_\mathrm{gm}^{n}}{\Delta t} - \boldsymbol{F}_\mathrm{p} = 0 \quad (7.60)$$

对于裂缝系统，需要对裂缝进行"降维"处理。在模型中，裂缝单元实际上就是基质三角形单元的一条边，二者节点完全重合。在局部坐标系下，构建裂缝系统中气相压力方程的 Galerkin "弱"形式：

$$\iint_{\Omega_{f}} N_{l}\left[M\frac{\partial}{\partial l}\left(\lambda_{\mathrm{gf}}\frac{\partial p_{\mathrm{gf}}}{\partial l}\right)+\frac{\partial}{\partial l}\left(\lambda_{\mathrm{wf}}\frac{\partial p_{\mathrm{gf}}}{\partial l}\right)\right]\mathrm{d}\Omega_{f}=\iint_{\Omega_{f}} N_{l} M_{\mathrm{p}}\frac{\partial p_{\mathrm{gf}}}{\partial t}\mathrm{d}\Omega_{f} \quad (7.61)$$

同样首先进行单元分析，取裂缝单元气相压力试探解为

$$p_{\mathrm{gf}}=\frac{x_{j}-x}{\Delta l}p_{\mathrm{gf}}+\frac{x-x_{i}}{\Delta l}p_{\mathrm{gf}}=N_{i}p_{\mathrm{gf}i}+N_{j}p_{\mathrm{g}j}=\begin{bmatrix} N_{i} & N_{j} \end{bmatrix}\begin{Bmatrix} p_{\mathrm{gf}} \\ p_{\mathrm{gf}} \end{Bmatrix} \quad (7.62)$$

由式（7.62）可推得如下关系：

$$\frac{\partial p_{\mathrm{gf}}}{\partial l}=\left[\frac{\partial N_{l}}{\partial l}\right]\{p_{\mathrm{gf}}\}=\left[-\frac{1}{\Delta l}\ \frac{1}{\Delta l}\right]\begin{bmatrix} p_{\mathrm{gf}i} \\ p_{\mathrm{gf}j} \end{bmatrix} \quad (7.63)$$

根据 Green-Gauss 公式，省略边界影响项的处理，式（7.61）的左端可变化为：

$$\begin{aligned}
&\iint_{\Omega_{f}} N_{l}\left[M\frac{\partial}{\partial l}\left(\lambda_{\mathrm{gf}}\frac{\partial p_{\mathrm{gf}}}{\partial l}\right)+\frac{\partial}{\partial l}\left(\lambda_{\mathrm{wf}}\frac{\partial p_{\mathrm{gf}}}{\partial l}\right)\right]\mathrm{d}\Omega_{f}\\
&=\lambda_{\mathrm{tf}}\iint_{e_{l}}\frac{\partial N_{l}}{\partial l}\frac{\partial p_{\mathrm{gf}}}{\partial l}\mathrm{d}\Omega_{f}\\
&=w_{\mathrm{f}}\times\Delta l\times\lambda_{\mathrm{tf}}\times\boldsymbol{N}^{\mathrm{T}}\boldsymbol{N}\cdot\boldsymbol{P}_{\mathrm{gf}}
\end{aligned} \quad (7.64)$$

其中 $\quad \lambda_{\mathrm{tf}}=M\lambda_{\mathrm{gf}}+\lambda_{\mathrm{wf}},\quad N=\left[-\frac{1}{\Delta l}\ \frac{1}{\Delta l}\right]$

式中　w_{f}——裂缝宽度，m；

　　　Δl——裂缝单元长度，m。

式（7.61）的右端项可变化为

$$\iint_{\Omega_{f}} N_{l} M_{\mathrm{p}}\frac{\partial p_{\mathrm{gf}}}{\partial t}\mathrm{d}\Omega_{f}=\iint_{\Omega_{f}} N_{l} M_{\mathrm{p}}\begin{bmatrix} N_{i} & N_{j} \end{bmatrix}\begin{pmatrix}\frac{\partial p_{\mathrm{g}1}}{\partial t}\\ \frac{\partial p_{\mathrm{g}2}}{\partial t}\end{pmatrix}\mathrm{d}\Omega_{f}=\left(\iint_{\Omega_{f}} M_{\mathrm{p}}\boldsymbol{N}^{\mathrm{T}}\boldsymbol{N}\mathrm{d}\Omega_{f}\right)\frac{\partial p_{\mathrm{g}}}{\partial t} \quad (7.65)$$

根据裂缝网络理论，对包含裂缝系统的控制体区域，其等效积分弱形式可以表示为

$$\int_{\Omega} PDEs\mathrm{d}\Omega=\int_{\Omega_{\mathrm{m}}} PDEs\mathrm{d}\Omega_{\mathrm{m}}+w_{\mathrm{f}}\times\int_{\Omega_{f}} PDEs\mathrm{d}\Omega_{f} \quad (7.66)$$

式中　$PDEs$——控制方程。

根据式（7.66）可以将裂缝系统的平衡矩阵叠加到基岩系统平衡矩阵式上，形成总体平衡方程，二者矩阵组装的过程可通过图 7.3 来描述。由此，可得到耦合基质系统和裂缝系统中流体流动的有限元总体平衡方程：

$$\boldsymbol{KP}^{(n+1)}+\boldsymbol{C}\frac{\boldsymbol{P}^{(n+1)}-\boldsymbol{P}^{(n)}}{\Delta t}-\boldsymbol{F}=0 \quad (7.67)$$

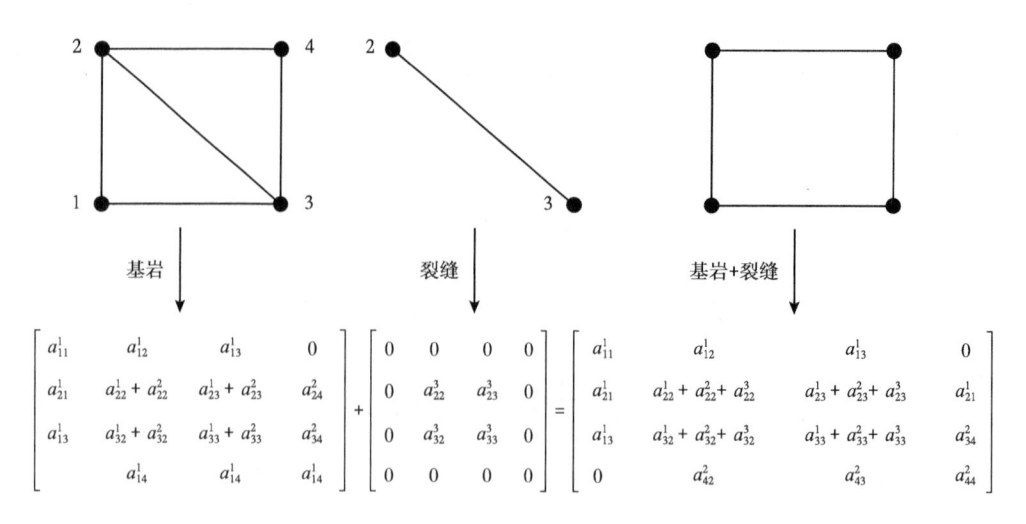

图 7.3　有限元基质和裂缝系数矩阵组装示意图

2）水相方程有限元—有限体积离散

有限元法和有限体积法最大的不同之处在于，有限元法只能满足整体守恒，而有限体积法可以很好地保证局部质量守恒及整体质量守恒。在处理对流占优的对流扩散问题时，有限元法易出现数值振荡，导致计算结果出现较大偏差；而有限体积法则能充分利用其局部守恒的特性解决这种数值不稳定的问题，在计算饱和度方程方面表现出了绝对优势。采用有限元—有限体积混合的方法推导饱和度方程的离散格式，即在采用有限体积法处理饱和度方程中的对流项时，充分借鉴有限元"分块逼近，整体求解"的思想来计算节点流量，以此对传统有限体积法进行优化，从而得到饱和度方程的解。

对任意特征单元（e），除定义压力试探解和基函数外，水相饱和度的特征试探解满足下述关系：

$$S_{wm} = \sum_{l=i}^{k} N_l S_{wml} \tag{7.68}$$

对于水相饱和度控制方程式（7.34）中的左端第一项，采用有限体积法进行处理。通过 Green-Gauss 公式，将体积分转化为沿边界的线积分：

$$\iint_{\Omega_w} \nabla\left(\lambda_{gm} \nabla p_{gm}\right) d\Omega_m = \int_{\Gamma} \lambda_{gm} \nabla p_{gm} \boldsymbol{n} d\Gamma \tag{7.69}$$

根据有限体积法求解思想，流进单元节点 i 的流量可以通过流进该节点周围控制体边界的流量来计算，具体而言，就是将节点所在控制体积内部的流量变化转化成边界法向上流体流入、流出的流量之和。

得到 i 节点所在控制体在三角形内部边界上的流量之和为

$$f_i = T_{ij}\left(p_{emj} - p_{gmi}\right) + T_{ik}\left(p_{gmk} - p_{gmi}\right) \quad (i \neq j \neq k) \tag{7.70}$$

式中　T_{ij}、T_{ik}——传导率。

类似地,单元 e 内其他节点控制体在三角形内部边界上的流量之和也可以求得:

$$f_i = \sum_{l=j,k} T_{il} \left(p_{gml} - p_{gmi} \right) \tag{7.71}$$

其中

$$\begin{aligned}
T_{il} &= |A| \overline{\lambda_{gn}} \cdot \nabla N_i \cdot \nabla N_l \\
&= |A| \left[\left(\lambda_{gm}, 0 \right), \left(0, \lambda_{gmy} \right) \right] \cdot \left(\frac{\partial N_i}{\partial x}, \frac{\partial N_i}{\partial y} \right) \cdot \left(\frac{\partial N_l}{\partial x}, \frac{\partial N_l}{\partial y} \right) \\
&= |A| \left(\lambda_{gmx} \frac{\partial N_i}{\partial x} \frac{\partial N_l}{\partial x} + \lambda_{gmy} \frac{\partial N_i}{\partial y} \frac{\partial N_l}{\partial y} \right) \\
&= \frac{1}{4|A|} \left(\lambda_{gmx} b_l b_i + \lambda_{gm} c_l c_i \right)
\end{aligned} \tag{7.72}$$

综上,可得到

$$\iint_{\Omega_m} \nabla \left(\lambda_{gm} \nabla p_{gm} \right) \mathrm{d}\Omega_m = \begin{pmatrix} -T_{ij} - T_{ik} & T_{ij} & T_{ik} \\ T_{ji} & -T_{ji} - T_{ik} & T_{jk} \\ T_{ki} & T_{kj} & -T_{ki} - T_{kj} \end{pmatrix} \begin{pmatrix} p_{gmi} \\ p_{gmj} \\ p_{gmk} \end{pmatrix} \tag{7.73}$$

采用上游加权法处理流度:

$$\begin{aligned}
f_{i,ac} = &-\lambda^{up} \left[K_x \left(y_c - y_a \right) \frac{\partial N_j}{\partial x} + K_y \left(x_a - x_c \right) \frac{\partial N_j}{\partial y} \right] \left(p_{gmj} - p_{gmi} \right) \\
&- \lambda^{up} \left[K_x \left(y_c - y_a \right) \frac{\partial N_k}{\partial x} + K_y \left(x_a - x_c \right) \frac{\partial N_k}{\partial y} \right] \left(p_{gmk} - p_{gmi} \right)
\end{aligned} \tag{7.74}$$

$$\lambda^{up} = \begin{cases} \lambda(m_i), & f_{i,ac} > 0 \\ \lambda(m_j), & f_{i,ac} < 0 \\ \lambda(m_i) = \lambda(m_j), & f_{i,ac} = 0 \end{cases}$$

采用调和平均方法处理绝对渗透率:

$$K = \frac{2K(i)K(j)}{K(i) + K(j)} \tag{7.75}$$

对于基岩系统水相饱和度微分方程(7.34)中的时间项,仍采用传统的有限元方法进行离散,得到

$$\iint_{\Omega_m} N_l \left[-C_{gl} \frac{\partial S_{wm}}{\partial t} + C_{g2} \frac{\partial p_{gm}}{\partial t} \right] \mathrm{d}\Omega_m = \left(-\iint_{\Omega_m} C_{gl} \boldsymbol{N}^T \boldsymbol{N} \mathrm{d}\Omega_m \right) \frac{\partial S_{wm}}{\partial t} + \left(\iint_{\Omega_m} C_g \boldsymbol{N}^T \boldsymbol{N} \mathrm{d}\Omega_m \right) \frac{\partial p_{gm}}{\partial t} \tag{7.76}$$

对于边界节点,仍采用有限元方法进行离散处理:

$$\iint_{\Omega_{\mathrm{m}}} N_t \nabla \left(\lambda_{\mathrm{em}} \nabla p_{\mathrm{gm}} \right) \mathrm{d}\Omega_{\mathrm{m}} = -\iint_{\Omega_{\mathrm{m}}} \nabla N_l \left(\lambda_{\mathrm{gm}} \nabla p_{\mathrm{gm}} \right) \mathrm{d}\Omega_{\mathrm{m}} + \oint_{\Gamma} N_l \frac{\partial p_{\mathrm{gm}}}{\partial n} \mathrm{d}\Gamma \qquad (7.77)$$

同样，对于裂缝系统，通过降维处理为一维线单元，将裂缝单元气相压力试探解代入到对应的对流项中可以得到

$$\begin{aligned}
\iint_{\Omega_{\mathrm{f}}} \frac{\partial}{\partial l}\left(\lambda_{\mathrm{gf}} \frac{\partial p_{\mathrm{gf}}}{\partial l} \right) \mathrm{d}\Omega_{\mathrm{f}} &= \int_{\Gamma} \lambda_{\mathrm{gf}} \nabla p_{\mathrm{gf}} \overline{n} \mathrm{d}\Gamma \\
&= w_{\mathrm{f}} \times K_{\mathrm{f}} \times \lambda_{\mathrm{g}}^{\mathrm{f}}\left(S_{\mathrm{m}}^{\mathrm{f,up}} \right) \frac{\partial p_{\mathrm{gf}}}{\partial l} \\
&= w_{\mathrm{f}} \times K_{\mathrm{f}} \times \lambda_{\mathrm{g}}^{\mathrm{f}}\left(S_{\mathrm{m}}^{\mathrm{f,up}} \right) \frac{p_{\mathrm{gf}j} - p_{\mathrm{gf}i}}{l}
\end{aligned} \qquad (7.78)$$

对相对渗透率采用上游加权迎风格式，根据压力大小进行上下游判断：

$$\lambda^{\mathrm{up}} = \begin{cases} \lambda(m_i), & p_{\mathrm{gf}i} > p_{\mathrm{gf}j} \\ \lambda(m_j), & p_{\mathrm{gf}i} < p_{\mathrm{gf}j} \\ \lambda(m_i) = \lambda(m_j), & p_{\mathrm{gf}i} = p_{\mathrm{gf}j} \end{cases} \qquad (7.79)$$

针对时间影响项，推导其 Galerkin 等效积分弱形式有

$$\begin{aligned}
\iint_{\Omega_f} N_t \left(-C_{\mathrm{g}1} \frac{\mathrm{d}S_{\mathrm{wff}}}{\mathrm{d}S_{\mathrm{wm}}} \frac{\partial S_{\mathrm{wm}}}{\partial t} + C_{\mathrm{g}2} \frac{\partial p_{\mathrm{gf}}}{\partial t} \right) \mathrm{d}\Omega_{\mathrm{f}} \\
= \left(-\iint_{\Omega_{\mathrm{f}}} C_{\mathrm{g}1} \boldsymbol{N}_{\mathrm{f}}^{\mathrm{T}} \boldsymbol{N}_{\mathrm{f}} \mathrm{d}\Omega_{\mathrm{f}} \right) \frac{\partial S_{\mathrm{wm}}}{\partial t} + \left(\iint_{\Omega_{\mathrm{f}}} C_{\mathrm{g}2} \boldsymbol{N}_{\mathrm{f}}^{\mathrm{T}} \boldsymbol{N}_{\mathrm{f}} \mathrm{d}\Omega_{\mathrm{f}} \right) \frac{\partial p_{\mathrm{gf}}}{\partial t}
\end{aligned} \qquad (7.80)$$

通过整理，同样采用向后差分格式离散，可得到水相饱和度微分方程的总体矩阵形式如下：

$$\boldsymbol{K}_{\mathrm{s}} \boldsymbol{P}^{(n+1)} + \boldsymbol{C}_{\mathrm{s}} \frac{\boldsymbol{S}^{(n+1)} - \boldsymbol{S}^{(n)}}{\Delta t} - \boldsymbol{F}_{\mathrm{s}} = 0 \qquad (7.81)$$

3）气体物性计算

对于气体的流动来说，其性质受压力影响较大，不能直接把气体的压缩系数 C_{g}、黏度 μ_{g}、体积系数 B_{g} 和偏差因子 Z 等当作常数处理，需要通过相关经验公式对这些具有压力敏感性的参数进行计算，具体计算式如下：

计算 Z 和 C_{g}：

$$\begin{aligned}
Z = 1 &+ \left(A_1 + \frac{A_2}{T_{\mathrm{pr}}} + \frac{A_3}{T_{\mathrm{pr}}^3} \right) \rho_{\mathrm{pr}} + \left(A_4 + \frac{A_5}{T_{\mathrm{pr}}} \right) \rho_{\mathrm{pr}}^2 \\
&+ \frac{A_6}{T_{\mathrm{pr}}} \rho_{\mathrm{pr}}^5 + \left[\frac{A_7}{T_{\mathrm{pr}}^3} \left(1 + A_8 \rho_{\mathrm{pr}}^2 \right) \rho_{\mathrm{pr}}^2 \exp\left(-A_8 \rho_{\mathrm{pr}}^2 \right) \right]
\end{aligned} \qquad (7.82)$$

$$C_g = \frac{1}{p_{pc}} \left\{ \frac{1}{p_{pr}} - \frac{0.27}{Z^2 T_{pr}} \left[\frac{\left(\frac{\partial Z}{\partial \rho_{pr}}\right)_{T_{Fr}}}{1 + \frac{\rho_{pr}}{Z}\left(\frac{\partial Z}{\partial \rho_{pr}}\right)_{r_{Fr}}} \right] \right\} \quad (7.83)$$

$$\left(\frac{\partial Z}{\partial \rho_{pr}}\right)_{T_{pr}} = \left(A_1 + \frac{A_2}{T_{pr}} + \frac{A_3}{T_{pr}^3}\right) + 2\left(A_4 + \frac{A_5}{T_{pr}}\right)\rho_{pr} + \left(5A_6 \frac{\rho_{pr}^4}{T_{pr}}\right)$$

$$+ \left[\frac{2A_7 \rho_{pr}}{T_{pr}^3}\left(1 + A_8 \rho_{pr}^2 - A_8 \rho_{pr}^4\right)\exp\left(-A_8 \rho_{pr}^2\right)\right] \quad (7.84)$$

$$\rho_{pr} = \frac{0.27 p_{pr}}{Z T_{pr}} \quad (7.85)$$

式中　p_{pc}——临界压力；

　　　T_{pr}——气体拟温度；

　　　p_{pr}——气体拟压力；

　　　$A_1 \sim A_8$——系数。

有关临界压力及临界温度的计算公式为

$$\begin{cases} p_{pc} = 4.67 + 0.1\gamma_g - 0.26\gamma_g^2 \\ T_{pc} = 93.3 + 180.6\gamma_g - 6.9\gamma_g^2 \end{cases} \quad (7.86)$$

$$\begin{cases} A_1 = 0.3150623; A_2 = -1.0467099; A_3 = -0.57832729; \\ A_4 = 0.53530771; A_5 = -0.61232032; A_6 = -0.10488813; \\ A_7 = 0.68157001; A_8 = 0.68446549 \end{cases} \quad (7.87)$$

黏度 μ_g 用下式计算：

$$\mu_g = 10^{-4} K \exp\left(X \rho_g^Y\right) \quad (7.88)$$

其中

$$K = \frac{(9.4 + 0.02 M_g)(1.8T)^{1.5}}{209 + 19 M_g + 1.8T}$$

$$X = 3.5 + \frac{986}{1.8T} + 0.01 M_g \quad (7.89)$$

$$Y = 2.4 - 0.2X$$

气相体积系数为

$$B_g = \frac{V}{V_{sc}} = \frac{ZT}{p} \frac{p_{sc}}{T_{sc}} \quad (7.90)$$

式中　V——气体体积，m^3；
　　　C_g——压缩系数，MPa^{-1}；
　　　μ_g——气体黏度，$mPa \cdot s$；
　　　T——气藏温度，K；
　　　M_g——气体摩尔质量，kg/mol；
　　　ρ_g——气体密度，g/cm^3。

4）求解流程

致密气藏多级压裂水平井气水两渗流数值模型的主要求解流程为：建立网格尺寸属性，处理裂缝参数，定义基质属性，定义流体属性，建立井属性，整合属性建立模型，设置生产制度，设置初始条件，然后求解控制方程离散后的矩阵。根据致密气藏多级压裂水平井气水两相渗流数值模型的基本求解思路，模拟器计算机主程序流程见图7.4。

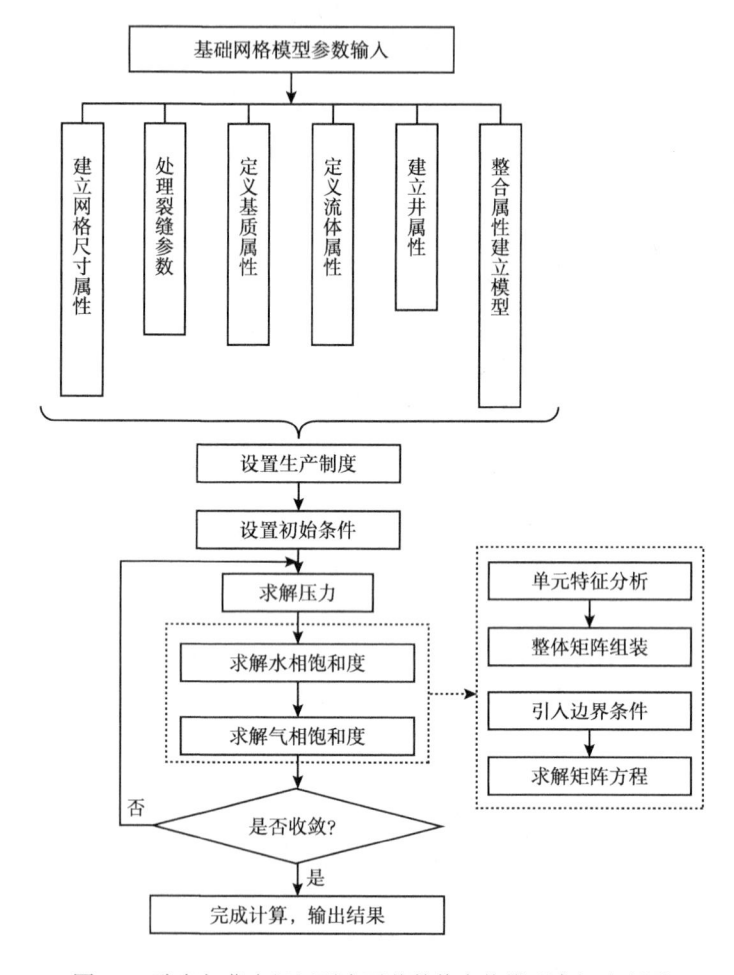

图7.4　致密气藏多级压裂水平井数值产能模型求解流程图

7.1.2　动态储量计算

动态储量是指在目前开发井网和开发模式下，压力波及范围内，参与渗流的地质储量，是设计生产制度、确定气井合理配产、预测生产动态以及预测最终累采的基础。对于致密气藏，由于储层的低孔低渗及强非均质性特征，不同方法计算出来的动态储量差异较大。目前，常用的气井动储量评价方法主要有压降法、弹性二相法、压力恢复法、流动物质平衡法、产量不稳定分析法等。前4种方法依赖压力测试资料，要求生产制度稳定。而基于不稳定试井理论的产量不稳定分析法对此要求较低，具有广泛的适应性，表现为不要求压力测试数据，还可考虑变压力、变产量情形；缺点是图版计算较为复杂，现场应用不够方便快捷。

当单井采出程度大于10%、关井恢复时间足够长时可以采用物质平衡法推算动态储量；如果生产时间短、采出量低、关井恢复时间短，则物质平衡法计算的动态储量偏低。但矿场实际应用中，物质平衡方法对初步评价单井动态储量、最终累采量，以及与井控地质储量进行比较等方面有一定的意义。

对到达递减阶段的生产历史数据进行分析和拟合，利用 Arps 递减曲线回归每口井的递减趋势，然后绘制累采气量和日产气量的关系曲线；延长趋势线，当产量为零时所对应的累积产量即为动态储量。

7.1.2.1 不稳定生产拟合法

不稳定生产拟合法又称高级递减分析法或试井分析方法，目前油气行业内比较常用的动态分析软件 Topaze 中内嵌了多种分析特征图版，这些特征图版既是传统产量递减法的改进方法，也整合了油气行业顶尖研究成果；它引入不稳定试井分析的基本思想，以渗流为基础理论，以气井生产动态的产量、流动压力等为基础数据，依托各种特征图版模型，进行压力历史和产量历史的拟合，主要分析图版包括 log-log 双对数曲线、Blasingame 曲线、Arps 曲线、Fetkovich 曲线和 FMB 流动物质平衡曲线等现代产量递减分析模型诊断图版（表7.1）。这些分析方法互相验证，可快速拟合计算储层物性参数、表皮系数、动态储量、压力波及的泄气半径及生产预测等。该方法也解决了生产井因工作制度频繁改变而导致动态储量评价难度大的问题。

表7.1 拟合图版适用条件对比表

拟合图版	适用条件
log-log	变产量、变压力；拟稳定流动阶段
Blasingame	变产量、变压力；拟稳定流动阶段
Arps	递减阶段；生产末期
Fetkovich	定压生产
FMB	拟稳定流动阶段；生产时间足够长
Normalized Rate-Cumulative	递减阶段；生产末期

7.1.2.2 利用叠加时间函数计算动态储量

基于叠加原理，引入变产量测试情形的时间叠加函数，利用常规生产数据对气井动态储量进行求解。叠加原理在试井中是指气藏中任一点的总压降等于气藏中每一口生产井在该点所产生压降的代数和。利用叠加原理，可将变产量单井看作多井系统问题处理，通过把整个生产过程划分为若干个时间段，且假定每一个时间段产量变化不大，再计算每一产量下的压力响应。叠加时间函数是一种简单实用的方法，优势就在于可以将变产量等效为恒产量，并且使数据相对光滑、不具有大的波动，增强计算的准确性。

以产量不稳定分析方法中气藏动态储量计算方法为基础，推导得到致密气井动态储量计算方法为

$$G = 5.6 \times 10^{-3} \frac{p_i S_{gi}}{z_i (\mu_g c_t)} \left(\frac{1}{\tilde{m}_{pss}} \right) \tag{7.91}$$

其中

$$\tilde{m}_{pss} = -\frac{1}{q_g} \times \frac{dm(\bar{p})}{dt} \tag{7.92}$$

式中 $\tilde{m}_{pss}$——产量归整化拟压力与生产时间的曲线斜率；
p_i——原始储层压力，MPa；
S_{gi}——原始含气饱和度，%；
z_i——偏差因子；
μ_g——气体黏度，mPa·s；
c_t——综合压缩系数，MPa^{-1}；
q_g——产气量，$10^4 m^3/d$；
t——任意时间，d。

若直接利用变产量 q_g 数据代入式（7.92），$\tilde{m}_{pss}$ 会随产量变化而不断变化，曲线波动越大，越难以确认曲线斜率。为了准确计算，引入叠加时间函数，将变产量处理为恒产量，平整曲线后，$\tilde{m}_{pss}$ 值不随 q_g 发生变化，可获得唯一直线斜率。式（7.92）中，$\tilde{m}_{pss}$ 变为产量归整化拟压力与叠加时间 t_s 的曲线斜率：

$$\tilde{m}_{pss} = -\frac{1}{q_g} \times \frac{dm(\bar{p})}{dt_s} \tag{7.93}$$

其中

$$t_s = \sum_{i=1}^{n} \frac{(q_i - q_{i-1})(t_n - t_{i-1})}{q_n} \tag{7.94}$$

将式（7.93）、式（7.94）代入式（7.91）中，即可得到简化的致密气藏气井动态储量计算方法。

7.1.3 出水及其影响

7.1.3.1 试气阶段产水来源判别

由于试气阶段产气产液时间较短，生产数据不足，可以粗略地根据试气返排率、不同类型水体的出水动态以及气水分布特征差异等方面，将地层产出水按成因大致分为三类，即返排液、外来层间水和原生地层水。

1）返排液

返排液为各生产井在投产之前进行压裂施工后，残留于地层中的部分压裂液及其他工

作液。试气时，在地层压差作用下，初期一般在气井投产测试后较短一段时间内往往工作液大量迅速产出，而随着返排率升高，产液量迅速下降。进一步随着试气时间的延续，地层中工作液逐渐返排完。工作液的矿化度一般比较低，多小于地层水原始矿化度。

2）外来层间水

外来层间水主要是指产自气藏外部其他层位的水，该类水体主要与断层和裂缝的沟通有关。由于外来层间水窜往往会造成气井大量出水，试气中常表现为初期在试气曲线上产水量稳定，一段时间后产水量突然上升，其总矿化度一般与原生地层水矿化度存在差异。

3）原生地层水

气藏中存在原生地层水，在生产压差作用下，原生地层水从储层流入井筒并最终产出。原生地层水又可分成边底水和层内水两类。

边底水分布在构造的低部位，产出边底水的气井试气层位靠近气水边界。此类水体在试气曲线上表现为大量、稳定产水，往往单井射孔试气日产水可达几十立方米。

层内水是在成藏过程中，气运移进入储层后，由于排水强度不够，而残留在气层中的地层水，其典型特征是含气饱和度较高。层内水生产时在试气曲线上日产水量比较稳定；由于储层物性差，在测井曲线上不存在明显水层信息；其总矿化度在20000~80000mg/L。

由于不同类型水体在地层水性质、矿化度、出水动态、测井解释以及气水分布特征等方面存在较大差异，故可以综合判别地层水来源。

7.1.3.2 生产阶段气井出水来源

在试气阶段判别的基础上，将层内水进一步细化为凝析水和封存水。

地层水存在于天然气中的部分，在地层条件下呈气相，随天然气流入井筒，由于热损失，温度沿井筒下降，变成液相。凝析水的最大特点是日产水量小，矿化度低，产水稳定，产水受生产制度的影响非常弱。

在储层岩石毛细孔隙及孔隙末端等处，常存有可动水和不可动水，该处的水称为封存水。可动水是指在一定压差下地层孔隙中可以流动的地层水，包括层内自由水和毛管水。在一定压差下地层孔隙中不能流动的地层水叫不可动水，也叫束缚水。

出水来源判别常用方法介绍如下。

1）产出水的氯离子及矿化度判别方法

对生产井的井型、层位进行划分，测定产出水样的矿化度及氯离子的含量，对产出水来源进行定性分析。凝析水通常会在凝析为液相时与地层中盐和地层水混合，从而具有一定的矿化度，但远远小于地层水矿化度，根据产出水样的测定，判断产出水的类型和来源，氯离子的浓度还可识别水侵的发生。此外，若气藏非均质性较强，水体连通性差，可能导致水性的变化非常大。气井压裂后，产出水的水性和工作液很接近，仅靠水性识别产水的来源比较困难，通常还要结合其他方法以及工作液的返排率综合判别水的来源。

2）生产水气比判别方法

对生产井的井型、层位进行划分，统计生产水气比警戒线及生产规律，对得到的数据进行归纳总结。一般的气藏在生产初期产水量小而且稳定，生产水气比小且低于一个上限值，通常这个阶段的产出水为地层内部的凝析水。一段时间以后，产水量以及水气比均具有上升趋势，岩石和束缚水的综合膨胀作用导致地层中的束缚水开始产出。对于有边底水的气藏，如果伴随着生产水气比、产水量上升，产气量、油压明显下降，说明此时水体可能已经侵入气藏，具体情况还要结合其他判别方法综合分析。

3）不稳定试井解释方法

基于地质研究成果，对不稳定试井资料进行精细解释，分析判断储层的物性、措施改造、边界特征等情况，同时总结出该区域的典型试井曲线特征，并分类讨论。对于试井曲线边界情况的分析，例如在压力恢复曲线中，如果在后期压力导数曲线表现为下掉的特征，说明气井可能存在于由边水、底水、断层或岩性尖灭所控制下的气藏内。通过曲线的拟合和试井解释结果可以大体得到边底水距离气井的距离，从而可以提前预知气井产水的来源。

综合上述方法，建立得到生产阶段气井出水来源判别流程图（图7.5）。

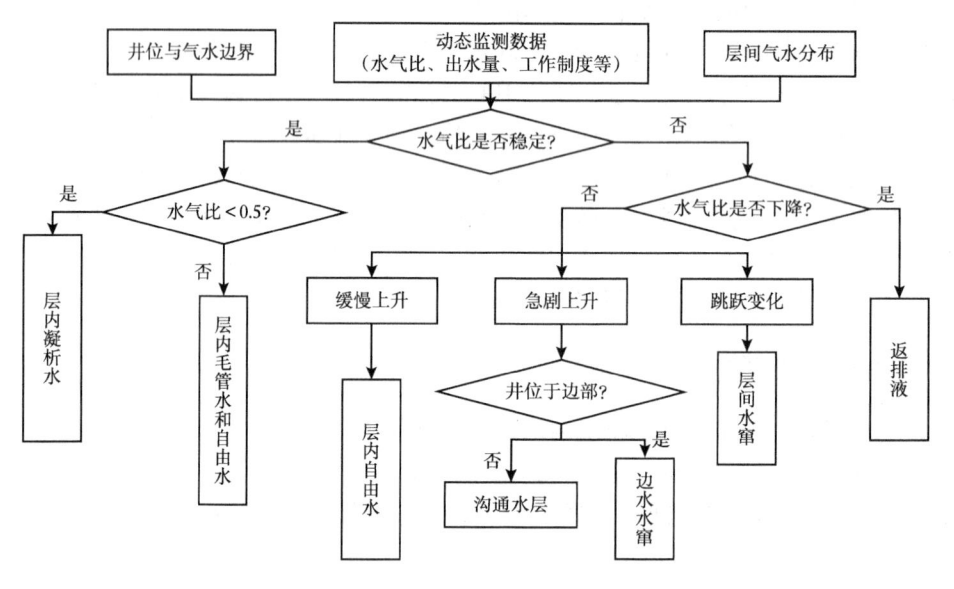

图7.5　生产井产水来源判别图

7.1.3.3　出水对生产的影响

气井一旦出水，储层渗流阻力和井筒流动阻力明显增大，将额外消耗储层能量，压力、产量下降快，影响气井稳产及最终采收率。

出水对单井产能的影响：通过对典型出水气井产能影响程度的评价进行表征。出水对气井产能的影响与含水程度有关，通常用水气比表示。随着水气比增加，气井产能越小，不同水气比产能影响程度不同。

出水对采收率的影响：依据出水气井产能评价理论，储层越致密，束缚水饱和度越高，对采收率的影响越明显。采收率随水气比增加而急剧降低。

7.2　页岩气藏动态分析

7.2.1　产能影响因素分析

页岩气井产能受很多因素影响，不仅受控于多种地质因素，同时与工程投入程度有很大关系，而工程投入量受页岩气开发投资规模控制。所以，可将影响页岩气井产能的因素划分为地质因素、工程因素及经济因素。地质因素是页岩气藏固有的、不可控的；工程因素和经济因素是可控的。工程指标的调控受地质因素及经济因素制约，地质因素和工程因素直接影响页岩气井产能。

7.2.1.1 地质因素

1）厚度

页岩储层总厚度越大，页岩气富集程度越高，越能保证页岩气藏有充足的储集空间和有机质，同时也越有利于页岩储层的压裂改造。优质页岩厚度是影响页岩气井产能的另一指标，一般指页岩储层总厚度中，总有机碳含量大于 2.0% 的那部分页岩厚度。

2）总有机碳含量

总有机碳含量（TOC）是控制页岩储层生烃能力的决定因素，是页岩储层有机孔发育的基础，同时也控制着页岩孔隙空间的大小。该因素还控制着页岩储层的吸附能力及游离气含量。另外，总有机碳含量对页岩储层天然裂缝的发育程度也有明显控制作用。

3）含气性

含气性是衡量一个地区页岩气资源量、储量及商业开采价值的关键指标。游离气与吸附气的比例对页岩气井产能有很大影响。

4）成熟度

随着页岩有机质成熟度（R_o）的升高，页岩储层的产气量增加，含气量便会随之增高，但过高的成熟度会导致页岩孔隙吸附能力下降，所以适中的成熟度对页岩气井产能最有利。同时，成熟度还控制着页岩气的气体组分构成，从而影响页岩气渗流。

5）基质孔渗特征

页岩储层孔隙类型很多，其中有机孔是页岩气赋存的最主要储集空间。基质孔隙度控制着页岩储层游离气含量，从而直接影响单井初期产量。页岩储层基质渗透率一般很低，但基质渗透率是控制页岩气由微纳米孔隙向人工缝网运移的关键因素，对单井产能有直接影响。

6）压力系数

页岩气藏的保存条件是影响最终产量的关键因素，而地层压力系数是评价页岩气藏保存条件的重要参数，超压可以指示页岩气藏构造稳定、保存条件良好。页岩储层内的压力越高，越有利于储层天然裂缝发育，也越有利于储层压裂改造。

7）天然裂缝

天然裂缝的发育程度是形成大规模体积缝网的关键因素，是评价页岩储层可压裂性的重要指标。页岩气生产实践证明，高产页岩气层段一般天然裂缝相对发育，但天然裂缝并不是越发育越好，因为天然裂缝大规模发育可导致页岩气散失，不利于页岩气保存。

8）脆性

页岩的脆性会直接影响页岩储层体积压裂的效果，脆性越高，页岩储层改造中越易形成诱导裂缝。岩石力学参数和脆性矿物含量是表征页岩脆性的两种主要方式。其中，脆性矿物含量还影响着页岩基质孔隙度、天然裂缝发育、有机质含量及含气性。

7.2.1.2 工程因素

1) 水平段长度与优质储层钻遇程度

一般页岩气井的水平段越长,采气面积越大,储量的控制和动用程度也就越高。但在一定技术水平下,水平井的长度不是越长越好,水平段越长,钻井施工难度越大,脆性页岩垮塌和破裂等复杂问题会更加突出。相比之下,优质储层钻遇程度对页岩气井产能的影响更加显著。

2) 压裂段数与射孔簇数

压裂段数与射孔簇数是控制人工缝网规模的关键参数。一般单井压裂段数及射孔簇数越多,页岩气单井产能倾向于越高。

3) 段间距与簇间距

段间距与簇间距是控制缝间干扰的主要因素,对体积缝网的形成具有重要影响,控制着起裂裂缝转向、天然裂缝沟通及裂缝复杂程度。

4) 压裂液规模

压裂液在储层体积压裂过程中起到传递能量、输送介质、铺置压裂支撑剂的作用,并可以使液体最大限度地破胶与返排,有利于形成高导流的支撑裂缝,从而会对单井产能产生很大影响。

5) 支撑剂规模

压裂液进入地层时,必须携带一定的支撑剂。这样可以避免新形成的裂缝在地层围压作用下重新闭合,影响储层改造的规模。

6) 施工排量与返排率

在高排量情况下,水力裂缝延展宽度降低较小,支撑剂所支撑的体积压裂规模较大,所以,提高压裂施工排量可以保证体积压裂的效果。返排率对页岩气开发的影响相对复杂,现场实践发现,返排率与单井初期产能呈负相关关系。

7.2.2 产量递减规律

中国页岩气储层地质条件比美国页岩气储层更复杂,我国在工程技术方面从最开始的跟跑、并跑到如今某些方面的领跑,特别是近年来在科技创新及人才培养方面持续投入的效果明显,页岩气产量增长趋势喜人。但就单井而言,在产量方面递减趋势仍比较明显,原因是多方面的,这也说明在生产中需要持续关注产量动态变化。

页岩气在页岩储层中流动所受到的阻力相比常规气藏要大得多,从而导致了页岩气井生产能力低或无自然生产能力,再加上其天然的超低渗超低孔特性,开采难度大,水平井技术和大型水力压裂是页岩气藏进行高效开发的关键技术。早期页岩气井产量主要来自游离气,初期产量较高,但产量很快降低并趋于稳定,稳定期气井产量主要来自基质孔隙里的吸附气,由于吸附气解吸气量有限,扩散速度缓慢,导致了稳产期产量普遍偏低[4]。

北美地区通常将气井压裂返排投产后前两个月的平均产量定义为初期产量,通过对美国页岩气井全生命周期剖析,美国页岩气产量总体变化规律是递减前期瞬时递减率很高,后期的瞬时递减率较低。后期低递减率对于气井的最终可采储量没有明显的贡献,合理地选择气井的废弃时间点,及时报废气井,可以节约生产成本。

美国页岩气井的开采历程具有典型的衰竭式开采特点（图7.6、表7.2），单井投产后产量在1~2年以内急剧下降（下降50%~80%），随着生产时间延长，产量继续缓慢减少，单井生产寿命一般在25年以上。美国页岩气单井峰值产量分布在27.52×10^4~$327.73\times10^4 m^3/d$，气井峰值产量低于$200\times10^4 m^3/d$的气井占78%。

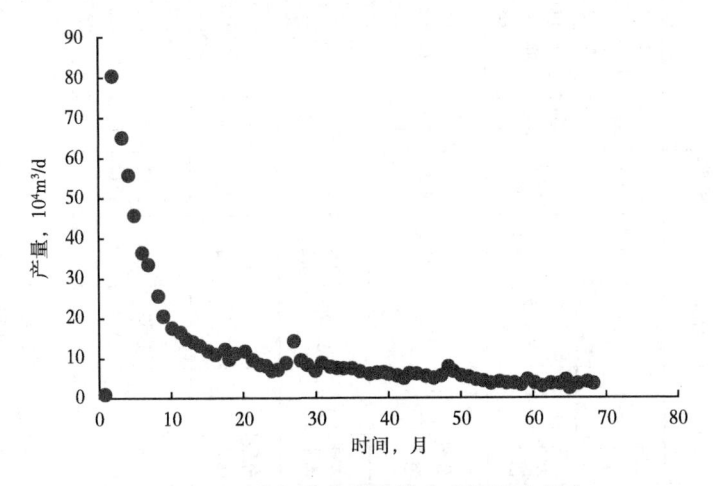

图7.6 页岩气井典型产量递减规律示意图

表7.2 中国和北美地区页岩气开发区块水平井产量年递减率对比表

区块	年递减率		
	1年	2年	3年
Barnett	58%	28%	19%
Eagle Ford	58%	31%	28%
Fayetteville	57%	33%	24%
Haynesville	59%	39%	30%
Woodford	47%	23%	17%
长宁	55%	38%	33%
威远	63%	46%	37%

中国页岩气开发与美国类似，也具有衰竭式开发的特点，一般单井平均初期产量为$6.0\times10^4 m^3/d$，生产周期20年。长宁、威远和昭通区块页岩气井初期测试产量分布范围在3.4×10^4~$35\times10^4 m^3/d$。综合国内外页岩气开采特点，页岩气产量一般自开始投产就进入了衰减期[5-7]。从国内外页岩气单井生产的典型模式来看，单井初始产能及产能递减规律在页岩气开发设计中需要重点关注，是把握页岩气生产动态的关键。

长宁区块自投产以来前3年气井平均初期产量呈线性递增，第5年较前一年略有下降，同期投产气井初期产量最大值和最小值波动较大，气井初期产量变化特征与Haynesville区块较接近；威远区块同期投产气井初期产量最大值和最小值波动较大；昭通区块历年投产井初期产量最大值波动较大，从而使平均初期产量呈现较大波动，2016—2018年投产井的平均初始产量均低于2015年（表7.3）。

表 7.3 中美典型页岩气区块地质工程数据表

页岩气产区	国家	发现时间	盆地	层位	面积 km²	深度 m	压力系数	有效厚度 m	总有机碳含量 %	含气量 m³/t	总孔隙度 %	黏土含量 %	成熟度 %	水平段长度 m	压裂方式	分段级数	单段液量 m³	排量 m³/min	砂浓度 kg/m³	压裂液类型	支撑剂类型	技术可采资源量 10¹²m³	水平井初期产量 10⁴m³
Marcellus	美国	2008	Appalachian	D	246049	1219~2591	1.57~1.58	15~61	3~12	1.70~2.83	10	20~35	1.7~2.8	1219.0~1676.0	分段清水	6-19	1590	12.7	300	降阻水、凝胶、胶冻	100目砂、40/70目砂、30/50目砂	7.42	11.6~19.8
Eagle Ford	美国		Western Mexico Gulf			1200~4200	1.35~1.80	20~90	2.0~6.0		6.0~14.0	15~25	1.0~1.6	1066.8~1371.6	分段清水	7-17	1987.5	5.6~15.9	120.0~180.0	降阻水、凝胶、胶冻	100目砂、40/70目砂、30/50目砂		14.2
Haynesville	美国	2007	Texas Louisiana Mississippi Salt	J	23310	3200~4115	1.60~2.10	61~91	0.5~4.0	2.83~9.34	8~9	25~35	1.3~2.2	1219.2~2317.0	分段清水	12~14	1590	11.1	120	降阻水、凝胶、胶冻	100目砂、40/70目ISP、30/50目ISP	7.11	14.0~70.0
Barnett	美国	1981	Fort Worth	C	12950	1981~2591	1.00~1.27	30~183	4.5	8.49~9.91	4~5	10~30	1.2~2.0	914.4~1524.0	分段清水	4~6	2718.9	11.1~12.7	68.4	降阻水、凝胶	100目砂、40/70目砂、30/50目砂	1.25	4.3~20.0
Woodford	美国	2003	Permian	D	28490	1829~3353		36~67	1~14	5.66~8.49	3~9			914.4~1524.0	分段清水	6~12	2703	11.1~14.3	120	降阻水、凝胶	100目砂、40/70目砂、30/50目CRP	0.32	7.7~23.5
威远	中国	2010	四川盆地	O-S	4216	1530~3500	1.10~1.50	18~30	1.1~8.4	1.9~4.8	3.3~7.0	30~63	2.1~2.8	1240~1600	分段清水	12~20	1783~1906	10.2~16	52.12~60.06	降阻水、胶液	98目粉陶、40/70目覆膜砂、30/50目覆膜砂	0.45	0.02~51.34
长宁—昭通	中国	2011	四川盆地	O-S	3980	2300~4000	1.25~2.10	32~44	1.9~8.4	2.4~5.5	3.4~8.4	35~45	2.5~3.0	978~1800	分段清水	8~23	1672~1952	7.7~14.8	27.75~64.15	降阻水、胶液	99目粉陶、40/70目覆膜砂、30/50目覆膜砂	0.48	0.12~62.59
涪陵	中国	2012	四川盆地	O-S	2304	2100~3500	1.35~1.55	38~60	2.1~6.3	4.7~7.2	3.7~7.8	33~50	2.2~3.0	108~2099	分段清水	13~26	1331.5~2178.4	10~14	20.23~40.36	降阻水、胶液	100目粉陶、40/70目覆膜砂、30/50目覆膜砂	0.4	5.81~54.7

7.2.3 产量递减分析

7.2.3.1 常规递减分析模型

目前页岩气压裂水平井常用的产量递减分析方法有 Arps 模型、幂律指数模型、扩展指数模型、Duong 模型以及修正的 Duong 模型等，各类模型都有其适用性[8]。

1）Arps 模型

Arps 模型递减指数介于 0~1 之间。而实际上应用于页岩气井时，虽然模型形式不变，但递减指数常常大于 1，称为广义 Arps 模型。广义 Arps 模型的适用条件为：页岩气井为定压生产（或接近定压生产），且流动达到了边界控制流。

很多页岩气井呈现出初期递减指数变化较快、后期趋于稳定的特征，可以用先双曲递减、后指数递减的分时间段的 Arps 模型来描述。分时间段的 Arps 模型尤其适用于呈现出初期递减指数变化较快、后期趋于稳定的页岩气井，适用条件为：页岩气井为定压生产（或接近定压生产），流动达到了边界控制流。

2）幂律指数模型

Ilk 等考虑页岩气井产量递减指数变化的特殊性，假设页岩气井线性流和双线性流动期间递减率与生产时间成幂律指数关系，提出了幂律指数模型：

$$q_t = q_i \exp\left(-D_\infty t - \frac{D_1}{n} t^n\right) \qquad (7.95)$$

式中　n——时间指数；
　　　D_∞——无穷时间对应的递减率，%；
　　　D_1——第一时间单位的递减率，%；
　　　q_t——与生产时间 t 对应的产量，m^3/d；
　　　q_i——初期最高产量，m^3/d；
　　　t——生产时间，d。

幂律指数模型的适用条件为：页岩气井为定压生产（或接近定压生产），页岩气井处于线性流、双线线性或边界控制流之前的过渡流期间。该模型考虑了页岩气产量递减指数随时间的变化，作为对常规指数递减模型的完善，与 Arps 模型相比适用性明显增强。但由于模型本身比较复杂，无法给出显式的累产量公式，因此在回归模型参数时难以同步拟合日产量和累产量。

3）扩展指数模型

该方法准确应用的前提条件是页岩气井为定压生产（或接近定压生产），出现了从非稳态流到稳态流的转折时间。日产量表达式如下：

$$q_t = q_i \exp\left(-\frac{t}{\tau}\right)^n \qquad (7.96)$$

式中　τ——模型中定义的特征松弛时间，d；
　　　n——时间指数。

4）Duong 模型

Duong 模型用于拟合线性流或双线性流占主导地位流动阶段的生产数据，得到产量递减规律，日产量、累积产量表达式如下：

$$q_t = q_i t^{-m} e^{\frac{a}{1-m}(t^{1-m}-1)} \qquad (7.97)$$

$$Q_t = \frac{q_i}{a} e^{\frac{a}{1-m}(t^{1-m}-1)} \qquad (7.98)$$

式中　a——模型定义的递减系数；
　　　m——模型定义的递减时间的幂函数指数；
　　　Q_t——累积产量。

常数 a 和 m 可通过式（7.99）中的 q_t/Q_t 和时间 t 的双对数关系回归计算：

$$\frac{q_t}{Q_t} = a t^{-m} \qquad (7.99)$$

式中　a、m——式（7.99）在双对数坐标中的斜率和截距。

Duong 模型的适用条件为：页岩气井为定压生产（或接近定压生产），线性流或双线性流占主导地位流动阶段的页岩气井。

5）修正的 Duong 模型

由于 Duong 模型适用于裂缝线性流或双线性流始终占绝对主导地位的情况，Duong 于 2014 年对该模型进行了修正，使其可以适用于页岩气井出现边界控制流之后的流动。修正的 Duong 模型先计算边界控制流开始时间，在边界控制流开始之前用原始的 Duong 模型，边界控制流开始之后应用 Arps 模型，所以修正的 Duong 模型实质上是个分段的组合模型。

修正的 Duong 模型适用条件为：页岩气井为定压生产（或接近定压生产）。

7.2.3.2　压裂水平井产量递减分析方法

在一系列产量递减分析方法中，Blasingame 产量递减分析方法因严格的物质平衡理论推导，同时具有考虑单井变产量和变流压的特点，已成为目前广泛应用的产量递减分析方法。

页岩气藏开发井大致分为两种类型的生产方式：定井底流压生产和变井底流压生产。不同生产方式的产量递减分析方法有所不同。基于页岩压裂水平井井底压力响应，结合 Duhamel 叠加原理求解定井底流压条件下的产量表达式，再引入考虑吸附/解吸的物质平衡拟时间则可求得变井底流压条件下的 Blasingame 产量递减图版[9]。

1）定井底流压产量递减分析方法

van Everdingen 和 Hurst 基于 Duhamel 叠加原理提出，定产条件下的无因次压力和定井底流压条件下的无因次产量有以下关系：

$$q_D = \frac{1}{s^2 \psi_{wD}} \qquad (7.100)$$

式中 q_D——无因次产量；
ψ_{wD}——无因次拟压力；
s——Laplace 变量。

根据无因次产量的定义，可得标准条件下气井产气量公式为

$$q_{sc} = \frac{\pi K_{fi} h T_{sc} \Delta \psi q_D}{p_{sc} T} \tag{7.101}$$

式中 q_{sc}——标准条件下气井产气量，m^3/s；
K_{fi}——天然裂缝系统原始渗透率，m^2；
h——储层有效厚度，m；
T_{sc}——标准状态温度，K；
T——温度，K；
p_{sc}——标准状态压力，Pa；
$\Delta\psi$——拟压力降。

2）变井底流压产量递减分析方法

与常规气藏相比，页岩气基质表面的吸附解吸作用使得常规气藏的物质平衡理论不再适用于页岩气藏，为此以下从物质平衡理论推导入手开展页岩气藏压裂水平井的 Blasingame 产量递减理论研究。

（1）物质平衡方程。

假设页岩气藏为干气气藏，考虑页岩气吸附解吸作用，那么页岩气藏物质平衡方程为

$$(G_f + G_m)B_{gi} = (G_f + G_m - G_p)B_g + \Delta V_d \tag{7.102}$$

其中

$$\Delta V_d = \frac{(G_f + G_m)B_{gi}}{\phi}\left(\frac{V_L p_i}{p_L + p_i} - \frac{V_L p}{p_L + p}\right) \tag{7.103}$$

式中 G_f——标况下储存在裂缝网络系统中的自由气体积，m^3；
G_m——标况下储存在基质系统中的自由气体积，m^3；
G_p——标况下的累积产气量，m^3；
B_{gi}——气体原始体积系数；
B_g——储层压力条件下气体体积系数；
ΔV_d——储层压力条件下由吸附/解吸作用引起的气体体积，m^3；
V_L——Langmiur 体积，m^3/m^3；
p_L——Langmiur 压力，MPa；
p_i——初始压力，MPa；
p——任意压力，MPa。

将式（7.103）代入式（7.102）得到

$$\frac{p}{Z}\left[1 - \frac{1}{\phi}\left(\frac{V_L p_i}{p_L + p_i} - \frac{V_L p}{p_L + p}\right)\right] = \left(1 - \frac{G_p}{G_f + G_m}\right)\frac{p_i}{Z_i} \tag{7.104}$$

式中 z_i——气体初始偏差系数；

z——任意压力或任意时刻对应的气体偏差系数。

定义 $G_t = G_f + G_m$ 和 $C_d = \dfrac{\Delta V_d}{G_f B_{gi}} = \dfrac{1}{\phi}\left(\dfrac{V_L p_i}{p_L + p_i} - \dfrac{V_L p}{p_L + p}\right)$，那么

$$\frac{p}{Z} = \left(1 - \frac{G_p}{G_t}\right) \frac{p_i}{Z_i} \frac{1}{1 - C_d} \tag{7.105}$$

将式（7.105）关于时间 t 求导数得

$$\frac{\partial p}{\partial t} = -\frac{q}{G_t} \frac{p_i}{Z_i} \frac{Z}{p} \frac{1}{C_g(1 - C_d) - \dfrac{\partial C_d}{\partial p}} \tag{7.106}$$

定义 $C_t = C_g(1 - C_d) - \dfrac{\partial C_d}{\partial p}$，则

$$\frac{\partial p}{\partial t} = -\frac{q}{C_t G_t} \frac{p_i}{Z_i} \frac{Z}{p} \tag{7.107}$$

页岩气藏考虑吸附/解吸作用地下储量可表示为

$$G = G_t + \frac{G_f B_{gi}}{\phi} \frac{V_L p_i}{p_L + p_i} \tag{7.108}$$

式（7.108）可改写为

$$G_t = G \frac{\phi(p_L + p_i)}{\phi(p_L + p_i) + B_{gi} V_L p_i} \tag{7.109}$$

定义 $\varepsilon = \dfrac{\phi(p_L + p_i)}{\phi(p_L + p_i) + B_{gi} V_L p_i}$，根据式（7.107），气体产量表达式为

$$q = -\frac{\varepsilon G G_t Z_i p}{p_i Z} \frac{\partial p}{\partial t} \tag{7.110}$$

定义物质平衡拟时间：

$$t_{ca} = \frac{\mu_{gi} C_{ti}}{q} \int_0^t \frac{q}{\mu_g C_t} \mathrm{d}t \tag{7.111}$$

规整化拟压力为

$$p_{pi} = \frac{\mu_{gi} Z_i}{p_i} \int_0^{p_i} \frac{p}{\mu_g Z} \mathrm{d}p \tag{7.112}$$

$$p_p = \frac{\mu_{gi} Z_i}{p_i} \int_0^p \frac{p}{\mu_g Z} \mathrm{d}p \tag{7.113}$$

得到物质平衡拟时间的表达式如下：

$$t_{ca} = \varepsilon G C_{ti} \frac{p_{pi} - p_p}{q} \tag{7.114}$$

而常规气藏物质平衡拟时间的表达式为 $t_{ca} = G C_{ti} \dfrac{p_{pi} - p_p}{q}$。页岩气藏的物质平衡拟时间多了一项由吸附/解吸作用引起的 ε。

（2）规整化产量。

Palacio 和 Blasingame 于 1993 年基于修正的物质平衡拟时间提出了一个新的气体流动方程，该方程可以模拟变产量/变井底流压条件的生产情况。引入标准的双对数曲线进行产量递减分析，圆形封闭气藏的相关参数定义式如下：

无因次物质平衡时间：

$$t_{caDd} = \frac{t_{caD}}{0.5(r_{eD}^2 - 1)(\ln r_{eD} - 0.5)} \tag{7.115}$$

其中

$$t_{caD} = \frac{1}{q_D} \int_0^{t_D} q_D(\tau) d\tau \tag{7.116}$$

式中　r_{eD}——无因次有效控制半径，$r_{eD} = r_e / L_{ref}$（L_{ref} 可以是任意长度，例如可以假设为井筒半径 r_w）；

　　t_{caD}——无因次物质平衡拟时间。

规整化产量：

$$q_{Dd} = \frac{\ln r_{eD} - 0.5}{L^{-1}[\bar{\psi}_{wD}]} \tag{7.117}$$

式中　L^{-1}——Laplace 逆变换；

　　$\bar{\psi}_{wD}$——Laplace 域规整化压力差。

规整化累积产量：

$$q_{Ddi} = \frac{1}{t_{caDd}} \int_0^{t_{caDd}} q_{Dd}(t) dt \tag{7.118}$$

规整化累积产量积分导数：

$$q_{Ddid} = -t_{caDd} \frac{d q_{Ddi}}{d t_{caDd}} \tag{7.119}$$

3）页岩气产量递减曲线流动阶段划分

根据模型的思路，采用试井的方法可将页岩气产量递减划分七个流动阶段，如图 7.7 所示。

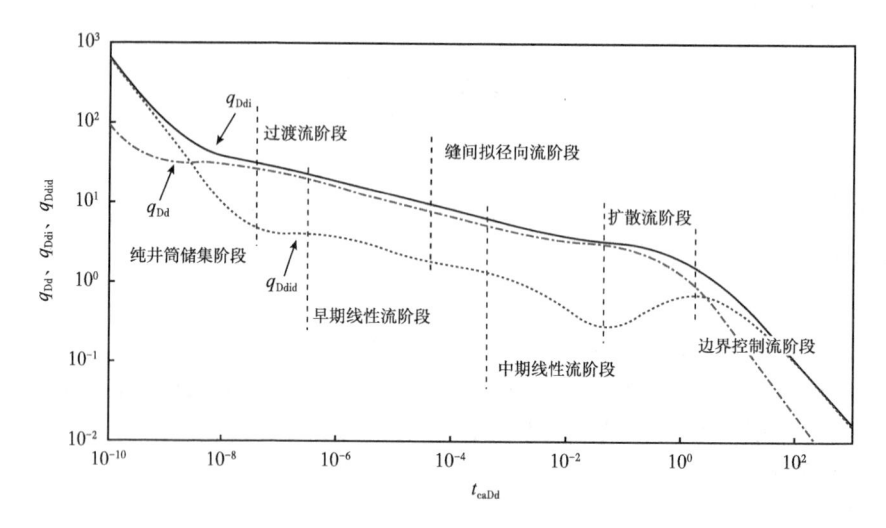

图 7.7　页岩气藏压裂水平井考虑多重渗流机理 Blasingame 典型图版流动阶段划分

第一阶段为纯井筒储集阶段，气体流动主要受井筒储集作用的影响。

第二阶段为过渡流阶段。

第三个阶段为每条水力压裂裂缝周围的早期线性流阶段。

第四阶段为缝间拟径向流阶段。如果缝间距足够长，将会观察到围绕每条裂缝周围的拟径向流阶段。这也可以近似地看作整个增产改造区域出现了径向流，压降漏斗到达增产改造区域的外边界。

第五阶段为中期线性流阶段，气体流动主要受缝间干扰的影响。

第六阶段为扩散流阶段。随着自由气的消耗和压力不断降低，页岩气藏基质中的吸附气不断解吸，受压力梯度驱使在基质中扩散，页岩气扩散在扩散流阶段占主导作用。

第七阶段为边界控制流阶段。由于页岩超低孔低渗特征，压降漏斗经过很长一段时间到达边界，这个生产阶段的产量一般都很低。

7.3　煤层气藏动态分析

煤层渗透率对煤层气井产量有很大的影响，同时煤层渗透率变化受多因素的制约，其中应力敏感和基质收缩是两个主要因素。国内外学者对煤层渗透率影响因素进行了大量的研究，主要集中在三个方面：（1）应力对渗透率的影响；（2）基质收缩对渗透率的影响；（3）自调节效应下渗透率预测模型。渗透率与应力的关系主要通过室内实验得到，国内外学者在这方面进行了大量的实验研究，建立了描述渗透率随应力变化的数学表达式。基质收缩对渗透率的影响研究，既有解吸收缩实验，也有在实验基础上进一步推导描述基质收缩对渗透率影响的数学模型。在渗透率预测模型方面，国内外学者均进行了研究，既有将基质收缩的影响转换成有效应力对渗透率的影响得到的渗透率分析模型，也有基于岩石力学的基本理论，从应变角度出发建立的渗透率预测模型。本节主要就煤层气开发过程中储层渗透率变化以及考虑井间干扰的气井动态预测进行阐述。

7.3.1 利用生产数据计算渗透率变化

7.3.1.1 生产数据处理

生产数据包括生产时间、日产气量（累积产气量）、日产水量（累积产水量）及井底流压。若生产数据中不存在井底流压数据，可根据下式进行近似计算：

$$p_{wf} \approx \left(D_{中部} - D_{动液面}\right)/100 + p_{套} \quad (7.120)$$

式中 p_{wf}——井底流压，MPa；
$D_{中部}$——煤层中部深度，m；
$D_{动液面}$——动液面深度，m；
$p_{套}$——套管压力，MPa。

将累积产量（气和水）代入物质平衡方程中，求得储层平均压力，同时求出各压力点对应的储层孔隙度、含水饱和度等关键数据。相对渗透率数据应来自煤层岩心的相对渗透率实验，分别拟合得出气、水相对渗透率公式；此外，若缺少相对渗透率实验数据，可应用相对渗透率经验公式计算煤层气水相对渗透率。

7.3.1.2 渗透率计算方法

用生产数据反求渗透率的方法是建立在煤层气井气、水产量方程及实际气、水生产数据基础上的，因此有必要在气、水产量方程的基础上通过转换得到渗透率的计算式。

1）水相产能方程确定渗透率

原始煤层裂缝（割理）最初饱和地层水，大部分气体遵循 Langmuir 等温吸附方程以吸附状态赋存于基质颗粒表面。一般来说，在产出气体前，需要从煤层中排采出大量的水，以降低储层压力至临界解吸压力以下。该时期的产水量计算公式可采用拟压力解公式表示：

$$q_w = 4.2869 \frac{B_g}{B_w} \frac{KK_{rw}h\left[m(\bar{p}) - m(p_{wf})\right]}{T\left(\ln\dfrac{r_e}{r_w} - \dfrac{3}{4} + S + Dq_w\right)} \quad (7.121)$$

式中 q_w——产水量，m³/d；
K——裂缝渗透率，$10^{-3}\mu m^2$；
K_{rw}——水相相对渗透率；
B_g——甲烷气体的体积系数，m³/m³；
B_w——煤层水的体积系数，m³/m³；
h——储层有效厚度，m；
S——表皮系数；
T——储层温度，K；
D——非达西因子。

为了计算方便，将式（7.121）改写为

$$J_{wD} = \frac{q_w}{m(\overline{p}) - m(p_{wf})} = 4.2869 \frac{B_g}{B_w} \cdot \frac{KK_{rw}h}{T\left(\ln\frac{r_e}{r_w} - \frac{3}{4} + S + Dq_w\right)} \quad (7.122)$$

对于 n+1 时刻，有

$$J_{wD}^{n+1} = \frac{q_w^{n+1}}{m(\overline{p}^{n+1}) - m(p_{wf}^{n+1})} = \left(0.005615 \frac{B_g}{B_w}\right)^{n+1} \frac{763.475 K^{n+1} K_{rw}^{n+1} h}{T\left(\ln\frac{r_e}{r_w} - \frac{3}{4} + S + Dq_w^{n+1}\right)} \quad (7.123)$$

对于 n 时刻，有：

$$J_{wD}^n = \frac{q_w^n}{m(\overline{p}^n) - m(p_{wf}^n)} = \left(0.005615 \frac{B_g}{B_w}\right)^n \frac{763.475 K^n K_{rw}^n h}{T\left(\ln\frac{r_e}{r_w} - \frac{3}{4} + S + Dq_w^n\right)} \quad (7.124)$$

用式（7.123）除以式（7.124），得到

$$\frac{J_{wD}^{n+1}}{J_{wD}^n} = \frac{q_w^{n+1}\left[m(\overline{p}^n) - m(p_{wf}^n)\right]}{q_w^n\left[m(\overline{p}^{n+1}) - m(p_{wf}^{n+1})\right]} = \frac{B_g^{n+1}}{B_g^n} \frac{K^{n+1} K_{rw}^{n+1}(S_w^{n+1})\left(\ln\frac{r_e}{r_w} - \frac{3}{4} + S + Dq_w^n\right)}{K^n K_{rw}^n(S_w^n)\left(\ln\frac{r_e}{r_w} - \frac{3}{4} + S + Dq_w^{n+1}\right)} \quad (7.125)$$

由式（7.125）可得 n+1 时刻的储层绝对渗透率 K^{n+1}，即

$$K^{n+1} = K^n \frac{B_g^n(\overline{p}^n) K_{rw}^n(\overline{S_w}^n)\left(\ln\frac{r_e}{r_w} - \frac{3}{4} + S + Dq_w^{n+1}\right)}{B_g^{n+1}(\overline{p}^{n+1}) K_{rw}^{n+1}(\overline{S_w}^{n+1})\left(\ln\frac{r_e}{r_w} - \frac{3}{4} + S + Dq_w^n\right)} \frac{q_w^{n+1}\left[m(\overline{p}^n) - m(p_{wf}^n)\right]}{q_w^n\left[m(\overline{p}^{n+1}) - m(p_{wf}^{n+1})\right]} \quad (7.126)$$

若不考虑高速非达西效应，即 D=0，则式（7.126）可进一步简化为

$$K^{n+1} = K^n \frac{B_g^n(\overline{p}^n) K_{rw}^n(S_w^n)}{B_g^{n+1}(\overline{p}^{n+1}) K_{rw}^{n+1}(S_w^{n+1})} \frac{q_w^{n+1}\left[m(\overline{p}^n) - m(p_{wf}^n)\right]}{q_w^n\left[m(\overline{p}^{n+1}) - m(p_{wf}^{n+1})\right]} \quad (7.127)$$

经过上述的公式变换，可以避免井径 r_w、边界半径 r_e、表皮系数 S 等不确定参数。此外，该方法同样可以通用于垂直压裂井，避免裂缝参数的不确定性影响。

2）气水产能比方程确定渗透率

在气水同产期，可用气水产能比方程对煤层气井产气量及产水量进行计算。气水产能比方程由下式给出：

$$\frac{q_g}{q_w} = \frac{K_{rg}\mu_w p T_{sc}}{K_{rw}\mu_g p_{sc} T Z} + \frac{\mu_w p T_{sc}(C_g + C_s) D_g}{75.688 K K_{rw} p_{sc} T} \cdot \frac{B_w W_p}{V\phi_f} \quad (7.128)$$

式中 C_g——气体压缩系数，MPa^{-1}；

C_s——吸附压缩系数，MPa^{-1}；
D_g——基质微孔隙中气体扩散系数，m^2/d；
p_{sc}——地面标准压力，MPa；
T_{sc}——地面标准温度，K；
μ_w——煤层水黏度，mPa·s；
V——煤层体积，m^3；
W_p——累积产水量（地面体积），m^3；
ϕ_f——裂缝孔隙度。

C_s 的含义为甲烷气吸附于煤层基质造成的表观压缩系数，其表达式为

$$C_s = \frac{B_g V_L p_L}{145.04 \phi_f (p + p_L)^2} \tag{7.129}$$

对式（7.128）进行变换，得

$$\frac{q_g}{q_w} - \frac{K_{rg}\mu_w p T_{sc}}{K_{rw}\mu_g p_{sc} TZ} = \frac{\mu_w p T_{sc}(C_g + C_s) D_g}{75.688 K K_{rw} p_{sc} T} \cdot \frac{B_w W_p}{V \phi_f} \tag{7.130}$$

进而得到煤层裂缝渗透率的表达式为

$$K = \frac{\mu_w p T_{sc}(C_g + C_s) D_g}{75.688 K_{rw} p_{sc} T} \cdot \frac{B_w W_p}{V \phi_f} \frac{q_w K_{rw} \mu_g p_{sc} TZ}{q_g K_{rw} \mu_g p_{sc} TZ - q_w K_{rg} \mu_w p T_{sc}} \tag{7.131}$$

对于 $n+1$ 时刻，有

$$K^{n+1} = \frac{\mu_w p^{n+1} T_{sc}(C_g^{n+1} + C_s^{n+1}) D_g}{75.688 K_{rw}^{n+1} p_{sc} T} \cdot \frac{B_w W_p^{n+1}}{V \phi_f^{n+1}} \frac{q_w^{n+1} K_{rw}^{n+1} \mu_g^{n+1} p_{sc} TZ^{n+1}}{q_g^{n+1} K_{rw}^{n+1} \mu_g^{n+1} p_{sc} TZ^{n+1} - q_w^{n+1} K_{rg}^{n+1} \mu_w p^{n+1} T_{sc}} \tag{7.132}$$

对于 n 时刻，有

$$K^n = \frac{\mu_w p^n T_{sc}(C_g^n + C_s^n) D_g}{75.688 K_{rw}^n p_{sc} T} \cdot \frac{B_w W_p^n}{V \phi_f^n} \frac{q_w^n K_{rw}^n \mu_g^n p_{sc} TZ^n}{q_g^n K_{rw}^n \mu_g^n p_{sc} TZ^n - q_w^n K_{rg}^n \mu_w p^n T_{sc}} \tag{7.133}$$

式（7.132）除以式（7.133），得到

$$K^{n+1} = K^n \frac{K_{rw}^n p^{n+1}(C_g^{n+1} + C_s^{n+1})}{K_{rw}^{n+1} p^n (C_g^n + C_s^n)} \cdot \frac{W_p^{n+1} \phi_f^n}{W_p^n \phi_f^{n+1}} \cdot \frac{q_w^{n+1} K_{rw}^{n+1} \mu_g^{n+1} Z^{n+1}}{q_g^{n+1} K_{rw}^{n+1} \mu_g^{n+1} p_{sc} TZ^{n+1} - q_w^{n+1} K_{rg}^{n+1} \mu_w p^{n+1} T_{sc}}$$

$$\times \frac{q_g^n K_{rw}^n \mu_g^n p_{sc} TZ^n - q_w^n K_{rg}^n \mu_w p^n T_{sc}}{q_w^n K_{rw}^n \mu_g^n Z^n} \tag{7.134}$$

7.3.1.3 渗透率与累积产液量的关系

煤层气藏物质平衡方程可用下式表达：

$$G_p B_g = Ah\phi_{fi}(1-S_{wi})\frac{B_g}{B_{gi}} + \rho_B AhV_L \frac{p_i}{p_i + p_L}B_g - Ah\phi_f + Ah\phi_{fi}S_{wi}$$

$$+ Ah\phi_{fi}S_{wi}C_w(p_i - p) - W_p B_w - \rho_B AhV_L \frac{p}{p + p_L}B_g \qquad (7.135)$$

式中　G_p——任意时刻的储层累积产气量的地面体积，$10^4 m^3$；
　　　A——煤层气供给面积，km^2；
　　　ϕ_{fi}——原始裂缝孔隙度；
　　　S_{wi}——原始裂隙中原始含水饱和度；
　　　B_{gi}——原始压力时甲烷气体的体积系数，m^3/m^3；
　　　p_i——原始储层压力，MPa；
　　　C_w——地层水的压缩系数，MPa^{-1}；
　　　W_p——累积产水的地面体积，$10^4 m^3$。
　　　V_L——Langmiur 体积，m^3/m^3；
　　　p_L——Langmiur 压力，MPa。

对式（7.135）两端分别除以原始裂缝孔隙度 ϕ_{fi}，并整理得

$$\frac{G_p B_g}{\phi_{fi}} = Ah(1-S_{wi})\frac{B_g}{B_{gi}} + \frac{\rho_B AhV_L}{\phi_{fi}}\frac{p_i}{p_i + p_L}B_g - Ah\frac{\phi_f}{\phi_{fi}} + AhS_{wi}$$

$$+ AhS_{wi}C_w(p_i - p) - \frac{W_p B_w}{\phi_{fi}} - \frac{\rho_B AhV_L}{\phi_{fi}}\frac{p}{p + p_L}B_g \qquad (7.136)$$

在式（7.136）中提取出孔隙度比 $\frac{\phi_f}{\phi_{fi}}$，进而得到

$$\frac{\phi_f}{\phi_{fi}} = (1-S_{wi})\frac{B_g}{B_{gi}} + \frac{\rho_B B_g V_L}{\phi_{fi}}\left(\frac{p_i}{p_i + p_L} - \frac{p}{p + p_L}\right) + S_{wi}[1 + C_w(p_i - p)] - \frac{G_p B_g + W_p B_w}{Ah\phi_{fi}} \qquad (7.137)$$

根据 Palmer 和 Mansoori 提出煤层孔隙度和渗透率关系式：

$$\frac{K}{K_i} = \left(\frac{\phi}{\phi_i}\right)^3 \qquad (7.138)$$

$$\frac{K}{K_i} = \left\{(1-S_{wi})\frac{B_g}{B_{gi}} + \frac{\rho_B B_g V_L}{\phi_{fi}}\left(\frac{p_i}{p_i + p_L} - \frac{p}{p + p_L}\right) + S_{wi}[1 + C_w(p_i - p)] - \frac{G_p B_g + W_p B_w}{Ah\phi_{fi}}\right\}^3 \qquad (7.139)$$

令

$$K_r = \frac{K}{K_i} \qquad (7.140)$$

$$L_p = G_p B_g + W_p B_w \qquad (7.141)$$

可得

$$K_r = aL_p^3 + bL_p^2 + cL_p + d \tag{7.142}$$

式中 a、b、c、d——方程系数。

因此，可以看出，渗透率比 K_r 与累积产液量 L_p 呈一元三次方程关系。

7.3.2 煤层气井井间干扰动态预测

煤层气的开发只有形成一定规模的煤层气井井群，在合理井距的条件下，通过井间干扰造成大面积均衡降压，取得更好的脱气效果，才能较大幅度地提高煤层气井的单井平均产气量和总产气量。考虑煤岩基质自调节效应时的裂缝孔隙度变化，建立用于求取平均地层压力的煤层气藏气水两相物质平衡方程；在此基础上，应用汇源反映法得到考虑井间干扰条件下的煤层气井产气量与产水量的计算式，通过与物质平衡方程结合，能够快速有效地预测煤层气井的平均地层压力及产量的动态变化。

7.3.2.1 煤层气井的井间干扰

当相距较近的两口煤层气井共同排采时，随着排水的延续，各个煤层气井的压降漏斗不断延伸，最终将交汇在一起，形成煤层气井井间干扰。井间干扰对煤层气井的排采具有促进作用：一是在产气速度上，煤层气井两井间的煤层压力降幅由于压降的叠加而成倍增加，因此相对于单井来说，单位时间内的压力下降幅度大，煤层气的解吸速度快，井口表现为一定时间内产出的煤层气量多；二是在总产气量上，当两个压降漏斗相接时，双方就相当于分别遇到了隔水边界，此时随着排水的延续，压降漏斗在水平方向上不再扩大，而是在垂直方向上加深，最终使得井间的煤层压力可以降低到很低的程度，两井间范围内煤层中的大部分气体解吸出来，使煤层气井的总产气量增大。

在实际生产中，煤储层的压力降低是一个动态过程，系统中的各项条件和因素都可能随时间的推移而发生变化。井群排采时，如果一口煤层气井的四周都存在排水井，各个方向上的煤储层压力都能得到充分降低，该井控制范围内的煤储层甲烷也就能最大限度地解吸出来。井群的采气机理虽然以单井采气机理为基础，但要比单井采气复杂得多。

7.3.2.2 物质平衡方程的建立

1）煤层气储层假设条件

（1）煤层气储层的物性和流体物性是均匀的。

（2）原始煤层气储层的裂缝系统中含有游离气，其余气体都以吸附气的形式储集在煤基质的内表面，忽略地层水中的溶解气；气体从基质内表面解吸后立即扩散到裂缝中。

（3）水仅存在裂缝系统中，气、水在裂缝中形成两相流动。

（4）考虑储层压力降低时造成的裂缝压缩，以及煤层气解吸造成的裂缝张大。

（5）煤层气储层封闭，没有水补给，不考虑注气。

（6）排采过程中煤层的温度保持不变。

（7）煤层气的吸附解吸用 Langmuir 等温方程表征。

2）裂缝孔隙度变化计算方程

在煤层气储层排水采气过程中，随着压力的降低，基质的有效应力会增大，裂缝会被压缩；与此同时，煤层气从基质表面解吸，基质发生收缩，裂缝被张大。裂缝的变化取决于这两种作用的差值。

（1）解吸引起的裂缝孔隙度增量。

由解吸引起的体积膨胀可用类似于 Langmuir 方程的式子表征。假设基质的膨胀和气体吸附量成正比关系，当储层压力由原始值 p_i 降至当前值 p 时，解吸引起的基质收缩的体积应变为

$$\Delta \varepsilon = \varepsilon_{\max} \left(\frac{p_i}{p_i + p_L} - \frac{p}{p + p_L} \right) \tag{7.143}$$

式中　$\varepsilon_{\max}$——最大体积应变，为吸附饱和时的体积应变值；

p_i——原始储层压力，MPa；

p_L——Langmiur 压力，指基质吸附气量等于 Langmiur 体积的一半时的压力，MPa；

p——目前储层压力，MPa。

（2）降压引起的裂缝孔隙度减小量。

一般情况下，降压引起的裂隙孔隙度减小值可用下式表征：

$$\Delta \phi = \phi_{fi} C_f (p_i - p) \tag{7.144}$$

式中　ϕ_{fi}——原始裂缝孔隙度；

C_f——裂缝孔隙压缩率，MPa^{-1}。

（3）双重作用下的裂缝孔隙度。

综合考虑以上两种效应，则压力由降低至时的裂缝孔隙度为

$$\phi_f = \phi_{fi} - \Delta \phi + \Delta \varepsilon \tag{7.145}$$

将式（7.143）、式（7.144）代入式（7.145），可得

$$\phi_f = \phi_{fi} - \phi_{fi} C_f (p_i - p) + \varepsilon_{\max} \left(\frac{p_i}{p_i + p_L} - \frac{p}{p + p_L} \right) \tag{7.146}$$

3）物质平衡方程的推导

煤层气体吸附于煤岩表面，随着排水降压解吸，进入裂隙系统产出地面。基于上述排采过程，可建立煤层甲烷物质平衡方程。

（1）气相物质平衡方程。

煤岩裂隙中的原始游离气体量为

$$G_1 = 0.01 A h \phi_{fi} (1 - S_{wi}) \frac{1}{B_{gi}} \tag{7.147}$$

其中

$$B_{gi} = \frac{p_{sc} Z_i T}{p_i Z_{sc} T_{sc}}$$

式中　A——煤层气供给面积，km^2；
　　　h——煤层有效厚度，m；
　　　S_{wi}——原始裂隙中原始含水饱和度；
　　　p_{sc}——标准状况下压力，MPa；
　　　Z_i——压力为 p_i 时煤层气偏差因子；
　　　T——煤储层的温度，K；
　　　Z_{sc}——标准状况下的气体偏差因子；
　　　T_{sc}——标准状况下温度，K。

煤岩基质中的原始吸附气体量：

$$G_2 = 0.01\rho_B AhV_L \frac{p_i}{p_i + p_L} \qquad (7.148)$$

式中　ρ_B——煤岩密度，g/cm^3；
　　　V_L——Langmuir 体积，m^3/t。

目前储层平均压力下，滞留在煤岩裂隙中的游离气体量为

$$G_3 = 0.01 Ah\phi_f (1 - \overline{S}_w) \frac{1}{B_g} \qquad (7.149)$$

其中

$$B_g = \frac{p_{sc} ZT}{p Z_{sc} T_{sc}}$$

式中　$\overline{S}_w$——目前裂隙中平均含水饱和度；
　　　Z——压力为 p 时煤层气偏差因子。

目前储层平均压力下，吸附在煤岩基质中的气体量为

$$G_4 = 0.01 \rho_B AhV_L \frac{p}{p + p_L} \qquad (7.150)$$

由式（7.147）至式（7.150），可得任意时刻的储层累积产气量的地面体积 = 裂缝中游离气原始地质储量 + 基质中吸附气原始地质储量 − 裂缝中游离气剩余地质储量 − 基质中吸附气剩余地质储量（均换算为地面体积），即

$$G_p = G_1 + G_2 - G_3 - G_4 \qquad (7.151)$$

将式（7.147）至式（7.150）代入式（7.151），变形得

$$G_p = 0.01\rho_B AhV_L \frac{p_i}{p_i + p_L}\left(1 - \frac{p}{p + p_L} \cdot \frac{p_i + p_L}{p_i}\right) + 0.01 Ah\phi_{fi}(1 - S_{wi})\frac{1}{B_{gi}} - 0.01 Ah\phi_f (1 - \overline{S}_w)\frac{1}{B_g} \qquad (7.152)$$

令吸附气地质储量为 G_{ai}，游离气地质储量为 G_{fi}，则有

$$G_{ai} = G_2, \quad G_{fi} = G_1 \qquad (7.153)$$

将式(7.152)代入式(7.153),并变形可得

$$G_p = G_{ai} \frac{p_L p_i - p_L p}{p_L p_i + p p_i} + G_{fi} - \frac{0.01 A h \phi_f}{B_g} + \frac{0.01 A h \phi_f \overline{S}_w}{B_g} \quad (7.154)$$

(2)水相物质平衡方程。

储层压力为 p 时,裂缝中所含水的地下体积 = 原始储层压力 p_i 时裂缝中所含水的地下体积 + 水的弹性膨胀增加的水体积 - 累积采水的地下体积(均换算为地下体积),即

$$0.01 A h \phi_f \overline{S}_w = 0.01 A h \phi_{fi} S_{wi} + 0.01 A h \phi_{fi} S_{wi} C_w (P_i - P) - W_p B_w \quad (7.155)$$

式中　C_w——地层水的压缩系数,MPa^{-1};
　　　W_p——累积产水的地面体积,$10^8 m^3$;
　　　B_w——煤层气藏中地层水体积系数,m^3/m^3。

将式(7.155)变形可得

$$\overline{S}_w = \frac{0.01 A h \phi_{fi} S_{wi} + 0.01 A h \phi_{fi} S_{wi} C_w (p_i - p) - W_p B_w}{0.01 A h \phi_f} \quad (7.156)$$

将式(7.146)代入式(7.156),并进行化简可得

$$\overline{S}_w = \frac{S_{wi}[1 + C_w(p_i - p)] - \dfrac{W_p B_w}{0.01 A h \phi_{fi}}}{1 - C_f(p_i - p) + \dfrac{\varepsilon_{\max}}{\phi_{fi}}\left(\dfrac{p_i}{p_i + p_L} - \dfrac{p}{p + p_L}\right)} \quad (7.157)$$

结合式(7.154)、式(7.155)可得

$$G_p + \frac{W_p B_w}{B_g} = G_{ai} \frac{p_L p_i - p_L p}{p_L p_i + p p_i} + G_{fi} - \frac{0.01 A h \phi_f}{B_g} + \frac{0.01 A h \phi_{fi} S_{wi}[1 + C_w(p_i - p)]}{B_g} \quad (7.158)$$

由式(7.158)可以得出相应的储层压力 p,代入式(7.157)可以求出相应的地层平均含水饱和度 $\overline{S}_w$,再将地层平均含水饱和度 $\overline{S}_w$ 代入式(7.149)中即可求出压力 p 下裂缝中游离气的剩余地质储量 G_3,即可由下式求出地层含气饱和度:

$$S_g = \frac{G_3 B_g}{0.01 A h \phi_f} \quad (7.159)$$

利用式(7.157)、式(7.159)所得的含水饱和度、含气饱和度,即可通过饱和度—相对渗透率图版求得相应的水相相对渗透率 K_{rw}、气相相对渗透率 K_{rg}。

7.3.2.3　煤层气井动态预测

1)井间干扰时产量计算方程

根据渗流力学推导过程,假设在无限大均匀介质中存在两口生产井 M_1、M_2,相距 $2L$

（图7.8），并设足够大的供给边缘 r_e 处的压力为 p_e，生产井井底流压为 p_{wf}。镜像反演方法实质上是叠加原理的一个应用特例，镜像反演理论有严格的数学推证。从流场一致的观点出发，利用等产量两汇问题分析流场特征，以此为基础可以解决多井的生产。

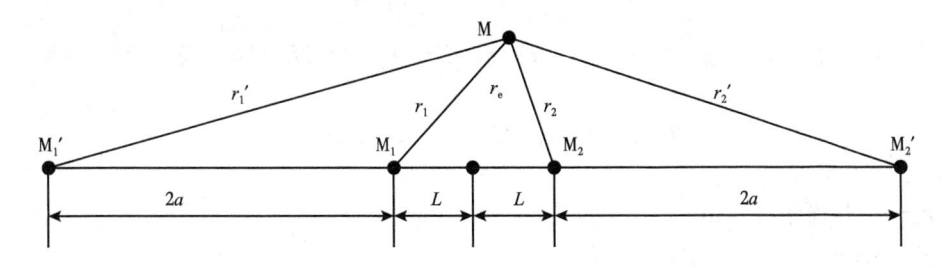

图 7.8 相邻两生产井干扰示意图

应用汇源反映法，进行等强度异号共轭反映，得到 M_1、M_2 的镜像 M_1'、M_2'，将问题化为无限大地层存在四口生产井的求解。井与其像间的距离 $2a$ 由下式确定：

$$2a = \frac{r_e^2 - L^2}{L} \tag{7.160}$$

式中　r_e——供给半径，m；
　　　L——相邻井间距的一半，m。

地层中任意一点 M 的势可以表示为

$$\Phi_M = \frac{q_h}{2\pi} \ln r_2 r_2' + \frac{q_h}{2\pi} \ln r_1 r_1' + C \tag{7.161}$$

式中　q_h——井的产量，m³/d；
　　　r_1、r_1'——井 M_1 及其像到 M 点的距离，m；
　　　r_2、r_2'——井 M_2 及其像到 M 点的距离，m；
　　　C——常数。

在供给边缘上：

$$r_1 r_1' = 2a + L - r_e = \frac{r_e(r_e - L)^2}{L} \tag{7.162}$$

$$\frac{r_2}{r_2'} = (r_e + L)(2a + L + r_e) = \frac{r_e(r_e + L)^2}{L} \tag{7.163}$$

$$\Phi = \Phi_e \tag{7.164}$$

将式（7.162）、式（7.163）、式（7.164）代入式（7.161）得

$$\Phi_e = \frac{q_h}{2\pi} \ln \frac{r_e^2 (r_e^2 - L^2)^2}{L^2} + C \tag{7.165}$$

由式（7.161）、式（7.165）得势的分布公式：

$$\Phi_M = \Phi_e - \frac{q_h}{2\pi}\ln\frac{r_e^2\left(r_e^2-L^2\right)^2}{L^2 r_1 r_1' r_2 r_2'} \tag{7.166}$$

在 M_1 井壁上，$\Phi=\Phi_{wf}$，$r_1=r_w$，$r_2=2L$，$r_1'=2a$，$r_2'=2a+2L$。代入式（7.161）得

$$\Phi_{wf} = \frac{q_h}{2\pi}\ln r_w \cdot 2L \cdot 2a \cdot (2a+2L) + C \tag{7.167}$$

式中　r_w——井筒半径，m。

将式（7.160）代入式（7.167）得

$$\Phi_{wf} = \frac{q_h}{2\pi}\ln\frac{2r_w\left(r_e^4-L^4\right)}{L} + C \tag{7.168}$$

由式（7.165）、式（7.168）得到井产量表达式：

$$q_h = \frac{2\pi\left(\Phi_e-\Phi_{wf}\right)}{\ln\dfrac{r_e^2\left(r_e^2-L^2\right)}{2r_w L\left(r_e^2+L^2\right)}} \tag{7.169}$$

煤层气单井气相产量计算公式为

$$q_g = \frac{774.6KK_{rg}h[m(\bar{p})-m(p_{wf})]}{T\left[\ln\dfrac{r_e^2\left(r_e^2-L^2\right)}{2r_w L\left(r_e^2+L^2\right)}-\dfrac{3}{4}\right]} \tag{7.170}$$

式中　K——储层绝对渗透率，mD；

　　　K_{rg}——气相相对渗透率；

　　　$m(\bar{p})$——平均储层压力对应的拟压力，MPa；

　　　$m(p_{wf})$——井底流压对应的拟压力，MPa。

煤层气单井水相产量计算公式为

$$q_w = \frac{0.54287KK_{rw}h(\bar{p}-p_{wf})}{B_w\mu_w\left[\ln\dfrac{r_e^2\left(r_e^2-L^2\right)}{2r_w L\left(r_e^2+L^2\right)}-\dfrac{1}{2}\right]} \tag{7.171}$$

式中　K_{rw}——水相相对渗透率；

　　　μ_w——水的黏度，mPa·s。

通过气—水产能方程式（7.170）、式（7.171）即可求得相应的气—水产出量。

2）考虑井间干扰的动态预测步骤

（1）假设时间 t 间隔内，累积产气量和累积产水量已知，对物质平衡方程采用 Newton-Raphson 迭代方法求解储层平均压力 p^n；

(2)利用 p^n 求解 t 时刻的平均含水饱和度 $\bar{S}_w$;

(3)利用煤层气相对渗透率曲线求解 t 时刻的水相相对渗透率 K_{rw}、气相相对渗透率 K_{rg};

(4)根据煤层气井气相产能和水相产能公式,求解 t 时刻的气产量 q_g、水产量 q_w;

(5)在进行下一个时间 t 间隔内,利用上一个 t 时间内的 q_g、q_w 得到累积产气量和累积产水量,对物质平衡方程采用 Newton-Raphson 迭代方法求解储层平均压力 p^{n+1};

(6)循环步骤(2)到(5),就可以对煤层气井生产进行动态预测。

7.3.3 煤层气藏数值模拟方法

7.3.3.1 气水两相渗流数学模型

以下分别从裂隙系统、基质的微孔隙系统和煤层气井三个方面进行推导。

1)裂隙系统基本微分方程推导

(1)裂隙系统连续性方程。

在煤层气储层中取一个六面体的微小单元体,其中心点的坐标为 (x,y,z),其长、宽、高分别为 Δx、Δy、Δz,各个侧面分别与 x、y、z 轴平行在裂隙系统中,流体从前面流入,后面流出;左面流入,右面流出;底面流入,顶面流出。流体的速度为 $v(x, y, z)$,密度为 $\rho(x, y, z)$,饱和度为 $S(x, y, z)$,单元体内的孔隙度为 ϕ,如图7.9所示。

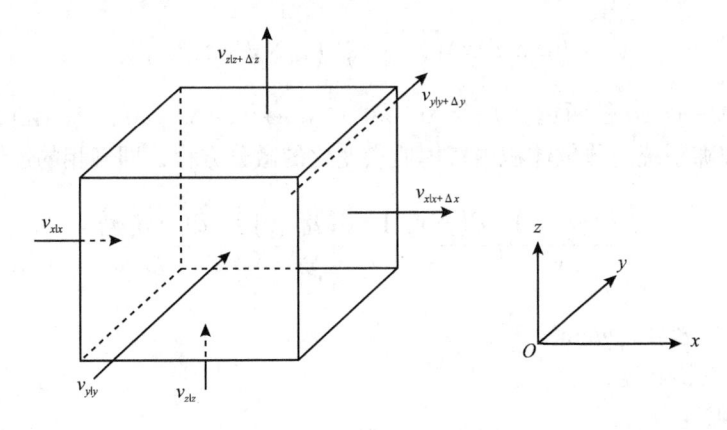

图 7.9 煤储层中的微小单元体

假设在 x 方向,气体的流入速度和流出速度分别为 $v_{gx}|_{x-\Delta x/2}$ 和 $v_{gx}|_{x+\Delta x/2}$;在 y 方向,气体的流入速度和流出速度分别为 $v_{gy}|_{y-\Delta y/2}$ 和 $v_{gy}|_{y+\Delta y/2}$;在 z 方向,气体的流入速度和流出速度分别为 $v_{gz}|_{z-\Delta z/2}$ 和 $v_{gz}|_{z+\Delta z/2}$。取微小时间段 Δt,考虑气体在微小单元体内的流入流出情况。

在 Δt 时间内,气体沿 x 方向流入和流出单元体的质量流量的差值为

$$\left[\left(\rho_g v_{gx}\right)\bigg|_{x+\frac{\Delta x}{2}} - \left(\rho_g v_{gx}\right)\bigg|_{x-\frac{\Delta x}{2}}\right]\Delta y \Delta z \Delta t$$

在 Δt 时间内,气体沿 y 方向流入和流出单元体的质量流量的差值为

$$\left[\left(\rho_g v_{gy}\right)\bigg|_{y+\frac{\Delta y}{2}} - \left(\rho_g v_{gy}\right)\bigg|_{y-\frac{\Delta y}{2}}\right]\Delta z\Delta x\Delta t$$

在 Δt 时间内，气体沿 z 方向流入和流出单元体的质量流量的差值为

$$\left[\left(\rho_g v_{gz}\right)\bigg|_{z+\frac{\Delta z}{2}} - \left(\rho_g v_{gz}\right)\bigg|_{z-\frac{\Delta z}{2}}\right]\Delta x\Delta y\Delta t$$

在 Δt 时间内，气体流入和流出单元体引起单元体内气体饱和度发生变化，导致单元体内气体的质量变化为

$$\left(\rho_g S_g \phi \Delta x \Delta y \Delta z\right)\big|_{t+\Delta t} - \left(\rho_g S_g \phi \Delta x \Delta y \Delta z\right)\big|_t$$

根据质量守恒原理，气体流入和流出单元体的质量流量的差值应等于因单元体内气体饱和度变化引起的气体的质量增量为

$$-\left[\left(\rho_g v_{gx}\right)\bigg|_{x+\frac{\Delta x}{2}} - \left(\rho_g v_{gx}\right)\bigg|_{x-\frac{\Delta x}{2}}\right]\Delta y\Delta z\Delta t$$
$$-\left[\left(\rho_g v_{gy}\right)\bigg|_{y+\frac{\Delta y}{2}} - \left(\rho_g v_{gy}\right)\bigg|_{y-\frac{\Delta y}{2}}\right]\Delta z\Delta x\Delta t$$
$$-\left[\left(\rho_g v_{gz}\right)\bigg|_{z+\frac{\Delta z}{2}} - \left(\rho_g v_{gz}\right)\bigg|_{z-\frac{\Delta z}{2}}\right]\Delta x\Delta y\Delta t$$
$$= \left(\rho_g S_g \phi \Delta x \Delta y \Delta z\right)\big|_{t+\Delta t} - \left(\rho_g S_g \phi \Delta x \Delta y \Delta z\right)\big|_t \qquad (7.172)$$

用 $\Delta x \Delta y \Delta z \Delta t$ 同除方程两边，并令 $\Delta x \to 0$，$\Delta y \to 0$，$\Delta z \to 0$，$\Delta t \to 0$，取极限，得到单位时间里裂隙系统的单位体积内气体质量变化的微分方程，即气相的连续性方程：

$$-\left[\frac{\partial(\rho_g v_{gx})}{\partial x} + \frac{\partial(\rho_g v_{gy})}{\partial y} + \frac{\partial(\rho_g v_{gz})}{\partial z}\right] = \frac{\partial(\rho_g S_g \phi)}{\partial t} \qquad (7.173)$$

式中 ρ_g——气体密度，g/cm^3；
S_g——含气饱和度；
ϕ——孔隙度。

同理，可得水相的连续性方程为

$$-\left[\frac{\partial(\rho_w v_{wx})}{\partial x} + \frac{\partial(\rho_w v_{wy})}{\partial y} + \frac{\partial(\rho_w v_{wz})}{\partial z}\right] = \frac{\partial(\rho_w S_w \phi)}{\partial t} \qquad (7.174)$$

式中 ρ_w——水的密度，g/cm^3；
S_w——含水饱和度。

气相和水相的连续性方程简写为

$$-\nabla(\rho_g v_g) = \frac{\partial(\rho_g S_g \phi)}{\partial t} \qquad (7.175)$$

$$-\nabla(\rho_w v_w) = \frac{\partial(\rho_w S_w \phi)}{\partial t} \tag{7.176}$$

（2）裂隙系统的运动方程。

在三维空间、各向异性介质、考虑重力影响情况下，Darcy 定律推广形式为

$$v = -\frac{K}{\mu}(\nabla p - \rho g \nabla D) \tag{7.177}$$

式中　v——渗流速度，是一个空间向量；

ρ——流体的密度；

g——重力加速度；

D——由某一基准面算起的深度，向下为正；

∇——Hamilton 算子。

这时的渗透率 K 是一个 2 阶张量，写成矩阵形式为

$$K = \begin{bmatrix} K_{xx} & K_{xy} & K_{xz} \\ K_{yx} & K_{yy} & K_{yz} \\ K_{zx} & K_{zy} & K_{zz} \end{bmatrix} \tag{7.178}$$

渗流速度 v 在三个方向上的分量分别为

$$v_x = -\frac{K_{xx}}{\mu}\left(\frac{\partial p}{\partial x} - \rho g \frac{\partial D}{\partial x}\right) - \frac{K_{xy}}{\mu}\left(\frac{\partial p}{\partial y} - \rho g \frac{\partial D}{\partial y}\right) - \frac{K_{xz}}{\mu}\left(\frac{\partial p}{\partial z} - \rho g \frac{\partial D}{\partial z}\right) \tag{7.179}$$

$$v_y = -\frac{K_{yx}}{\mu}\left(\frac{\partial p}{\partial x} - \rho g \frac{\partial D}{\partial x}\right) - \frac{K_{yy}}{\mu}\left(\frac{\partial p}{\partial y} - \rho g \frac{\partial D}{\partial y}\right) - \frac{K_{yz}}{\mu}\left(\frac{\partial p}{\partial z} - \rho g \frac{\partial D}{\partial z}\right) \tag{7.180}$$

$$v_z = -\frac{K_{zx}}{\mu}\left(\frac{\partial p}{\partial x} - \rho g \frac{\partial D}{\partial x}\right) - \frac{K_{zy}}{\mu}\left(\frac{\partial p}{\partial y} - \rho g \frac{\partial D}{\partial y}\right) - \frac{K_{zz}}{\mu}\left(\frac{\partial p}{\partial z} - \rho g \frac{\partial D}{\partial z}\right) \tag{7.181}$$

通常，渗透率张量的分量 $K_{xy}=K_{yx}$，$K_{yz}=K_{zy}$，$K_{zx}=K_{xz}$，所以渗透率张量是对称张量。将坐标轴方向取得与介质中某点渗透率张量的主方向一致，则渗透率张量矩阵具有对角线形式：

$$K = \begin{bmatrix} K_{xx} & 0 & 0 \\ 0 & K_{yy} & 0 \\ 0 & 0 & K_{zz} \end{bmatrix} \tag{7.182}$$

用这种形式表示的张量称为对角线张量。在这种情况下，Darcy 定律的推广形式为

$$v_x = -\frac{K_x}{\mu}\left(\frac{\partial p}{\partial x} - \rho g \frac{\partial D}{\partial x}\right), \quad v_y = -\frac{K_y}{\mu}\left(\frac{\partial p}{\partial y} - \rho g \frac{\partial D}{\partial y}\right), \quad v_z = -\frac{K_z}{\mu}\left(\frac{\partial p}{\partial z} - \rho g \frac{\partial D}{\partial z}\right)$$

在气、水两相情况下，气、水的相对渗透率分别表示为 K_{rg}、K_{rw}，气、水的密度分别

表示为 ρ_g、ρ_w，气、水的黏度分别表示为 μ_g、μ_w，则气相、水相的 Darcy 定律的推广形式分别为

$$\begin{cases} v_{gx} = -\dfrac{K_x K_{rg}}{\mu_g}\left(\dfrac{\partial p_g}{\partial x} - \rho_g g \dfrac{\partial D}{\partial x}\right) \\ v_{gy} = -\dfrac{K_y K_{rg}}{\mu_g}\left(\dfrac{\partial p_g}{\partial y} - \rho_g g \dfrac{\partial D}{\partial y}\right) \\ v_{gz} = -\dfrac{K_z K_{rg}}{\mu_g}\left(\dfrac{\partial p_g}{\partial z} - \rho_g g \dfrac{\partial D}{\partial z}\right) \end{cases} \quad (7.183)$$

$$\begin{cases} v_{wx} = -\dfrac{K_x K_{rw}}{\mu_w}\left(\dfrac{\partial p_w}{\partial x} - \rho_w g \dfrac{\partial D}{\partial x}\right) \\ v_{wy} = -\dfrac{K_y K_{rw}}{\mu_w}\left(\dfrac{\partial p_w}{\partial y} - \rho_w g \dfrac{\partial D}{\partial y}\right) \\ v_{wz} = -\dfrac{K_z K_{rw}}{\mu_w}\left(\dfrac{\partial p_w}{\partial z} - \rho_w g \dfrac{\partial D}{\partial z}\right) \end{cases} \quad (7.184)$$

（3）裂隙系统的基本微分方程。

将运动方程式（7.183）、式（7.184）代入连续性方程式（7.173）、式（7.174）中，得到裂隙系统中气、水两相渗流的基本微分方程：

$$\dfrac{\partial}{\partial x}\left[\dfrac{K_x K_{rg}\rho_g}{\mu_g}\left(\dfrac{\partial p_g}{\partial x} - \rho_g g \dfrac{\partial D}{\partial x}\right)\right] + \dfrac{\partial}{\partial y}\left[\dfrac{K_y K_{rg}\rho_g}{\mu_g}\left(\dfrac{\partial p_g}{\partial y} - \rho_g g \dfrac{\partial D}{\partial y}\right)\right]$$
$$+ \dfrac{\partial}{\partial z}\left[\dfrac{K_z K_{rg}\rho_g}{\mu_g}\left(\dfrac{\partial p_g}{\partial z} - \rho_g g \dfrac{\partial D}{\partial z}\right)\right] = \dfrac{\partial(\rho_g S_g \phi)}{\partial t} \quad (7.185)$$

$$\dfrac{\partial}{\partial x}\left[\dfrac{K_x K_{rw}\rho_w}{\mu_w}\left(\dfrac{\partial p_w}{\partial x} - \rho_w g \dfrac{\partial D}{\partial x}\right)\right] + \dfrac{\partial}{\partial y}\left[\dfrac{K_y K_{rw}\rho_w}{\mu_w}\left(\dfrac{\partial p_w}{\partial y} - \rho_w g \dfrac{\partial D}{\partial y}\right)\right]$$
$$+ \dfrac{\partial}{\partial z}\left[\dfrac{K_z K_{rw}\rho_w}{\mu_w}\left(\dfrac{\partial p_w}{\partial z} - \rho_w g \dfrac{\partial D}{\partial z}\right)\right] = \dfrac{\partial(\rho_w S_w \phi)}{\partial t} \quad (7.186)$$

可简写为

$$\nabla\left[\dfrac{K K_{rg}\rho_g}{\mu_g}\left(\nabla p_g - \rho_g g \nabla D\right)\right] = \dfrac{\partial(\rho_g S_g \phi)}{\partial t} \quad (7.187)$$

$$\nabla\left[\dfrac{K K_{rw}\rho_w}{\mu_w}\left(\nabla p_w - \rho_w g \nabla D\right)\right] = \dfrac{\partial(\rho_w S_w \phi)}{\partial t} \quad (7.188)$$

2）煤基质微孔隙系统的解吸吸附方程推导

裂隙系统中的气体是自由气体，基质微孔隙中的气体则主要是吸附气体。在基质中，只有靠近裂隙面的基质微孔隙中的气体，解吸作用足够快，与自由气体处于平衡状态；而远离裂隙的基质微孔隙中气体与裂隙中的自由气体处于非平衡状态。与自由气体处于平衡状态的吸附气体含量可用兰格缪尔模型求得：

$$V_e = \frac{V_L p_g}{p_L + p_g} \quad (7.189)$$

式中　V_L——Langmiur 体积，m^3/m^3；
　　　p_L——Langmiur 压力，MPa；
　　　p_g——自由气体压力，MPa；
　　　V_e——与自由气体处于平衡状态的吸附气体含量，m^3/m^3。

在基质块内部和表面之间存在的气体浓度差作用下，基质块内部微孔隙中的气体以扩散方式向外部运移，进入裂隙系统中，可视为点源项来处理。

按拟稳态条件考虑，根据 Fick 第一定律，煤基质块的平均气含量对时间的变化率与煤基质块平均气含量和其表面吸附气体含量之差成正比，而单位时间内由单位煤基质解吸扩散进入裂隙系统的气体量与煤基质块平均气含量的变化率成正比：

$$\frac{\partial V_m}{\partial t} = -\sigma D\left[V_m - V_e(p_g)\right] = -\frac{1}{\tau}\left[V_m - V_e(p_g)\right] \quad (7.190)$$

$$q_{mdes} = -G\frac{\partial V_m}{\partial t} \quad (7.191)$$

式中　V_m——煤基质中吸附气体的平均含量，m^3/m^3；
　　　V_e——裂隙面上与自由气体压力处于平衡状态的吸附气体含量，m^3/m^3；
　　　σ——Arren 和 Root 形状因子，与基质单元的尺寸大小和形状有关；
　　　D——煤基质的气体扩散系数，m^2/s；
　　　τ——吸附时间常数；
　　　G——几何因子。

由于煤中割理系统的正交性，柱状基质几何体对于煤层是最合适的。对这种几何体，其形状因子定义为

$$\sigma = 8/a^2 = 8\pi/s^2$$

式中　s——割理的平均间距；
　　　a——柱状体的等效半径。

因此，τ 可表示为

$$\tau = s^2/(8\pi D)$$

为了理解吸附时间的物理意义，对上述微分方程进行分离变量，并给出初始条件：

$$\begin{cases} \dfrac{dV_m}{V_m - V_e(p_g)} = -\dfrac{dt}{\tau} \\ V_m = V_L, \text{在基质块内部} t = 0 \\ V_m = V_e(p_g), \text{在基质块表面} t \geqslant 0 \end{cases}$$

求解得

$$V_m = V_e(p_g) + [V_m - V_e(p_g)]e^{-t/\tau} \tag{7.192}$$

$$V_L - V_m = V_L - V_e(p_g) - [V_L - V_e(p_g)]e^{-t/\tau} \tag{7.193}$$

$$\frac{V_L - V_m}{V_L - V_e(p_g)} = 1 - e^{-t/\tau} \tag{7.194}$$

当 $t=\tau$ 时

$$\frac{V_L - V_m}{V_L - V_e(p_g)} = 1 - e^{-t/\tau} = 1 - \frac{1}{e} = 0.63 \tag{7.195}$$

由此可见，吸附时间 τ 是指当解吸气量占总气量的 63% 时所对应的时间。

3）辅助方程

为了完整地描述和求解气、水在煤储层中的运移过程，除了微分方程组外，还必须提供某些辅助方程来完善数学模型，它们是饱和度方程和毛管压力方程：

$$S_g + S_w = 1 \tag{7.196}$$

$$p_{cgw}(S_w) = p_g - p_w \tag{7.197}$$

鉴于求解变量为 p_g、p_w、S_g、S_w 共 4 个，方程组的方程数也是 4 个，所以这个方程组是封闭的。当然，这个方程组的各项参数还需要由密度、相对渗透率、黏度和毛管压力的辅助方程确定。

4）边界条件与初始条件

解上述方程组，还需要根据具体的情况给定边界条件和初始条件。边界条件和初始条件统称为定解条件。

（1）边界条件。

煤层气储层数值模拟中的边界条件分为外边界条件和内边界条件两大类，其中外边界条件是指煤层气储层外边界所处的状态，内边界条件是指煤层气生产井所处的状态。

①外边界条件。

定压边界条件：外边界 E 上每一点在每一时刻的压力分布都是已知的，即为一已知函数，在数学上也称第一类边界条件，或称 Dirchlet 边界条件，表示为

$$p_{E_1} = f_1(x,y,z,t) \quad (7.198)$$

定流量边界：外边界 E 上有流量流过边界，而且每一点在每一时刻的值都是已知的，在数学上也称第二类边界条件，或称 Neumann 边界条件，表示为

$$\left.\frac{\partial p}{\partial n}\right|_{E_2} = f_2(x,y,z,t) \quad (7.199)$$

式中 $\left.\dfrac{\partial p}{\partial n}\right|_{E_2}$ ——边界 E 上压力关于边界外法线方向导数。

实际上，最简单、最常见的定流量边界是封闭边界，也叫不渗透边界，如尖灭或断层遮挡，即在此边界上无流量通过。

$$\left.\frac{\partial p}{\partial n}\right|_{E_2} = f_2(x,y,z,t) = 0 \quad (7.200)$$

第三类边界条件为前两类的混合形式：

$$\left.\left(\frac{\partial p}{\partial n} + ap\right)\right|_{E_3} = f_3(x,y,z,t) \quad (7.201)$$

②内边界条件。

当有煤层气生产井时，由于井的半径与井间距离相比很小，所以可把它视作点汇当内边界来处理。在煤层气储层数值模拟中，可考虑两种内边界条件。

定产量条件：当给定井的产量时，可在微分方程中增加一个产量项。根据裘皮产量公式，煤层气井的气、水产量分别为

$$q_g = \frac{2\pi h K_{rg} K \rho_g}{\mu_g \ln\left(\dfrac{r_e}{r_w} + S\right)}(p_g - p_{wfg}) \quad (7.202)$$

$$q_w = \frac{2\pi h K_{rw} K \rho_w}{\mu_g \ln\left(\dfrac{r_e}{r_w} + S\right)}(p_g - p_{wfw}) \quad (7.203)$$

式中 h——产层厚度，m；

p_{wfg}、p_{wfw}——煤层气井的井底气、水流压，MPa；

r_e——排泄半径，m；

r_w——井筒半径，m；

S——表皮系数。

已知压裂井的裂缝半长时，可用下式计算：

$$S = -\ln\left(\frac{x_f}{2r_w}\right) \quad (7.204)$$

定井底流压 p_{wf} 条件为

$$p_{rw} = p_{wf}(x,y,z,t) \tag{7.205}$$

（2）初始条件。

给定在煤层气开发的初始时刻 $t=0$，煤储层内的压力分布和饱和度分布可表示为：

$$p_w(x,y,z,t=0) = p_{wi}(x,y,z) \tag{7.206}$$

$$S_w(x,y,z,t=0) = S_{wi}(x,y,z) \tag{7.207}$$

其中只有 $p_{wi}(x,y,z)$ 和 $S_{wi}(x,y,z)$ 是已知函数。

5）煤层气储层模拟的数学模型

综上所述，描述煤储层中煤层气解吸、扩散、运移、产出的完整数学模型如下：

$$\frac{\partial}{\partial x}\left[\frac{K_x K_{rg} \rho_g}{\mu_g}\left(\frac{\partial p_g}{\partial x} - \rho_g g \frac{\partial D}{\partial x}\right)\right] + \frac{\partial}{\partial y}\left[\frac{K_y K_{rg} \rho_g}{\mu_g}\left(\frac{\partial p_g}{\partial y} - \rho_g g \frac{\partial D}{\partial y}\right)\right]$$
$$+ \frac{\partial}{\partial z}\left[\frac{K_z K_{rg} \rho_g}{\mu_g}\left(\frac{\partial p_g}{\partial z} - \rho_g g \frac{\partial D}{\partial z}\right)\right] + q_{mdes} - q_g = \frac{\partial(\rho_g S_g \phi)}{\partial t} \tag{7.208}$$

其中 $\quad q_{mdes} = -G\dfrac{\partial V_m}{\partial t}, \quad q_g = \dfrac{2\pi h K_{rg} K \rho_g}{\mu_g \ln\left(\dfrac{r_e}{r_w} + S\right)}(p_g - p_{wfg})$

$$\frac{\partial}{\partial x}\left[\frac{K_x K_{rw} \rho_w}{\mu_w}\left(\frac{\partial p_w}{\partial x} - \rho_w g \frac{\partial D}{\partial x}\right)\right] + \frac{\partial}{\partial y}\left[\frac{K_y K_{rw} \rho_w}{\mu_w}\left(\frac{\partial p_w}{\partial y} - \rho_w g \frac{\partial D}{\partial y}\right)\right]$$
$$+ \frac{\partial}{\partial z}\left[\frac{K_z K_{rw} \rho_w}{\mu_w}\left(\frac{\partial p_w}{\partial z} - \rho_w g \frac{\partial D}{\partial z}\right)\right] - q_w = \frac{\partial(\rho_w S_w \phi)}{\partial t} \tag{7.209}$$

其中 $\quad q_w = \dfrac{2\pi h K_{rw} K \rho_w}{\mu_w \ln\left(\dfrac{r_e}{r_w} + S\right)}(p_w - p_{wfw})$

$$\frac{\partial V_m}{\partial t} = -\sigma D\left[V_m - V_e(p_g)\right] = -\frac{1}{\tau}\left[V_m - V_e(p_g)\right]$$

6）煤层气储层气水两相渗流数值模型

上述建立的描述煤层气在煤储层中运移规律的数学模型是一个复杂的非线性偏微分方程（组），无法用解析法直接求解。求解这类复杂的偏微分方程的通用方法是将方程及其定解条件离散化，然后采用数值法求解。

目前，在工程中应用的数值方法有限差分法、有限元法、变分法及有限边界元法。由于在油气藏数值模拟中，有限差分法应用最广泛，有关的理论和方法也比其他数值方法更趋成熟，所以本书采用有限差分法来建立描述煤储层内煤层气运移规律的数值模型，即差分方程组。

7）离散差分

用有限差分法求偏微分方程的数值解，就是对连续问题进行空间和时间离散，用有限差商代替微商，得到在一系列离散空间网格或离散时间点上连续解的近似解。

对空间进行离散，网格划分有块中心网格和点中心网格两种格式。本书采用直角坐标下的块中心差分网格，即用网格把求解区域剖分成小块，用块的几何中心作为节点。假设节点的坐标以 (i, j, k) 来表示，则在 x、y、z 三个方向上该节点前、后、左、右、上、下邻块的中心坐标标号分别为 $(i-1, j, k)$、$(i+1, j, k)$、$(i, j-1, k)$、$(i, j+1, k)$、$(i, j, k-1)$、$(i, j, k+1)$，这个块的前、后、左、右、上、下边界的坐标标号相应地分别为 $(i-1/2, j, k)$、$(i+1/2, j, k)$、$(i, j-1/2, k)$、$(i, j+1/2, k)$、$(i, j, k-1/2)$、$(i, j, k+1/2)$。

对时间进行离散，就是将整个计算时间剖分成多个时间段，通过前后时间段间的数据传递进行计算。

在不均匀网格条件下，采用块中心差分格式，对气、水相偏微分方程式（7.208）和式（7.209）的左端项进行空间差分，右端项进行时间差分。

首先对气相偏微分方程进行差分：

$$\frac{1}{\Delta x_{i,j,k}}\left\{\left(\frac{K_x K_{rg} \rho_g}{\mu_g}\right)_{i+\frac{1}{2},j,k}\left[\frac{p_{g(i+1,j,k)} - p_{g(i,j,k)}}{\Delta x_{i+\frac{1}{2},j,k}} - \rho_{g\left(i+\frac{1}{2},j,k\right)} g \frac{D_{i+1,j,k} - D_{i,j,k}}{\Delta x_{i+\frac{1}{2},j,k}}\right]\right.$$

$$\left. - \left(\frac{K_x K_{rg} \rho_g}{\mu_g}\right)_{i-\frac{1}{2},j,k}\left[\frac{p_{g(i,j,k)} - p_{g(i-1,j,k)}}{\Delta x_{i-\frac{1}{2},j,k}} - \rho_{g\left(i-\frac{1}{2},j,k\right)} g \frac{D_{i,j,k} - D_{i-1,j,k}}{\Delta x_{i-\frac{1}{2},j,k}}\right]\right\}$$

$$+ \frac{1}{\Delta y_{i,j,k}}\left\{\left(\frac{K_y K_{rg} \rho_g}{\mu_g}\right)_{i,j+\frac{1}{2},k}\left[\frac{p_{g(i,j+1,k)} - p_{g(i,j,k)}}{\Delta y_{i,j+\frac{1}{2},k}} - \rho_{g\left(i,j+\frac{1}{2},k\right)} g \frac{D_{i,j+1,k} - D_{i,j,k}}{\Delta y_{i,j+\frac{1}{2},k}}\right]\right.$$

$$\left. - \left(\frac{K_y K_{rg} \rho_g}{\mu_g}\right)_{i,j-\frac{1}{2},k}\left[\frac{p_{g(i,j,k)} - p_{g(i,j-1,k)}}{\Delta y_{i,j-\frac{1}{2},k}} - \rho_{g\left(i,j-\frac{1}{2},k\right)} g \frac{D_{i,j,k} - D_{i,j-1,k}}{\Delta y_{i,j-\frac{1}{2},k}}\right]\right\}$$

$$+ \frac{1}{\Delta z_{i,j,k}}\left\{\left(\frac{K_z K_{rg} \rho_g}{\mu_g}\right)_{i,j,k+\frac{1}{2}}\left[\frac{p_{g(i,j,k+1)} - p_{g(i,j,k)}}{\Delta z_{i,j,k+\frac{1}{2}}} - \rho_{g\left(i,j,k+\frac{1}{2}\right)} g \frac{D_{i,j,k+1} - D_{i,j,k}}{\Delta z_{i,j,k+\frac{1}{2}}}\right]\right.$$

$$\left. - \left(\frac{K_z K_{rg} \rho_g}{\mu_g}\right)_{i,j,k-\frac{1}{2}}\left[\frac{p_{g(i,j,k)} - p_{g(i,j,k-1)}}{\Delta y_{i,j,k-\frac{1}{2}}} - \rho_{g\left(i,j,k-\frac{1}{2}\right)} g \frac{D_{i,j,k} - D_{i,j,k-1}}{\Delta y_{i,j,k-\frac{1}{2}}}\right]\right\}$$

$$+ q_{\text{mdes}(i,j,k)} - q_{g(i,j,k)} = \frac{1}{\Delta t}\left[\left(\rho_g S_g \phi\right)_{i,j,k}^{n+1} - \left(\rho_g S_g \phi\right)_{i,j,k}^{n}\right] \tag{7.210}$$

两边同乘以 $\Delta x_i \Delta y_j \Delta z_k$，得

$$\Delta y_j \Delta z_k \left\{ \left(\frac{K_x K_{rg} \rho_g}{\mu_g} \right)_{i+\frac{1}{2},j,k} \left[\frac{p_{g(i+1,j,k)} - p_{g(i,j,k)}}{\Delta x_{i+\frac{1}{2},j,k}} - \rho_{g\left(i+\frac{1}{2},j,k\right)} g \frac{D_{i+1,j,k} - D_{i,j,k}}{\Delta x_{i+\frac{1}{2},j,k}} \right] \right.$$

$$\left. - \left(\frac{K_x K_{rg} \rho_g}{\mu_g} \right)_{i-\frac{1}{2},j,k} \left[\frac{p_{g(i,j,k)} - p_{g(i-1,j,k)}}{\Delta x_{i-\frac{1}{2},j,k}} - \rho_{g\left(i-\frac{1}{2},j,k\right)} g \frac{D_{i,j,k} - D_{i-1,j,k}}{\Delta x_{i-\frac{1}{2},j,k}} \right] \right\}$$

$$+ \Delta x_i \Delta z_k \left\{ \left(\frac{K_y K_{rg} \rho_g}{\mu_g} \right)_{i,j+\frac{1}{2},k} \left[\frac{p_{g(i,j+1,k)} - p_{g(i,j,k)}}{\Delta y_{i,j+\frac{1}{2},k}} - \rho_{g\left(i,j+\frac{1}{2},k\right)} g \frac{D_{i,j+1,k} - D_{i,j,k}}{\Delta y_{i,j+\frac{1}{2},k}} \right] \right.$$

$$\left. - \left(\frac{K_y K_{rg} \rho_g}{\mu_g} \right)_{i,j-\frac{1}{2},k} \left[\frac{p_{g(i,j,k)} - p_{g(i,j-1,k)}}{\Delta y_{i,j-\frac{1}{2},k}} - \rho_{g\left(i,j-\frac{1}{2},k\right)} g \frac{D_{i,j,k} - D_{i,j-1,k}}{\Delta y_{i,j-\frac{1}{2},k}} \right] \right\}$$

$$+ \Delta x_i \Delta y_j \left\{ \left(\frac{K_z K_{rg} \rho_g}{\mu_g} \right)_{i,j,k+\frac{1}{2}} \left[\frac{p_{g(i,j,k+1)} - p_{g(i,j,k)}}{\Delta z_{i,j,k+\frac{1}{2}}} - \rho_{g\left(i,j,k+\frac{1}{2}\right)} g \frac{D_{i,j,k+1} - D_{i,j,k}}{\Delta z_{i,j,k+\frac{1}{2}}} \right] \right.$$

$$\left. - \left(\frac{K_z K_{rg} \rho_g}{\mu_g} \right)_{i,j,k-\frac{1}{2}} \left[\frac{p_{g(i,j,k)} - p_{g(i,j,k-1)}}{\Delta y_{i,j,k-\frac{1}{2}}} - \rho_{g\left(i,j,k-\frac{1}{2}\right)} g \frac{D_{i,j,k} - D_{i,j,k-1}}{\Delta y_{i,j,k-\frac{1}{2}}} \right] \right\}$$

$$+ \Delta x_i \Delta y_j \Delta z_k q_{\text{mdes}(i,j,k)} - \Delta x_i \Delta y_j \Delta z_k q_{g(i,j,k)} = \frac{\Delta x_i \Delta y_j \Delta z_k}{\Delta t} \left[\left(\rho_g S_g \phi \right)^{n+1}_{i,j,k} - \left(\rho_g S_g \phi \right)^{n}_{i,j,k} \right] \quad (7.211)$$

令

$$F_{i\pm\frac{1}{2},j,k} = \frac{\Delta y_j \Delta z_k}{\Delta x_{i\pm\frac{1}{2}}}, \quad F_{i,j\pm\frac{1}{2},k} = \frac{\Delta x_i \Delta z_k}{\Delta y_{j\pm\frac{1}{2}}}, \quad F_{i,j,k\pm\frac{1}{2}} = \frac{\Delta x_i \Delta y_j}{\Delta z_{k\pm\frac{1}{2}}}$$

$$\lambda_{g(i\pm 1/2,j,k)} = \left(\frac{K_x K_{rg} \rho_g}{\mu_g} \right)_{i\pm 1/2,j,k}, \quad \lambda_{g(i,j\pm 1/2,k)} = \left(\frac{K_y K_{rg} \rho_g}{\mu_g} \right)_{i,j\pm 1/2,k}$$

$$\lambda_{g(i,j,k)\pm 1/2} = \left(\frac{K_z K_{rg} \rho_g}{\mu_g} \right)_{i,j,k\pm 1/2}, \quad V_{i,j,k} = \Delta x_i \Delta y_j \Delta z_k$$

这样式（7.211）简化为

$$F_{i+1/2,j,k} \lambda_{g(i+1/2,j,k)} \left\{ \left[p_{g(i+1,j,k)} - p_{g(i,j,k)} \right] - \rho_{g\left(i+\frac{1}{2},j,k\right)} g \left(D_{i+1,j,k} - D_{i,j,k} \right) \right\}$$

$$- F_{i-1/2,j,k} \lambda_{g(i-1/2,j,k)} \left\{ \left[p_{g(i,j,k)} - p_{g(i-1,j,k)} \right] - \rho_{g\left(i-\frac{1}{2},j,k\right)} g \left(D_{i,j,k} - D_{i-1,j,k} \right) \right\}$$

$$+F_{i,j+1/2,k}\lambda_{g(i,j+1/2,k)}\left\{\left[p_{g(i,j+1,k)}-p_{g(i,j,k)}\right]-\rho_{g\left(i,j+\frac{1}{2},k\right)}g\left(D_{i,j+1,k}-D_{i,j,k}\right)\right\}$$

$$-F_{i,j-1/2,k}\lambda_{g(i,j-1/2,k)}\left\{\left[p_{g(i,j,k)}-p_{g(i,j-1,k)}\right]-\rho_{g\left(i,j-\frac{1}{2},k\right)}g\left(D_{i,j,k}-D_{i,j-1,k}\right)\right\}$$

$$+F_{i,j,k+1/2}\lambda_{g(i,j,k+1/2)}\left\{\left[p_{g(i,j,k+1)}-p_{g(i,j,k)}\right]-\rho_{g\left(i,j,k+\frac{1}{2}\right)}g\left(D_{i,j,k+1}-D_{i,j,k}\right)\right\}$$

$$-F_{i,j,k-1/2}\lambda_{g(i,j,k-1/2)}\left\{\left[p_{g(i,j,k)}-p_{g(i,j,k-1)}\right]-\rho_{g\left(i,j,k-\frac{1}{2}\right)}g\left(D_{i,j,k}-D_{i,j,k-1}\right)\right\}$$

$$+V_{i,j,k}q_{\text{mdes}(i,j,k)}-V_{i,j,k}q_{g(i,j,k)}=\frac{V_{i,j,k}}{\Delta t}\left[\left(\rho_g S_g \phi\right)_{i,j,k}^{n+1}-\left(\rho_g S_g \phi\right)_{i,j,k}^{n}\right] \quad (7.212)$$

式中 F——几何因子；

λ——流动系数；

$V_{i,j,k}$——单元网格块 (i, j, k) 的体积。

再令

$$T_{g(i+1/2,j,k)}=F_{i+1/2,j,k}\lambda_{g(i+1/2,j,k)}$$
$$T_{g(i-1/2,j,k)}=F_{i-1/2,j,k}\lambda_{g(i-1/2,j,k)}$$
$$T_{g(i,j+1/2,k)}=F_{i,j+1/2,k}\lambda_{g(i,j+1/2,k)}$$
$$T_{g(i,j-1/2,k)}=F_{i,j-1/2,k}\lambda_{g(i,j-1/2,k)}$$
$$T_{g(i,j,k+1/2)}=F_{i,j,k+1/2}\lambda_{g(i,j,k+1/2)}$$
$$T_{g(i,j,k-1/2)}=F_{i,j,k-1/2}\lambda_{g(i,j,k-1/2)}$$

$T=F\lambda$，称为传导系数，代入可得

$$T_{g(i+1/2,j,k)}\left\{\left[p_{g(i+1,j,k)}-p_{g(i,j,k)}\right]-\rho_{g\left(i+\frac{1}{2},j,k\right)}g\left(D_{i+1,j,k}-D_{i,j,k}\right)\right\}$$

$$-T_{g(i-1/2,j,k)}\left\{\left[p_{g(i,j,k)}-p_{g(i-1,j,k)}\right]-\rho_{g\left(i-\frac{1}{2},j,k\right)}g\left(D_{i,j,k}-D_{i-1,j,k}\right)\right\}$$

$$+T_{g(i,j+1/2,k)}\left\{\left[p_{g(i,j+1,k)}-p_{g(i,j,k)}\right]-\rho_{g\left(i,j+\frac{1}{2},k\right)}g\left(D_{i,j+1,k}-D_{i,j,k}\right)\right\}$$

$$-T_{g(i,j-1/2,k)}\left\{\left[p_{g(i,j,k)}-p_{g(i,j-1,k)}\right]-\rho_{g\left(i,j-\frac{1}{2},k\right)}g\left(D_{i,j,k}-D_{i,j-1,k}\right)\right\}$$

$$+T_{g(i,j,k+1/2)}\left\{\left[p_{g(i,j,k+1)}-p_{g(i,j,k)}\right]-\rho_{g\left(i,j,k+\frac{1}{2}\right)}g\left(D_{i,j,k+1}-D_{i,j,k}\right)\right\}$$

$$-T_{g(i,j,k-1/2)}\left\{\left[p_{g(i,j,k)}-p_{g(i,j,k-1)}\right]-\rho_{g\left(i,j,k-\frac{1}{2}\right)}g\left(D_{i,j,k}-D_{i,j,k-1}\right)\right\}$$

$$+V_{i,j,k}q_{\mathrm{mdes}(i,j,k)}-V_{i,j,k}q_{\mathrm{g}(i,j,k)}=\frac{V_{i,j,k}}{\Delta t}\left[\left(\rho_{\mathrm{g}}S_{\mathrm{g}}\phi\right)_{i,j,k}^{n+1}-\left(\rho_{\mathrm{g}}S_{\mathrm{g}}\phi\right)_{i,j,k}^{n}\right] \quad (7.213)$$

为简化方程，引入如下线性微分算子：

$$\Delta_x T_{\mathrm{g}}\Delta_x p_{\mathrm{g}}=T_{\mathrm{g}(i+1/2,j,k)}\left[p_{\mathrm{g}(i+1,j,k)}-p_{\mathrm{g}(i,j,k)}\right]-T_{\mathrm{g}(i-1/2,j,k)}\left[p_{\mathrm{g}(i,j,k)}-p_{\mathrm{g}(i-1,j,k)}\right]$$

$$\Delta_y T_{\mathrm{g}}\Delta_y p_{\mathrm{g}}=T_{\mathrm{g}(i,j+1/2,k)}\left[p_{\mathrm{g}(i,j+1,k)}-p_{\mathrm{g}(i,j,k)}\right]-T_{\mathrm{g}(i,j-1/2,k)}\left[p_{\mathrm{g}(i,j,k)}-p_{\mathrm{g}(i,j-1,k)}\right]$$

$$\Delta_z T_{\mathrm{g}}\Delta_z p_{\mathrm{g}}=T_{\mathrm{g}(i,j,k+1/2)}\left[p_{\mathrm{g}(i,j,k+1)}-p_{\mathrm{g}(i,j,k)}\right]-T_{\mathrm{g}(i,j,k-1/2)}\left[p_{\mathrm{g}(i,j,k)}-p_{\mathrm{g}(i,j,k-1)}\right]$$

则上述方程简写为

$$\Delta_x T_{\mathrm{g}}\Delta_x p_{\mathrm{g}}+\Delta_y T_{\mathrm{g}}\Delta_y p_{\mathrm{g}}+\Delta_z T_{\mathrm{g}}\Delta_z p_{\mathrm{g}}-\Delta_x T_{\mathrm{g}}\rho_{\mathrm{g}}g\Delta_x D-\Delta_y T_{\mathrm{g}}\rho_{\mathrm{g}}g\Delta_y D-\Delta_z T_{\mathrm{g}}\rho_{\mathrm{g}}g\Delta_z D$$
$$+V_{i,j,k}q_{\mathrm{mdes}(i,j,k)}-V_{i,j,k}q_{\mathrm{g}(i,j,k)}=\frac{V_{i,j,k}}{\Delta t}\left[\left(\rho_{\mathrm{g}}S_{\mathrm{g}}\phi\right)_{i,j,k}^{n+1}-\left(\rho_{\mathrm{g}}S_{\mathrm{g}}\phi\right)_{i,j,k}^{n}\right] \quad (7.214)$$

进一步可简记为

$$\Delta T_{\mathrm{g}}\Delta P_{\mathrm{g}}-\Delta T_{\mathrm{g}}\rho_{\mathrm{g}}g\Delta D+V_{i,j,k}q_{\mathrm{mdes}(i,j,k)}-V_{i,j,k}q_{\mathrm{g}(i,j,k)}=\frac{V_{i,j,k}}{\Delta t}\left[\left(\rho_{\mathrm{g}}S_{\mathrm{g}}\phi\right)_{i,j,k}^{n+1}-\left(\rho_{\mathrm{g}}S_{\mathrm{g}}\phi\right)_{i,j,k}^{n}\right] \quad (7.215)$$

同理，可得水相的差分方程：

$$F_{i+1/2,j,k}\lambda_{\mathrm{w}(i+1/2,j,k)}\left\{\left[p_{\mathrm{w}(i+1,j,k)}-p_{\mathrm{w}(i,j,k)}\right]-\rho_{\mathrm{w}\left(i+\frac{1}{2},j,k\right)}g\left(D_{i+1,j,k}-D_{i,j,k}\right)\right\}$$

$$-F_{i-1/2,j,k}\lambda_{\mathrm{w}(i-1/2,j,k)}\left\{\left[p_{\mathrm{w}(i,j,k)}-p_{\mathrm{w}(i-1,j,k)}\right]-\rho_{\mathrm{w}\left(i-\frac{1}{2},j,k\right)}g\left(D_{i,j,k}-D_{i-1,j,k}\right)\right\}$$

$$+F_{i,j+1/2,k}\lambda_{\mathrm{w}(i,j+1/2,k)}\left\{\left[p_{\mathrm{w}(i,j+1,k)}-p_{\mathrm{w}(i,j,k)}\right]-\rho_{\mathrm{w}\left(i,j+\frac{1}{2},k\right)}g\left(D_{i,j+1,k}-D_{i,j,k}\right)\right\}$$

$$-F_{i,j-1/2,k}\lambda_{\mathrm{w}(i,j-1/2,k)}\left\{\left[p_{\mathrm{w}(i,j,k)}-p_{\mathrm{w}(i,j-1,k)}\right]-\rho_{\mathrm{w}\left(i,j-\frac{1}{2},k\right)}g\left(D_{i,j,k}-D_{i,j-1,k}\right)\right\}$$

$$+F_{i,j,k+1/2}\lambda_{\mathrm{w}(i,j,k+1/2)}\left\{\left[p_{\mathrm{w}(i,j,k+1)}-p_{\mathrm{w}(i,j,k)}\right]-\rho_{\mathrm{w}\left(i,j,k+\frac{1}{2}\right)}g\left(D_{i,j,k+1}-D_{i,j,k}\right)\right\}$$

$$-F_{i,j,k-1/2}\lambda_{\mathrm{w}(i,j,k-1/2)}\left\{\left[p_{\mathrm{w}(i,j,k)}-p_{\mathrm{w}(i,j,k-1)}\right]-\rho_{\mathrm{w}\left(i,j,k-\frac{1}{2}\right)}g\left(D_{i,j,k}-D_{i,j,k-1}\right)\right\}$$

$$-V_{i,j,k}q_{\mathrm{w}(i,j,k)}=\frac{V_{i,j,k}}{\Delta t}\left[\left(\rho_{\mathrm{w}}S_{\mathrm{w}}\phi\right)_{i,j,k}^{n+1}-\left(\rho_{\mathrm{w}}S_{\mathrm{w}}\phi\right)_{i,j,k}^{n}\right] \quad (7.216)$$

简记为

$$T_{\mathrm{w}(i+1/2,j,k)}\left\{\left[p_{\mathrm{w}(i+1,j,k)}-p_{\mathrm{w}(i,j,k)}\right]-\rho_{\mathrm{w}\left(i+\frac{1}{2},j,k\right)}g\left(D_{i+1,j,k}-D_{i,j,k}\right)\right\}$$

$$-T_{w(i-1/2,j,k)}\left\{\left[p_{w(i,j,k)}-p_{w(i-1,j,k)}\right]-\rho_{w\left(i-\frac{1}{2},j,k\right)}g\left(D_{i,j,k}-D_{i-1,j,k}\right)\right\}$$

$$+T_{w(i,j+1/2,k)}\left\{\left[p_{w(i,j+1,k)}-p_{w(i,j,k)}\right]-\rho_{w\left(i,j+\frac{1}{2},k\right)}g\left(D_{i,j+1,k}-D_{i,j,k}\right)\right\}$$

$$-T_{w(i,j-1/2,k)}\left\{\left[p_{w(i,j,k)}-p_{w(i,j-1,k)}\right]-\rho_{w\left(i,j-\frac{1}{2},k\right)}g\left(D_{i,j,k}-D_{i,j-1,k}\right)\right\}$$

$$+T_{w(i,j,k+1/2)}\left\{\left[p_{w(i,j,k+1)}-p_{w(i,j,k)}\right]-\rho_{w\left(i,j,k+\frac{1}{2}\right)}g\left(D_{i,j,k+1}-D_{i,j,k}\right)\right\}$$

$$-T_{w(i,j,k-1/2)}\left\{\left[p_{w(i,j,k)}-p_{w(i,j,k-1)}\right]-\rho_{w\left(i,j,k-\frac{1}{2}\right)}g\left(D_{i,j,k}-D_{i,j,k-1}\right)\right\}$$

$$-V_{i,j,k}q_w = \frac{V_{i,j,k}}{\Delta t}\left[\left(\rho_w S_w \phi\right)^{n+1}_{i,j,k}-\left(\rho_w S_w \phi\right)^{n}_{i,j,k}\right] \tag{7.217}$$

上述方程简写为

$$\Delta_x T_w \Delta_x p_w + \Delta_y T_w \Delta_y p_w + \Delta_z T_w \Delta_z p_w - \Delta_x T_w \rho_w g \Delta_x D - \Delta_y T_w \rho_w g \Delta_y D$$
$$-\Delta_z T_w \rho_w g \Delta_z D - V_{i,j,k} q_w = \frac{V_{i,j,k}}{\Delta t}\left[\left(\rho_w S_w \phi\right)^{n+1}_{i,j,k}-\left(\rho_w S_w \phi\right)^{n}_{i,j,k}\right] \tag{7.218}$$

进一步可简记为

$$\Delta T_w \Delta p_w - \Delta T_w \rho_w g \Delta D - V_{i,j,k} q_w = \frac{V_{i,j,k}}{\Delta t}\left[\left(\rho_w S_w \phi\right)^{n+1}_{i,j,k}-\left(\rho_w S_w \phi\right)^{n}_{i,j,k}\right] \tag{7.219}$$

由此得到气、水两相的隐式差分方程组

$$\begin{cases} \Delta T_g \Delta p_g - \Delta T_g \rho_g g \Delta D + V_{i,j,k} q_{mdes} - V_{i,j,k} q_g = \frac{V_{i,j,k}}{\Delta t}\left[\left(\rho_g S_g \phi\right)^{n+1}_{i,j,k}-\left(\rho_g S_g \phi\right)^{n}_{i,j,k}\right] \\ \Delta T_w \Delta p_w - \Delta T_w \rho_w g \Delta D - V_{i,j,k} q_w = \frac{V_{i,j,k}}{\Delta t}\left[\left(\rho_w S_w \phi\right)^{n+1}_{i,j,k}-\left(\rho_w S_w \phi\right)^{n}_{i,j,k}\right] \end{cases} \tag{7.220}$$

化简为

$$\begin{cases} \Delta T_g \left(\Delta p_g - \rho_g g \Delta D\right) + V_{i,j,k} q_{mdes(i,j,k)} - V_{i,j,k} q_{g(i,j,k)} = \frac{V_{i,j,k}}{\Delta t}\left[\left(\rho_g S_g \phi\right)^{n+1}_{i,j,k}-\left(\rho_g S_g \phi\right)^{n}_{i,j,k}\right] \\ \Delta T_w \left(\Delta p_w - \rho_w g \Delta D\right) - V_{i,j,k} q_{w(i,j,k)} = \frac{V_{i,j,k}}{\Delta t}\left[\left(\rho_w S_w \phi\right)^{n+1}_{i,j,k}-\left(\rho_w S_w \phi\right)^{n}_{i,j,k}\right] \end{cases}$$

$$\tag{7.221}$$

因为 $\Delta\phi=\Delta p-\rho g\Delta D$，代入式（7.221），最终得到描述煤储层中煤层气、水两相流体运移规律的差分方程组即数值模型：

$$\begin{cases} \Delta T_\text{g}\Delta\phi_\text{g} + V_{i,j,k}q_{\text{mdes}(i,j,k)} - V_{i,j,k}q_{\text{g}(i,j,k)} = \dfrac{V_{i,j,k}}{\Delta t}\left[\left(\rho_\text{g}S_\text{g}\phi\right)_{i,j,k}^{n+1} - \left(\rho_\text{g}S_\text{g}\phi\right)_{i,j,k}^{n}\right] \\ \Delta T_\text{w}\Delta\phi_\text{w} - V_{i,j,k}q_{\text{w}(i,j,k)} = \dfrac{V_{i,j,k}}{\Delta t}\left[\left(\rho_\text{w}S_\text{w}\phi\right)_{i,j,k}^{n+1} - \left(\rho_\text{w}S_\text{w}\phi\right)_{i,j,k}^{n}\right] \end{cases} \quad (7.222)$$

7.3.3.2 考虑渗透率变化的数学模型

数值模拟最终都要归结到线性方程组的求解。线性方程组的求解所需时间在油藏数值模拟过程中占有很大的比例，选取一个适用范围广、收敛速度快的解法至关重要。

预处理正交极小化方法是预处理共轭梯度法的一种，是修正不完全因子分解方法和正交极小化方法的有机结合。该方法不仅能够有效地节省内存，而且能够有效地提高收敛速度。

1）修正不完全LU分解

设 $\boldsymbol{R}=[r_{ij}]$ 是一个给定的矩阵，令

$$T = \{(i,j), 1 \leqslant i \neq j \leqslant n\} \quad (7.223)$$

$$G = \{(i,j) \in T, a_{i,j} \neq 0\} \quad (7.224)$$

对于 T 的任一含有 G 的子集 TT 和任一 ω（$0 \leqslant \omega \leqslant 1$），则 $\boldsymbol{A}$ 关于 TT 和 ω 的松弛不完全LU分解可用下式表达：

$$\boldsymbol{A} = \boldsymbol{LU} + \boldsymbol{R} \quad (7.225)$$

其中，$\boldsymbol{L}=[l_{ij}]$ 和 $\boldsymbol{U}=[u_{ij}]$ 分别是单位下三角矩阵和单位上三角矩阵；$\boldsymbol{R}$ 满足下述条件：

$$\begin{cases} r_{i,j} = 0, (i,j) \in T \\ r_{i,j} = -\omega\sum_{j\neq i}r_{i,j}, i=1,2,\cdots,n \end{cases} \quad (7.226)$$

稀疏矩阵的不完全分解的算法可以总结如下：对矩阵 $\boldsymbol{A}$ 的第 k 列进行高斯消元，得到的矩阵记为 $\boldsymbol{A}_k$，$k=1, 2, \cdots, n$。

修正 $\tilde{\boldsymbol{A}}_k = \left[\tilde{a}_{i,j}^k\right]$，使其具有指定的稀疏性，并满足对角元素的特定要求，从而得到 $\tilde{\boldsymbol{A}}_{k+1} = \tilde{\boldsymbol{A}}_k + \boldsymbol{R}_k$。

当 $\omega=1$ 时，依次类推有

$$\boldsymbol{L} = \left(\boldsymbol{L}_{n-1}K\boldsymbol{L}_1\right)^{-1}, \quad \boldsymbol{U} = \boldsymbol{A}_n, \quad \boldsymbol{R} = \sum_{k=1}^{n-1}\boldsymbol{R}_k$$

2）预处理正交极小化方法

ORTHOMIN法是求解非对称线性系统的广义共轭梯度法的一种，是目前求解油藏问题普遍使用的方法。

设 $\boldsymbol{A} \in \boldsymbol{R}^{n\times n}$ 是任一非奇异矩阵，$b \in \boldsymbol{R}^n$，则求解 $\boldsymbol{A}x=b$ 的极小化方法表示为

$$\begin{cases} p_0 = r_0 - b - Ax_0 \\ \lambda_0 = (r_0', Ap_0)/(Ap_0, Ap_0) \end{cases} \quad (7.227)$$

$$\begin{cases} x_{n+1} = x_n + \lambda_n p_n \\ r_{n+1} = r_n - \lambda_n p_n \\ \alpha_{n+1,i} = (Ar_{n+1}, Ap_i)/(Ap_i, Ap_i), i = 0,1,\cdots,n \\ p_{n+1} = r_{n+1} - \sum_{i=0}^{n}(\alpha_{n+1,i} p_i) \\ \lambda_{n+1} = (r_{n+1}, Ap_{n+1})/(Ap_{n+1}, Ap_{n+1}) \end{cases} \quad (7.228)$$

式中 α_i——正交化系数；

λ_i——极小化系数。

预处理正交极小化方法是预处理方法和正交极小化两种方法的结合，即对矩阵 A 进行不完全 LU 分解，得到预优矩阵 M，则将原方程组 $Ax=b$ 转换为 $(AM^{-1})Mx=b$，令 $y=Mx$，则将方程转换为 $AM^{-1}y=b$ 的问题。用正交极小化方法求解该方程，再回代求解 $x=M^{-1}y$，循环迭代直至收敛。

7.3.3.3 考虑渗透率变化的煤层气数值模拟的数学模型

煤层气开采过程中，气体解吸造成煤基质收缩和储层有效应力的变化，从而改变煤储层的孔渗条件。如果忽略这一影响，势必会造成模拟结果与实际开采过程存在误差。

1）裂缝系统中气水两相流控制方程

气、水两相渗流方程：

$$\nabla \cdot \frac{KK_{rw}}{B_w \mu_w}(\nabla p_w - \rho_w \nabla D) + q_w = \frac{\partial}{\partial t}\left(\frac{\phi_f S_w}{B_w}\right) \quad (7.229)$$

$$\nabla \cdot \frac{KK_{rg}}{B_g \mu_g}(\nabla p_g - \rho_g \nabla D) + \frac{R_{sw}KK_w}{B_w \mu_w}(\nabla p_w - \rho_w g \nabla D) + q_g + R_{sw} + q_s$$

$$= \frac{\partial}{\partial t}\left(\frac{\phi_f S_g}{B_g} + \frac{\phi_f R_{Sw} S_w}{B_w}\right) \quad (7.230)$$

式中 K——裂缝系统的绝对渗透率，mD；

K_{rg}、K_{rw}——气相和水相的相对渗透率；

B_g、B_w——气相和水相的体积系数；

μ_g、μ_w——气相和水相的黏度，mPa·s；

p_g、p_w——裂缝中气相和水相的压力，MPa；

ρ_g、ρ_w——地层条件下气相和水相的密度，kg/m³；

D——标高，m；

R_{sw}——溶解气水比；

ϕ_f——裂缝系统的孔隙度；

q_g、q_w——地面标准条件下单位时间单位体积煤岩内产出或注入气、水的体积，m^3/d；

q_s——地面标准条件下单位时间单位体积煤岩中从煤基质解吸的气体体积，$m^3/(m^3·d)$；

S_g、S_w——裂缝系统含气、含水饱和度。

2）基质系统气体解吸扩散方程

煤层气从基质系统向裂缝系统的扩散为非平衡拟稳态过程，服从Fick第一定律：

$$\frac{\partial V_m}{\partial t} = -\frac{1}{\tau}(V_m - V_E) \quad (7.231)$$

气体由基质系统向裂缝系统的解吸扩散速率为

$$q_s = -F_G \rho_c \frac{\partial V_m}{\partial t} \quad (7.232)$$

另根据Langmuir等温吸附模型，煤基质孔隙外表面的平衡吸附浓度为

$$V_E = \frac{V_L p_g}{p_L + p_g} \quad (7.233)$$

式中　V_m——单位质量基质煤块的气体吸附浓度，m^3/t；

V_E——单位质量煤基质孔隙外表面的平衡吸附浓度，m^3/t；

F_G——基质单元形状因子；

ρ_c——煤岩密度，kg/m^3；

V_L——Langmuir体积，m^3/t；

p_L——Langmuir压力，MPa。

3）渗透率变化模型

煤层气的开发过程会发生储层渗透率的变化。一方面，在上覆岩层压力不变的条件下，随着气体的产出，储层流体压力下降，有效应力上升，从而挤压裂缝，使渗透率降低；另一方面，随着储层压力的下降，气体不断解吸，引起煤基质收缩，从而造成渗透率增大。考虑到煤储层的强压缩性和低弹性模量，更加不可忽视渗透率变化的影响。

引入渗透率变化模型，关于煤基质形变与气体解吸量的应力方程为

$$\sigma - \sigma_0 = \frac{v}{1-v}(p - p_0) + \frac{E}{3(1-v)}\alpha_s(V_E - V_{E0}) \quad (7.234)$$

渗透率变化情况由下式进行计算：

$$K = K_0 e^{-3c_f(\sigma - \sigma_0)} \quad (7.235)$$

式中　p_0——原始储层压力，MPa；

K_0——原始储层压力下的裂缝系统绝对渗透率，mD；

c_f——有效水平应力（$\sigma - \sigma_0$）下的裂缝压缩系数，1/MPa；

E——杨氏模量，GPa；

v——泊松比；

$α_s$——基质收缩/膨胀系数，1/MPa；

V_{E0}——气体在初始储层压力下的平衡吸附浓度，m^3/t。

要对数学模型进行求解，首先通过有限差分建立数值模型，然后采用隐压显饱法（IMPES）逐步计算。

参考文献

[1] 李治平.油气层渗流力学[M].北京：石油工业出版社，2001.
[2] 孔祥言.高等渗流力学[M].合肥：中国科学技术大学出版社，2020.
[3] 欧阳伟平，孙贺东，张冕.考虑应力敏感的致密气多级压裂水平井试井分析[J].石油学报，2018，39（5）：570-574.
[4] 郭建林，贾爱林，贾成业，等.页岩气水平井生产规律[J].天然气工业，2019，39（10）：53-58.
[5] 张荻萩，李治平，苏皓.页岩气产量递减规律研究[J].岩性油气藏，2015，27（6）：138-144.
[6] 韩娟鸽.页岩气产量递减分析研究[D].北京：中国石油大学（北京），2018.
[7] 谢维扬，刘旭宁，吴建发，等.页岩气水平井组产量递减特征及动态监测[J].天然气地球科学，2019，30（2）：257-265.
[8] 岳陈军.页岩气井现代产量递减分析方法理论研究[D].成都：西南石油大学，2016.
[9] 卢婷.页岩气扩散渗流机理及试井与产能分析方法研究[D].北京：中国地质大学（北京），2019.

思考题

1. 通过阅读课后文献，总结对比不同非常规天然气递减规律的差异性。
2. 压裂水平井生产动态影响因素有哪些？
3. 页岩气藏动态分析与煤层气藏动态分析的差异性有哪些？
4. 以游离气为主的致密气藏与页岩气藏动态分析的差异性有哪些？
5. 页岩气藏物质平衡方程与煤层气藏物质平衡方程有何区别？

8 人工智能在非常规天然气开发中的应用

视频10 人工智能

人工智能是研究开发用于模拟、延伸和扩展人的智能的理论、方法、技术及应用系统的一门技术科学，内容十分广泛（视频10）。它由不同的领域组成，如机器学习、计算机视觉等[1-2]。

1999年，大庆油田首次在全球范围内提出了数字油田的概念；2001年，数字油田被列为"十五"国家科技攻关计划重大项目。智慧油田由数字油田发展而来，是一个由量变到质变的演进。数字油田的核心是数字化和智能化，强调的是人工智能；智慧油田就是在数字油田的基础上融入人的智慧，强调的是人工智能和人的智慧相结合。与数字油田侧重于数据收集不同，智慧油田更加侧重于数据的整理和深度应用的发掘，形成由"数据"到"知识"的转变，以这些知识为基础，对油田生产决策进行辅助和指导，从而优化传统工艺流程，提供科学管理方法，实现由静态到动态、由智能到智慧、由简单到深入、由被动到主动的跨越。2021年2月26日，长庆油田与华为技术有限公司签署战略合作协议。双方以数字化转型为契机，在多个领域展开深层次的合作，全面推进长庆油田的数字化转型与智能化发展，打造我国油气行业数字化转型的新标杆[3]。

本章主要阐述人工智能领域与非常规天然气开发相关的基础理论与方法[4]，并通过实例进行应用分析。

8.1 人工智能算法

8.1.1 人工神经网络

人工神经网络的基本组成是人工神经元，它从结构和功能的角度模拟和抽象生物神经元。人工神经元是通过模拟人脑中神经元的结构和相互联系而建立的数学模型。不同的人工神经元模型由不同的作用函数组成，常见的作用函数有线性函数、阶跃函数、高斯函数、S型（Sigmoid）函数等[5]。

线性函数： $$y = f(x) = x$$

阶跃函数： $$f(x) = \begin{cases} 1, & x \geq 0 \\ -1, & x \end{cases}$$

高斯函数： $$f(x) = e^{-(x^2/\sigma^2)}$$

Sigmoid 函数： $$f(x) = \frac{1}{1+e^{-x}}$$

目前，人工神经网络有很多种，如 BP 神经网络、小波神经网络、Hopfield 神经网络、模糊神经网络、ELMAN 神经网络、卷积神经网络等。根据输入信号在网络中的流向，人工神经网络可分为前馈型神经网络和有反馈型神经网络。

前馈型神经网络首先从输入层获取输入信息，然后将其传输到中间层，接着通过每个中间层的加权过程将其传递到输出层，并被激励函数激活，最后从输出层输出，各层神经元之间没有信息反馈。常用的前馈神经网络包括 BP 神经网络、径向基函数神经网络等。

有反馈型神经网络允许信息从输出层反向传播到隐藏层，或从隐藏层反向传播到输入层。每层神经元的输出都可能受到神经元先前输出反馈信息或当前输入信息的影响，这使得有反馈型神经网络具有类似于人脑的"短期记忆"特性。常见的有反馈型神经网络有 Hopfield 神经网络、ELMAN 神经网络等。

8.1.1.1 BP 神经网络

BP 神经网络是一种按照误差逆向传播算法训练的多层前馈型神经网络，是应用最广泛的神经网络模型之一。它的基本思想是梯度下降法，利用梯度搜索技术，以期使神经网络的实际输出值和期望输出值的误差均方差为最小。基本 BP 算法包括信号的前向传播和误差的反向传播两个过程，即计算误差输出时按从输入到输出的方向进行，而调整权值和阈值则从输出到输入的方向进行。正向传播时，输入信号通过隐含层作用于输出节点，经过非线性变换，产生输出信号；若实际输出与期望输出不相符，则转入误差的反向传播过程。误差反传是将输出误差通过隐含层向输入层逐层反传，并将误差分摊给各层所有单元，以从各层获得的误差信号作为调整各单元权值的依据。通过调整输入节点与隐含层节点的连接强度和隐含层节点与输出节点的连接强度以及阈值，使误差沿梯度方向下降，经过反复学习训练，确定与最小误差相对应的网络参数（权值和阈值），训练即告停止。此时经过训练的神经网络即能对类似样本的输入信息自行处理，输出误差最小的经过非线性转换的信息。

1）输入层

输入层其实就是输入的训练数据，它的格式也由输入数据决定。

2）隐含层

隐含层是 BP 神经网络的参数，也叫权重矩阵。它负责增加计算能力，解决困难问题。隐含层神经元不能无限增加，否则会出现过拟合现象。单隐含层的 BP 神经网络见图 8.1。

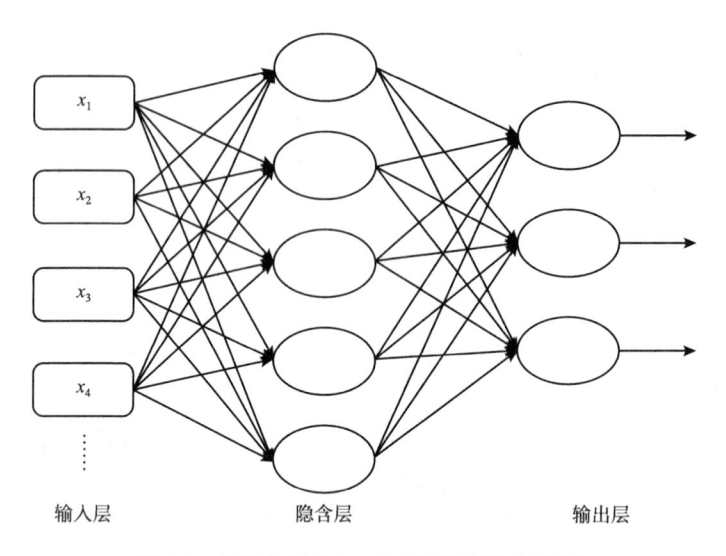

图 8.1　单隐含层的 BP 神经网络拓扑结构图

3）输出层

输出层又称为决策层，负责进行决策。

4）算法

误差反向传播法是首先对初始的权值和阈值进行设定，将向量传入输入层，在传递函数的传导下经过隐含层和输出层，将得到的输出值与期望值进行比较，若二者误差小于模型设定的允许范围，则结束模型训练，若二者误差值大于模型设定的允许范围，则将误差值由后往前进行逐层的反向传递，并逐步调整各层和各神经元的权值与阈值，实现误差的不断降低。以上步骤将不断循环，直到误差达到期望水平。算法步骤具体可分为：

（1）定义变量和参数并进行模型初始化。定义输入值为

$$x(m)=[1,x_1(m),x_2(m),\cdots,x_n(m)]^{\mathrm{T}} \quad (8.1)$$

期望输出值为

$$y(m)=[1,y_1(m),y_2(m),\cdots,y_n(m)]^{\mathrm{T}} \quad (8.2)$$

实际输出值为

$$O(m)=[1,O_1(m),O_2(m),\cdots,O_n(m)]^{\mathrm{T}} \quad (8.3)$$

其中，$n=1,2,\cdots,m$，是输入样本的个数；定义连接权值 w 为随机或全为 0 的权值，b 为偏置。

（2）传递，即将每个学习样本 $x(m)$ 输入传递函数中，指定其对应的期望输出值 $y(m)$。常用的传递函数包括单极性函数、线性传递函数和正切函数，所使用的函数需依据输入数据和输出数据的取值范围来确定。其中单极性函数的公式为

$$f(x)=\frac{1}{1+\mathrm{e}^{-ax}} \quad (0<f(x)<1) \quad (8.4)$$

线性传递函数为

$$f(x) = ax + b \qquad (-\infty < f(x) < \infty) \tag{8.5}$$

正切函数为

$$f(x) = \frac{1 - e^{-ax}}{1 + e^{-ax}} \qquad (-1 < f(x) < 1) \tag{8.6}$$

（3）计算输出值，公式为

$$O(m) = \text{sgn}(x(m)w(m)) \tag{8.7}$$

其中

$$x(m) = [1, x_1(m), x_2(m), \cdots, x_n(m)]^T$$

$$w(m) = [1, w_1(m), w_2(m), \cdots, w_n(m)]^T$$

（4）更新权值向量 w：

$$w(m+1) = w(m) + x(m)\eta[e(m)] \tag{8.8}$$

式中 $e(m)$——误差项。

（5）计算全局误差 E，判断是否达到收敛条件。若满足条件则运算结束，若不满足则返回第（2）步重新进行训练。运算收敛条件包括：误差水平已小于模型设定的期望值；权值在两次迭代间的变化已下降到较低水平；达到设定的最大迭代次数。全局误差的公式为

$$E = \frac{1}{2n} \sum_{j=1}^{p} \sum_{k=1}^{q} (y_j(m) - O_k(m))^2 \tag{8.9}$$

式中 n——样本数；
p——输入层的神经元个数；
q——输出层的神经元个数。

8.1.1.2 Hopfield 神经网络

Hopfield 神经网络属于有反馈型神经网络，主要采用 Hebb 规则进行学习，一般情况下计算的收敛速度较快。Hopfield 神经网络状态的演变过程是一个非线性动力学系统，可以用一组非线性差分方程来描述。系统的稳定性可用所谓的"能量函数"进行分析，在满足一定条件下，某种"能量函数"的能量在网络运行过程中不断地减少，最后趋于稳定的平衡状态。Hopfield 的模型不仅对人工神经网络信息存储和提取功能进行了非线性数学概括，提出了动力方程和学习方程，还对算法提供了重要公式和参数。

8.1.2 机器学习

机器学习实际上已经存在了几十年，也可以认为存在了几个世纪。追溯到 17 世纪，

贝叶斯、拉普拉斯关于最小二乘法的推导和马尔科夫链构成了机器学习广泛使用的工具和基础[6]。

从20世纪50年代以来，不同时期的机器学习研究途径和目标并不相同，可以划分为四个阶段。

第一阶段是20世纪50年代中叶到60年代中叶。这个时期主要研究"有无知识的学习"，主要是研究系统的执行能力，通过对机器的环境及其相应性能参数的改变来检测系统所反馈的数据，就好比给系统一个程序，通过改变它们的自由空间作用，系统将会受到程序的影响而改变自身的组织，最后这个系统将会选择一个最优的环境生存。

第二阶段从20世纪60年代中叶到70年代中叶。这个时期主要研究将各个领域的知识植入到系统里，这一阶段的目的是通过机器模拟人类学习的过程，同时还采用了图结构及其逻辑结构方面的知识进行系统描述。在这一研究阶段，主要是用各种符号来表示机器语言，研究人员在进行实验时意识到学习是一个长期的过程，从这种系统环境中无法学到更加深入的知识，因此研究人员将各专家学者的知识加入系统。实践证明，这种方法取得了一定的成效。

第三阶段从20世纪70年代中叶到80年代中叶，称为复兴时期。在此期间，人们从学习单个概念扩展到学习多个概念，探索不同的学习策略和学习方法，且在这一阶段已开始把学习系统与各种应用结合起来，并取得很大的成功。同时，专家系统在知识获取方面的需求也极大地刺激了机器学习的研究和发展。在出现第一个专家学习系统之后，示例归纳学习系统成为研究的主流，自动知识获取成为机器学习应用的研究目标。此后，机器学习开始得到了大量的应用。这一阶段代表性的工作有Mostow的指导式学习、Lenat的数学概念发现程序、Langley的BACON程序及其改进程序。

第四阶段始于20世纪80年代中叶，是机器学习的最新阶段。这个时期的机器学习具有如下特点：(1)机器学习已成为新的学科，它综合应用了心理学、生物学、神经生理学、数学、自动化和计算机科学等，形成了机器学习理论基础；(2)融合了各种学习方法，且形式多样的集成学习系统研究正在兴起；(3)机器学习与人工智能各种基础问题的统一性观点正在形成；(4)各种学习方法的应用范围不断扩大，部分应用研究成果已转化为产品；(5)与机器学习有关的学术活动空前活跃。

传统机器学习的研究方向主要包括决策树算法、支持向量机算法、贝叶斯算法、随机森林算法、深度学习等方面的研究。

8.1.2.1 决策树算法

决策树算法是一种逼近离散函数值的方法。它是一种典型的分类方法，首先对数据进行处理，利用归纳算法生成可读的规则和决策树，然后使用决策对新数据进行分析。决策树本质上是通过一系列规则对数据进行分类的过程，主要优点是模型具有可读性，分类速度快。学习时，利用训练数据，根据损失函数最小化的原则建立决策树模型。预测时，对新的数据，利用决策树模型进行分类。

决策树算法最早产生于20世纪60年代到70年代末。决策树算法构造决策树来发现数据中蕴涵的分类规则，如何构造精度高、规模小的决策树是决策树算法的核心内容。决策树构造可以分两步进行。第一步，决策树的生成——由训练样本集生成决策树的过程。

一般情况下，训练样本数据集是根据实际需要有历史的、有一定综合程度的，用于数据分析处理的数据集。第二步，决策树的剪枝——决策树的剪枝是对上一阶段生成的决策树进行检验、校正的过程，主要是用新的样本数据集（称为测试数据集）中的数据校验决策树生成过程中产生的初步规则，将那些影响预衡准确性的分枝剪除。

1）决策树的生成

决策树主要有二元分支（二元分裂）树和多分支（多元分裂）树，如图8.2所示。构造决策树的方法是采用自上而下的递归分割，采用贪婪算法，从根节点开始，如果训练集中的所有观测是同类的，则将其作为叶子节点，节点内容即是该类别标记。否则，根据某种策略选择一个属性，按照属性的各个取值把训练集划分为若干个子集合，使得每个子集上的所有例子在该属性上具有同样的属性值。然后再依次递归处理各个子集，直到符合某种停止条件。

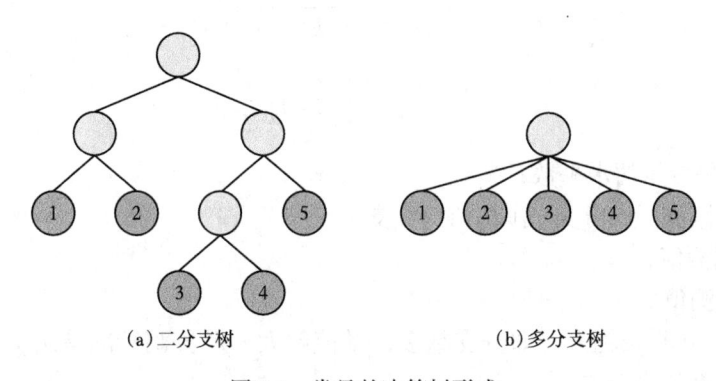

(a)二分支树　　　　　　　　　(b)多分支树

图8.2　常见的决策树形式

决策树的建立从根节点开始进行分割（对于连续变量将其分段），穷尽搜索各种可能的分割方式，通过分裂标准（通常用结果变量在子节点中变异的多少来作为标准）来决定哪个原因变量作为候选分割变量。根节点分割后，子节点会像根节点一样重复分割过程，分割在该子节点下的观测值，一直到符合某叶节点包含的观测值个数低于某个最小值时，分割停止。分裂标准按照结果变量的分类如下：

（1）结果变量是分类变量。当结果变量是分类变量时生成的树称为分类树，其分裂的标准主要有以下2个：

① 纯度的减少指标：

$$\Delta i = i(0) - \left(\frac{n_1}{n_0} i(1) + \frac{n_2}{n_0} i(2) + \frac{n_3}{n_0} i(3) + \frac{n_4}{n_0} i(4) \right) \tag{8.10}$$

式中　$i(\cdot)$——节点纯度的计算值。

Gini系数变化和熵值变化都基于纯度减少原理。

Gini系数变化是用来测量节点纯度的指标。Gini系数定义为

$$1 - \sum_{j=1}^{r} p_j^2 = 2 \sum_{j<k} p_j p_k \tag{8.11}$$

式中　$p_1, p_2, \cdots, p_r$——第 r 类在某节点中的概率；
　　　r——分类变量的类别。

一个完全纯的节点 Gini 系数为 0；随着节点内部种类的增加，Gini 系数趋近于 1。Gini 系数越大，说明节点越不纯。

熵值变化用来对分类资料变异性进行度量，其中熵值定义为

$$H(p_1, p_2, \cdots, p_r) = -\sum_{i=1}^{r} p_i \log_2 p_i \tag{8.12}$$

② χ^2 检验。分类树的分裂能整理成列联表的形式，行代表子节点，列代表结果变量的类别，单元格里是相应类别的频数。采用 Pearson χ^2 检验用来判断分裂的价值：

$$\chi_v^2 = \sum \frac{(O-E)^2}{E} \tag{8.13}$$

其中
$$v = (r-1)(B-1)$$

式中　r——结果变量的水平数；
　　　B——原因变量的分类数（即树的分支）；
　　　O——观测值；
　　　E——预测值。

由此可见，列联表越大，即分支越多，χ^2 值越大。χ^2 分割标准是用 χ^2 检验的 P 值作为分裂的标准（P 代表偏差）。

（2）结果变量是连续变量。当结果变量是连续变量时生成的树称为回归树，其分裂的标准主要有以下 2 个：

① 纯度的减少指标。与 Gini 系数和熵值不同，由于原因变量是连续的，所以纯度的衡量标准是样本的方差。

② F 检验：

$$F = \left(\frac{SS_{组间}}{SS_{组内}}\right)\left(\frac{n-B}{B-1}\right) \sim F_{B-1,\ n-B} \tag{8.14}$$

式中　B——分裂的分支数；
　　　n——总观测例数。

通过 F 值计算 P 值。P 值用来作为分裂标准，与分类树中的 χ^2 检验的 P 值作用相同。

2）决策树的剪枝

最大的决策树对训练集的准确率能达到 100%，但其结果往往会导致过拟合（对信号和噪声都适应），因此建立的树模型不能很好地推广到总体中的其他样本中去。同样，太小的决策树仅含有很少的分支，会导致欠拟合。一个好的决策树模型有低的偏倚（适应信号）和低的方差（不适应噪声），模型的复杂性往往在偏倚和方差之间折中，因此要对决策树进行剪枝。剪枝方法主要有前剪枝和后剪枝。

前剪枝（上—下停止规则）类似于回归分析中向前选择法选择变量。向前停止的规则

主要包括：限制树的深度、限制断裂的数量（每个节点中的观测例数）、依据假设检验的 P 值（如 χ^2 检验或 F 检验的 P 值，若不满足统计学意义则停止生长）。

后剪枝（下—上停止规则）类似于回归分析中向后剔除法选择变量。通过生长建立一个大的决策树，然后从下向上进行剪枝。后剪枝需要有两个条件：一个条件是要有一个分类或预测性能的评价方法，最简单的是将数据集分成训练集和测试集，测试集用来进行模型的比较，但存在一个问题，即当数据集小时，数据集拆分会降低拟合度；另一个条件是要有一个选择模型的标准，如准确度、利润、误差均方等。

8.1.2.2 支持向量机算法

支持向量机算法基本思想可概括如下：首先，要利用一种变换将空间高维化，当然这种变换是非线性的；然后，在新的复杂空间取最优线性分类表面。由此种方式获得的分类函数在形式上类似于神经网络算法。

支持向量机是统计学习领域中一个代表性算法，但它与传统方式的思维方法很不同，输入空间、提高维度从而将问题简短化，使问题归结为线性可分的经典解问题。支持向量机应用于垃圾邮件识别、人脸识别等多种分类问题。

8.1.2.3 贝叶斯算法

贝叶斯算法是统计学的一种分类方法，是一类利用概率统计知识进行分类的算法。在统计学中，贝叶斯方程非常知名，它的主要思想是通过已有的知识和新的观察相结合形成新的知识。具体公式可以表达为

$$p(\theta|q) = \frac{p(\theta)p(q|\theta)}{p(q)} \tag{8.15}$$

其中

$$p(q) = \int p(\theta)p(q|\theta)\mathrm{d}\theta \tag{8.16}$$

式中　q——观察值，可以对应油气生产中的历史产量；

　　　θ——模型参数组；

　　　$p(\theta|q)$——在参数 θ 得出观察值 y 后的后验概率密度；

　　　$p(\theta)$——参数 θ 下的先验概率密度；

　　　$p(q|\theta)$——估计方程；

　　　$p(q)$——边缘概率密度。

式（8.15）可概括为：先验概率和似然估计相乘，用边缘似然估计对乘积进行归一化，得到新的概率分布，即为后验概率。

特定先验概率分布的建立要基于已知的所有参数，否则需要假设一个先验概率分布。从而，最终的后验概率分布可以通过贝叶斯方程联合历史生产数据而获得。对于似然方程，设

$$\varepsilon_i = (q_i - \hat{q}_i)/\sqrt{t'} \quad (i=1,\cdots,t')$$

式中　q_i、$\hat{q}_i$——第 i 个月的实际生产数据和模型计算数据；

　　　t'——可用的生产月数。

假设随机误差 ε_i 满足正态分布 $N(0, \sigma^2)$，那么似然估计方程可表示为

$$p(q|\theta) = \frac{1}{\sigma\sqrt{2\pi}} \exp\left\{ -\sum_{i=1}^{t} \left[q_i - \hat{q}_i(\theta) \right]^2 \Big/ 2\sigma^2 \right\} \tag{8.17}$$

在获得后验概率分布后，可以用递减曲线的产量公式计算不同时间的最终采收率。同时，最终采收率的分布范围可以通过概率分布区间（P10，P50 和 P90）进行量化。P10 表示实际最终采收率是 10% 的概率小于 P10 分位数；P50 意味着有 50% 的可能性实际最终采收率低于 P50 分位数，P90 意味着 90% 的可能实际最终采收率小于 P90 分位数。在实际应用中，边界似然估计方程的积分结果并不好获得，尤其是涉及多维方程时。

8.1.2.4 随机森林算法

随机森林就是由多棵决策树组成的一种算法，同样既可以作为分类模型，也可以作为回归模型，在现实中更常用作分类模型，当然它也可以作为一种特征选择方法。而"随机"主要指两个方面：第一，随机选样本，即从原始数据集中进行有放回的抽样，得到子数据集，子数据集样本量保持与原始数据集一致，不同子数据集间的元素可以重复，同一个子数据集间的元素也可以重复；第二，随机选特征，与随机选样本过程类似，子数据集从所有原始待选择的特征中选取一定数量的特征子集，然后再从已选择的特征子集中选择最优特征的过程。通过每次选择的数据子集和特征子集来构成决策树，最终得到随机森林算法。

随机森林算法生成过程如下：

（1）从原始数据集中每次随机有放回抽样选取与原始数据集相同数量的样本数据，构造数据子集。

（2）每个数据子集从所有待选择的特征中随机选取一定数量的最优特征作为决策树的输入特征。

（3）根据每个数据子集分别得到每棵决策树，由多棵决策树共同组成随机森林。

（4）如果是分类问题，则按照投票的方式选取票数最多的类作为结果返回；如果是回归问题，则按照平均法选取所有决策树预测的平均值作为结果返回。

随机森林算法的优点是：（1）由于是集成算法，模型精度往往比单棵决策树更高；（2）每次随机选样本和特征，提高了模型抗干扰能力，泛化能力更强；（3）对数据集适应能力强，可处理离散数据和缺失数据，数据规范化要求低；（4）在每次随机选样本时均有 1/3 的样本未被选上，这部分样本通常称为袋外数据，可以直接拿来作为验证集，不需占用训练数据。

随机森林算法的缺点是：（1）当决策树的数量较多时，训练所需要时间较长；（2）模型可解释性不强，属于黑盒模型。

8.1.2.5 深度学习

深度学习是一类模式分析方法的统称，源于人工神经网络的研究，含多个隐含层的多层感知器就是一种深度学习结构。深度学习通过组合低层特征形成更加抽象的高层表示属

性类别或特征，以发现数据的分布式特征表示。

区别于传统的浅层学习，深度学习的不同在于：（1）强调了模型结构的深度，通常有5层、6层甚至10多层的隐层节点；（2）明确了特征学习的重要性，也就是说，通过逐层特征变换，将样本在原空间的特征表示变换到一个新特征空间，从而使分类或预测更容易。与人工规则构造特征的方法相比，利用大数据来学习特征，更能够刻画数据丰富的内在信息。

就具体研究内容而言，深度学习主要涉及三类方法：（1）基于卷积运算的神经网络系统，即卷积神经网络；（2）基于多层神经元的自编码神经网络，包括自编码以及近年来受到广泛关注的稀疏编码两类；（3）以多层自编码神经网络的方式进行预训练，进而结合鉴别信息进一步优化神经网络权值。

卷积神经网络受视觉系统的结构启发而产生。卷积神经网络基于神经元之间的局部连接和分层组织图像转换，将有相同参数的神经元应用于前一层神经网络的不同位置，得到一种平移不变神经网络结构形式。

8.2 非常规气井产能非确定性预测

近年来，在非常规天然气开发中不断有人工智能技术的参与，例如动态预测、产能评价、井位优选等。本节以页岩气储层为例，融合Pearson—MIC相关性综合评价方法、混合支持向量机技术及蒙特卡洛—马尔科夫链模拟，建立一种基于机器学习的钻前产能非确定性预测方法——"基于机器学习的气井钻前产能非确定性预测方法"。运用该方法，可根据已投产井的地质、工程及生产数据，对拟钻井未来的产能进行非确定性预测[7]。

8.2.1 预测方法原理

对于某个具体的研究区，首先基于Pearson—MIC相关性综合评价方法，确定研究区内影响气井产能的主要地质、工程因素，并采用常规气藏工程方法计算已投产气井产能指标；然后运用混合支持向量机技术，建立气井产能指标确定性预测模型，对拟钻气井产能指标进行确定性预测；之后对已投产井产能指标进行统计分析，估计拟钻井产能指标先验分布；最后基于蒙特卡洛—马尔科夫链随机抽样方法，估计拟钻井产能指标后验分布，进而对拟钻气井产能进行非确定性预测。

8.2.1.1 气井产能指标主控因素分析

运用Pearson—MIC相关性综合评价方法，定量分析研究区影响气井产能指标的各种地质因素与工程因素。该方法融合Pearson相关系数与MIC（最大信息系数）的优点，用Pearson相关系数度量各影响因素与产能指标之间的线性相关程度，用MIC探测潜在的非线性相关关系，所确定的主控因素将作为下一步建立产能指标确定性预测模型的输入变量。

8.2.1.2 气井产能指标确定性预测模型建立

选用支持向量机建立气井产能指标确定性预测模型。通常支持向量机需要借助优化算法选择最优的初始参数，遗传算法（GA）和粒子群算法（PSO）往往是首选。然而，传统的遗传算法局部搜索能力较弱且收敛速度慢,传统的粒子群算法由于缺少变异性容易陷入局部最小化。考虑到经典遗传算法与粒子群算法的各自优势,提出一种混合优化算法(Hybrid GA and PSO Optimization,HGAPSO),用以优化支持向量机的参数。该算法的核心思想是将经典遗传算法的演化算子集成到经典粒子群算法中,以弥补其劣势。

图8.3为HGAPSO的计算流程。由图可知,每一次迭代过程,在更新了所有粒子的速度和位置后,将演化算子(选择、交叉、变异)随机应用到一部分粒子之中,产生了一些新粒子。新粒子增加到粒子群中,解决了经典粒子群算法容易陷入局部最小的问题。

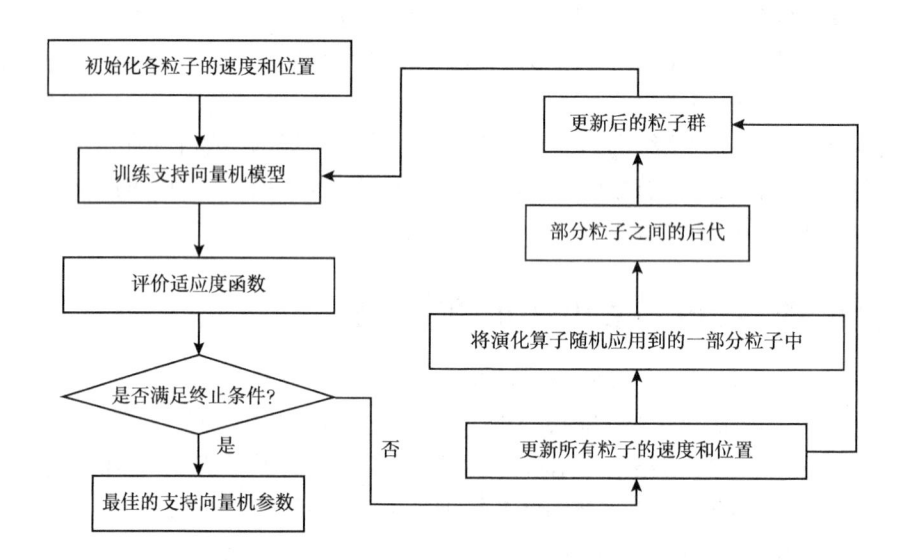

图 8.3 利用 HGAPSO 优化支持向量机模型的流程图

8.2.1.3 气井产能非确定性预测

预测拟钻气井的产能指标,计算得到该拟钻确定性的产量动态 q。通过对已投产气井产能指标的统计分析,估计拟钻气井产能指标的先验分布。开展蒙特卡洛—马尔科夫链模拟,预测拟钻气井产能指标后验分布,在此基础上,对该井产能进行非确定性预测。

拟钻气井产能指标后验分布的蒙特卡洛—马尔科夫链模拟步骤如下:

(1)在各产能指标先验分布中抽取一组样本 $X_{proposal}$,运用确定性气藏工程方法,计算得到该产能指标样本下的产量动态 $q_{proposal}$。

(2)按下式计算判定系数 α:

$$\begin{cases} \alpha = \min\left[1, \exp\left(\dfrac{\sigma_{t-1}^2 - \sigma_{proposal}^2}{\sigma^2}\right)\right] \\ \sigma_{proposal} = \text{std}\left(\lg q - \lg q_{proposal}\right) \\ \sigma_{t-1} = \text{std}\left(\lg q - \lg q_{t-1}\right) \end{cases} \quad (8.18)$$

式中 α——判定系数;

σ_{t-1}——上一时间步由随机抽取的产能指标 X_{t-1} 计算得到的产量动态 q_{t-1} 与预测的确定性产量动态 q 之间的标准差；

$\sigma_{proposal}$——当前时间步由随机抽取的产能指标 $X_{proposal}$ 计算得到的产量动态 $q_{proposal}$ 与预测的确定性产量动态 q 之间的标准差；

σ——所有已投产井计算产能指标时拟合误差的均值；

q——预测的产能指标计算得到的产量动态，m^3/d；

$q_{proposal}$——利用当前时间步随机抽取的产能指标 $X_{proposal}$ 计算得到的产量动态，m^3/d；

q_{t-1}——利用上一时间步随机抽取的产能指标 X_{t-1} 计算得到的产量动态，m^3/d。

（3）从均匀分布 $U(0,1)$ 抽取随机数 u。

（4）如果 $\alpha>u$，则 $X_t=X_{proposal}$，$t=t+1$，并返回步骤（1）；否则，放弃 $X_{proposal}$，返回步骤（1），重新抽取一组样本 $X_{proposal}$。

（5）当获得足够数量的产能指标样本后，结束迭代，并进行统计分析，获得产能指标后验分布。

8.2.2 计算分析

选取某页岩气区块的 24 口页岩气井验证本方法可靠性。首先收集各井的地质参数、工程参数及产量数据，选用 Arps 双曲递减模型计算各井产能指标，拟合得到各井的初期最大日产量、初期递减率及递减指数，得到由 24 口井组成的计算数据集。

随机选取 1 口井（W6 井）作为拟钻页岩气井，剩下的 23 口井作为已投产页岩气井，开展页岩气井产能非确定性预测实例分析，即随机用 23 口井数据对另外 1 口井产能进行非确定性预测。首先，运用 Pearson—MIC 相关性综合评价方法，确定总液量、单段液量、总砂量、单段砂量、用液强度、加砂强度等 6 个参数为研究区页岩气井产能指标主控因素。以这 6 个因素为输入变量，以初期最大日产量、初期递减率及递减指数为输出变量，运用混合支持向量机技术 HGAPSO—SVM，训练产能指标确定性预测模型，运用训练好的模型确定性预测拟钻井的产能指标。

本实例仅考虑初期递减率与递减指数的随机性。统计分析 23 口已钻页岩气井的产能指标可知，初期递减率的样本平均值与标准差为 0.25 与 0.15，递减指数的样本平均值与标准差为 0.90 与 0.69（表 8.1），由此可以估计拟钻井的初期递减率与递减指数的先验分布。根据已投产井计算产能指标时的拟合误差，确定 σ^2 为 0.03。利用蒙特卡洛—马尔科夫链模拟方法预测拟钻井初期递减率与递减指数的后验分布，在此基础上，进行该拟钻井产能的非确定性预测。

表 8.1 数据集中各参数的主要统计指标

影响因素	最小值	最大值	平均值	标准差
有效厚度，m	38.00	40.10	39.63	0.52
总有机碳含量，%	2.42	3.67	3.47	0.25
含气量，m^3/t	4.64	8.70	6.74	1.87

续表

影响因素	最小值	最大值	平均值	标准差
孔隙度，%	4.90	8.20	7.28	0.97
脆性矿物含量，%	56.30	78.20	68.91	8.88
压力系数	1.34	1.96	1.67	0.27
水平段长度，m	1007.90	1800.00	1472.68	175.81
压裂段数	11.00	25.00	17.85	3.68
压裂段间距，m	61.96	127.27	77.18	12.16
总液量，m³	22874.30	53656.30	37761.01	9824.08
单段液量，m³	1331.50	3353.52	2101.08	433.38
总砂量，t	647.59	3021.00	1948.84	621.73
单段砂量，t	45.00	188.81	109.47	29.63
用液强度，m³/m	18.06	38.92	27.97	5.96
加砂强度，t/m	0.03	2.22	1.38	0.52
施工排量，m³/min	9.15	25.00	12.20	3.33
初期最大日产量，10⁴m³	3.65	26.48	11.96	6.14
初期递减率	0.04	0.55	0.25	0.15
递减指数	0.01	4.50	0.90	0.69

  图 8.4 为利用本方法对 W6 井产能进行非确定性预测的结果。图 8.4（c）、8.4（d）中 P90、P50 与 P10 曲线分别代表在 90%、50%、10% 概率下 W6 井的产能。考虑到异常值影响，通过统计分析仅能直接得到 P90、P10 曲线，P90 曲线接近 W6 井的产能下限，P10 曲线接近 W6 井的产能上限，而 W6 井的产能上、下限需要在 P90、P10 曲线的基础上进行估计。提高页岩气井产能预测结果可靠性的最终目的是降低页岩气开发投资风险，所以实际生产中通常更关注拟钻井产能下限，可将 P10 曲线近似作为 W6 井的产能上限。根据页岩气现场人员经验，页岩气井产能预测结果允许不超过 30% 的误差，所以可将 P90 曲线的 30% 误差限作为拟钻井产能下限，这样在保证 P90 曲线准确性的前提下，对拟钻井产能下限的估计误差不会超过 30%。所以，W6 井投产后的产能会落在 P90 曲线的 30% 误差限与 P10 曲线之间的区间，将该区间命名为"准确率评价区间"（图 8.5）。

  在图 8.5 中，P90 的 30% 误差限与 P90 的 15% 误差限之间的区间概率很大，可以认为是必然事件，代表 W6 井必然会获得的产量；P90 的 15% 误差限与 P50 曲线之间的区间概率超过 50%，代表 W6 井有超过 50% 概率会获得的产量；P50 曲线与 P10 曲线之间的区间概率低于 50%，代表 W6 井有低于 50% 概率会获得的产量。所以，W6 井投产后的产能很可能（超过 50% 的概率）会落在 P90 曲线的 15% 误差限与 P50 曲线之间的区间，将该区间命名为"大概率事件区间"。对比 W6 井实际产量，可见方法对 W6 井产能的非确定性预测结果是可靠的。

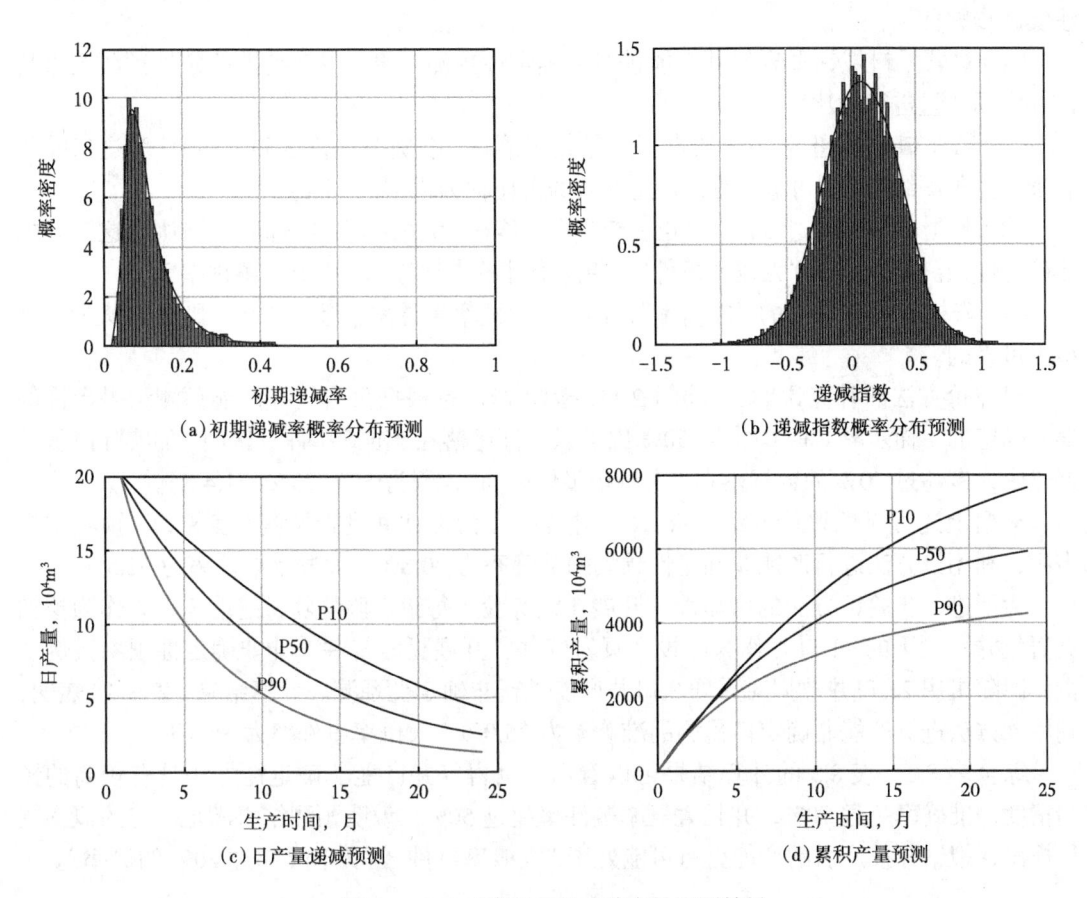

(a) 初期递减率概率分布预测

(b) 递减指数概率分布预测

(c) 日产量递减预测

(d) 累积产量预测

图 8.4　W6 井产气量的非确定性预测结果

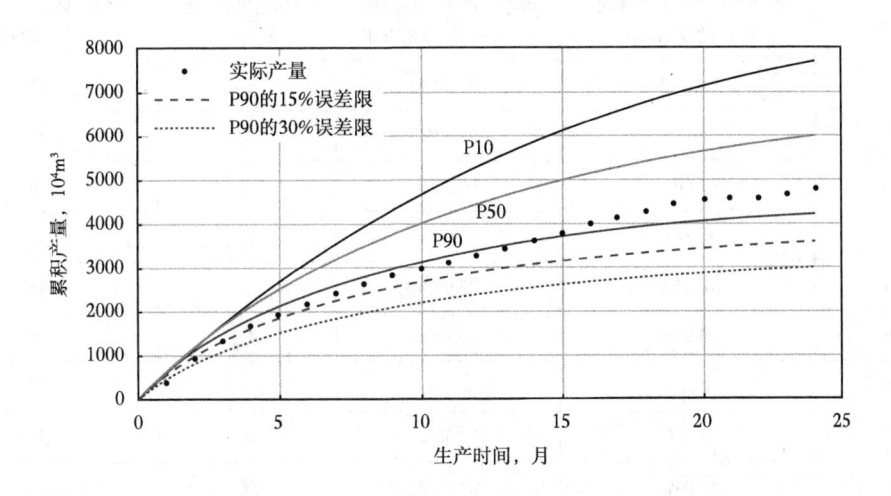

图 8.5　W6 井累积产气量的非确定性预测结果与实际产量的对比

页岩气井产能非确定预测方法是一种统计逼近方法，所建预测模型的可靠性评价方法与确定性方法不同。结合页岩气现场生产实践，制订了相应的可靠性评价方法。该评价方法实施步骤如下：

（1）对若干口拟钻页岩气井产能进行非确定性预测，将各井产能非确定性预测结果与该井实际产量进行对比。

（2）若1口井有超过70%的实际产量数据落在"准确率评价区间"，则认为这口井的非确定性预测结果是"可靠"的，将这类井的占比称为模型的"准确率"。

（3）若1口井有超过50%的实际产量数据落在"大概率事件区间"，则认为这口井的非确定性预测结果属于"大概率事件"，将这类井的占比称为"大概率事件率"。

（4）若模型具有较高的"准确率"，同时"大概率事件率"超过50%，则可以认为该模型是可靠的。

对评价方法的补充说明：步骤（2）中指标70%是根据页岩气井产能预测结果允许的误差确定的。而步骤（3）中指标50%则可以保证已落在"准确率评价区间"的实际产量数据点中，有超过70%的数据落在"大概率事件区间"，因为50%/70%=71.43%。

根据上述可靠性评价方法，将24口井逐一作为拟钻井进行预测（表8.2）。预测结果表明，利用该方法进行产能非确定性预测的准确率为70.8%，大概率事件率为62.5%。

为了进一步验证方法的可靠性，开展4组实验，每组实验均随机选取3口井作为拟钻页岩气井，剩下的21口井作为已投产页岩气井，开展页岩气井产能非确定性预测实例分析，即随机用21口井数据对另外3口井产能进行非确定性预测。计算结果（表8.3）表明：利用该方法进行产能非确定性预测的准确率为75.0%，大概率事件率为58.3%。

综合表8.2、表8.3的计算结果可以看出，页岩气井产能非确定性方法具有较高的预测精度，准确率超过70%，并且大概率事件率超过50%，说明预测结果满足一定的概率统计规律，拟钻井投产后的产能更有可能处于"大概率事件区间"内（超过50%的概率）。

表8.2 国内24页岩气井产能非确定性预测结果分析1

井名	落在"大概率事件区间"的产量数据占比	落在"准确率评价区间"的产量数据占比	预测结果为"可靠"的井	预测结果为"大概率事件"的井
W1	66.67%	91.67%	是	是
W2	54.17%	91.67%	是	是
W3	62.50%	87.50%	是	是
W4	0.00%	50.00%	否	否
W5	70.83%	75.00%	是	是
W6	95.83%	95.83%	是	是
W7	4.17%	4.17%	否	否
W8	66.67%	87.50%	是	是
W9	50.00%	83.33%	是	是
W10	4.17%	33.33%	否	否

续表

井名	落在"大概率事件区间"的产量数据占比	落在"准确率评价区间"的产量数据占比	预测结果为"可靠"的井	预测结果为"大概率事件"的井
W11	91.67%	95.83%	是	是
W12	87.50%	91.67%	是	是
W13	66.67%	79.17%	是	是
W14	20.83%	50.00%	否	否
W15	58.33%	95.83%	是	是
W16	95.83%	100.00%	是	是
W17	58.33%	70.83%	是	是
W18	0.00%	0.00%	否	否
W19	75.00%	79.17%	是	是
W20	8.33%	95.83%	否	是
W21	0.00%	8.33%	否	否
W22	0.00%	0.00%	否	否
W23	0.00%	75.00%	否	是
W24	50.00%	83.33%	是	是

表 8.3 国内 24 页岩气井产能非确定性预测结果分析 2

井名	实验组序号	落在"大概率事件区间"的产量数据占比	落在"准确率评价区间"的产量数据占比	预测结果为"可靠"的井	预测结果为"大概率事件"的井
W11	1	58.33%	95.83%	是	是
W13	1	25.00%	100.00%	否	是
W16	1	87.50%	95.83%	是	是
W1	2	58.33%	91.67%	是	是
W8	2	54.17%	91.67%	是	是
W17	2	54.17%	70.83%	是	是
W4	3	0.00%	12.50%	否	否
W12	3	33.33%	100.00%	否	是
W15	3	95.83%	100.00%	是	是
W2	4	79.17%	91.67%	是	是
W7	4	0.00%	0.00%	否	否
W22	4	0.00%	37.50%	否	否

参考文献

[1] 李德毅. 人工智能导论[M]. 北京：中国科学技术出版社，2018.

[2] 尼克. 人工智能简史[M]. 北京：人民邮电出版社，2021.

[3] 匡立春，刘合，任义丽，等. 人工智能在石油勘探开发领域的应用现状与发展趋势[J]. 石油勘探与开发，2021，48（1）：1-11.

[4] 唐宇迪. 人工智能数学基础[M]. 北京：北京大学出版社，2020.

[5] 陈成龙. 基于人工神经网络的油田开发数据分析及预测研究[D]. 大庆：东北石油大学，2022.

[6] 王玉婷. 采用机器学习方法的页岩气产量递减研究：以CN页岩气田为例[D]. 成都：成都理工大学，2021.

[7] 马文礼. 页岩气井产能非确定性预测方法研究[D]. 北京：中国地质大学（北京），2019.

思考题

1. 除第8章中内容外，人工智能算法还有哪些？
2. 人工智能算法在油气生产中应用的主要局限性是什么？
3. 通过阅读课后文献，说明人工智能在非常规天然气开发中的应用还有哪些。
4. 非常规天然气生产的智能化下一步发展方向是什么？

9 天然气水合物开发

目前人们对天然气水合物形成与分解的物理化学条件、产出条件、分布规律、形成机理、勘察技术方法、取样设备、开发工艺、经济评价、环境效应及环境保护等方面进行了深入研究。

天然气水合物的基础物理化学性质、传递过程性质、热力学相平衡性质、生成/分解动力学问题等，一直是国际上的研究重点，也将是今后研究的热点。在实验室利用多种仪器设备合成天然气水合物，进而研究其物理化学性质，用实测数据模拟其地质背景也是一种切实可行的途径。因此，天然气水合物研究将需要进一步加大资金投入以及国际合作，突出创新性，综合多学科知识，不断解决勘探开发过程中的难题。

本章主要介绍天然气水合物的基本概念、勘探开发进程、开发方法以及天然气水合物开发的副作用等内容。

9.1 天然气水合物概述

9.1.1 定义及类型

9.1.1.1 定义

天然气水合物简称水合物，又称"可燃冰"，是水和天然气在高压低温环境条件下形成的冰态、笼形化合物，它是自然界中天然气存在的一种特殊形式。

天然气水合物的显著特点是分布广、储量大，它可用 $m\text{CH}_4 \cdot n\text{H}_2\text{O}$ 来表示，m 代表水合物中的气体分子，n 为水合指数（也就是水分子数）。组成天然气水合物的气体成分为 CH_4、C_2H_6、C_3H_8 和 C_4H_{10} 等同系物以及 CO_2、N_2、H_2S 等单种或多种天然气，主要气体为甲烷（CH_4），甲烷分子含量超过气体成分 99% 的天然气水合物，通常称为甲烷水合物。甲烷水合物多呈白色、浅灰色，常以分散状的颗粒或薄层状的集合体赋存于沉积物之中[1-3]。天然气被捕集到网状水分子之间形成天然气水合物（图 9.1）。

在标准状况下，1 单位体积的天然气水合物分解最多可产生 164 单位体积的甲烷气体。因此，有学者认为天然气水合物将成为石油、天然气的理想替代资源，是目前地球上尚未开发的最大能源库。

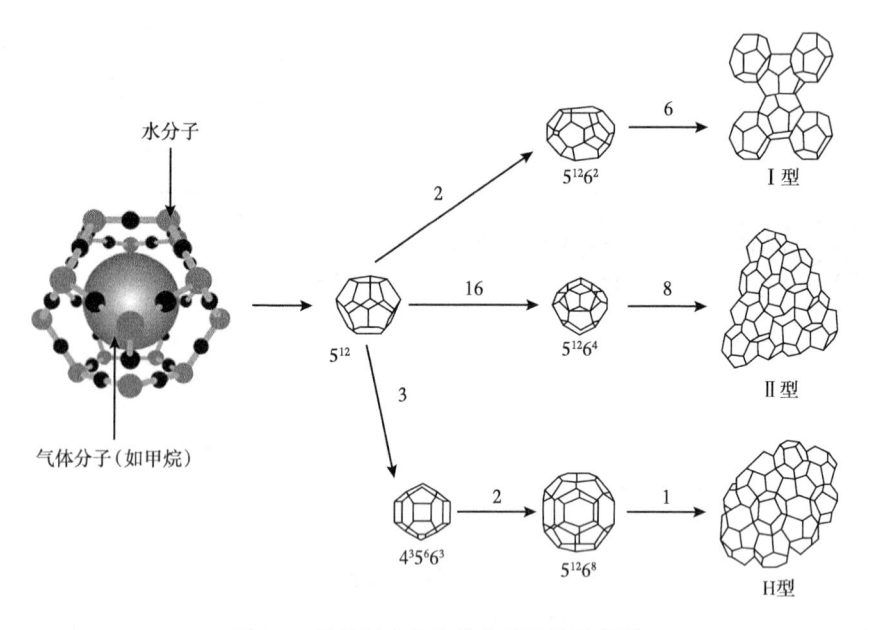

图 9.1 天然气水合物的分子结构示意图

9.1.1.2 类型[1-2]

  天然气水合物在自然界广泛分布在大陆永久冻土、岛屿的斜坡地带、活动和被动大陆边缘的隆起处、极地大陆架以及海洋和一些内陆湖的深水环境。在自然界发现的天然气水合物多为白色、淡黄色、琥珀色和暗褐色，呈亚等轴状、层状、小针状结晶体或分散状。

  永久冻土带天然气水合物的试验开采使得人们对天然气水合物这一储量巨大的资源寄予了新的希望。从天然气水合物开发前景、勘探开发技术及开采的经济性角度来看，对天然气水合物矿床优劣类型进行排序就显得重要而实际。2006 年 Boswell 依据全球 4 种类型天然气水合物资源的开采前景，总结出了一个天然气水合物的资源金字塔，如图 9.2 所示。

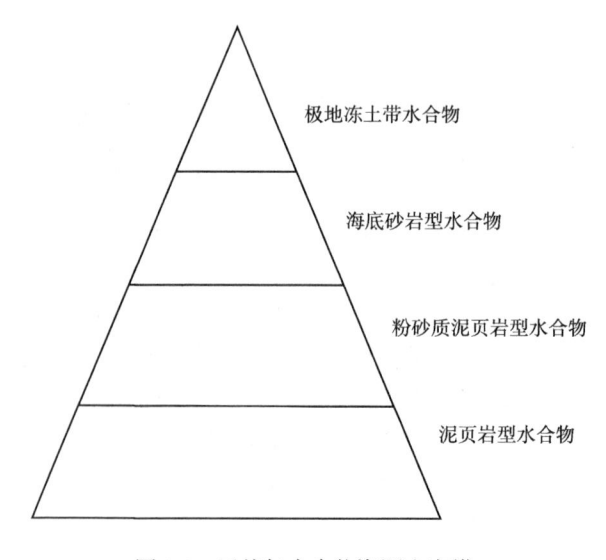

图 9.2 天然气水合物资源金字塔

从金字塔顶端到金字塔底部依次为极地冻土带水合物、海底砂岩型水合物、粉砂质泥页岩型水合物和泥页岩型水合物。位于金字塔顶端的天然气水合物类型，开采前景最好，但资源量最小；越往下资源量越大，但开采前景逐渐暗淡。

1）极地冻土带水合物

位于金字塔顶端的极地冻土带水合物赋存于具有良好渗透性的砂岩层中，虽然它占全球天然气水合物资源的份额不大，但因其赋存的地质条件较好，同时埋藏在一定的深度，其开发可能带来的风险相对会小一些，因此极有可能成为全球最先开采的天然气水合物资源。苏联在20世纪60年代就开采过西伯利亚冻土带天然气水合物；加拿大也于2002年和2007年分别对Mallik水合物完成了两次开采试验。之后，美国对阿拉斯加北坡的天然气水合物进行长时间开采试验，该处天然气水合物资源量约为$24069.45 \times 10^8 m^3$。

2）海底砂岩型水合物

在金字塔中部位于极地冻土带水合物之下的海底砂岩型水合物是未来天然气水合物资源开发的主要目标。它的这一地位是根据其资源质量和数量而定的。海底砂岩层具有良好的渗透性，赋存的水合物饱和度较高，如在墨西哥湾、布莱克海脊以及日本南海等地取样岩心中天然气水合饱和度就高达80%。日本于2000—2004年间在日本南海海槽的砂岩天然气水合物区完成了科学实验，伴以测井和真空取样。美国于2012年在墨西哥湾北部富含天然气水合物的砂岩地层进行了真空钻探取样。

3）粉砂质泥页岩型水合物

有些粉砂质泥页岩在地质构造作用下会发生破裂，产生一系列天然裂缝，从而使得渗透率很低的粉砂质泥页岩具有一定的渗透性。此类水合物是一种非砂岩沉积层中的天然气水合物，赋存天然气水合物的沉积岩渗透性很差。印度和墨西哥湾的钻孔中都遇见过这种填充于泥页岩破碎裂隙中的天然气水合物。天然气水合物在岩层中的含量不高，但在理论上可以从这类岩层中开采出相当数量的甲烷气体。

4）泥页岩型水合物

该类水合物属于渗透性差的泥页岩中的水合物，处于资源金字塔的最底端。此种渗透性差的黏土岩或泥页岩蕴含着全球绝大多数的原地天然气水合物，尽管它们的储量非常大，但以目前的技术来看，似乎不大可能成为经济可采的天然气水合物。

9.1.2 资源量及分布

依据天然气水合物的相平衡理论，天然气水合物可以生成和稳定存在于低温及较高压力的环境中。据此认为，在自然界，凡是具有丰富的水和烃类气体，且温度较低、压力较高（较深）的地方，都可能存在天然气水合物。根据天然气水合物的形成条件分析，地球上的天然气水合物资源量十分丰富，大约27%的陆地（大部分分布在冻结岩层）和90%的海域都含有天然气水合物。

自20世纪90年代以来，天然气水合物资源估算值（地质储量值）差别较大，目前各国科学家对全球天然气水合物资源量较为一致的看法为$2 \times 10^{16} m^3$，约为剩余天然气储量（$156 \times 10^{12} m^3$）的128倍[4]。天然气水合物中天然气储量大小主要取决于5个参数：（1）天然气水合物的分布面积；（2）天然气水合物储层厚度；（3）沉积层孔隙度；（4）天然气水合物饱和度；（5）产气因子（天然气水合物单位体积中包含的标准温压条件下的气体体积）。

目前世界上已探明含天然气水合物资源的区域主要有墨西哥湾海峡、日本Nankai海槽、中国南海神狐海域、韩国郁龙盆地、印度Krishna Godavari盆地、白令海峡等海底沉积物，以及中国祁连山塔里木盆地、美国阿拉斯加、加拿大麦肯齐三角洲、俄罗斯西伯利亚等冻土区。

初步预测，中国海域天然气水合物资源量约 $800×10^8$t 油当量，南海天然气水合物资源量就可达 $700×10^8$t 油当量。

9.2 天然气水合物勘探开发进程

世界上至少有30多个国家和地区在进行甲烷水合物的研究和调查勘探。1960年，苏联在西伯利亚发现了第一个可燃冰气藏。苏联于1969年在麦索亚哈气田进行了试开采，并且断断续续生产近30年，累积产气量约为 $129×10^8 m^3$。令人遗憾的是，这次开采未能持久地延续下去，也未能全面带动全世界天然气水合物的大规模商业化开采。但这次天然气水合物的工业化开采，为人类商业化开采天然气水合物积累了丰富的技术经验，为将来商业化开采天然气水合物奠定了技术基础[5]。

美国于1969年开始实施甲烷水合物调查，在1995年首次获得了天然气水合物样品，于1999年制定了《国家甲烷水合物多年研究和开发项目计划》。2012年，美国采用二氧化碳置换法在阿拉斯加北坡进行了为期39天的试开采，累积产气 $2.8×10^4 m^3$。美国天然气水合物研究关注的重点科学问题主要集中在四个方面：（1）天然气水合物的物理与化学特性研究；（2）天然气水合物开采技术研究；（3）天然气水合物灾害——安全性与海底稳定性研究；（4）天然气水合物在全球碳循环中的作用研究。美国在研究方法上主要采取天然气水合物区的现场地质化学观测、实验室合成和测定及计算模拟，特别关注与天然气水合物和油气相关的过程以及与天然气水合物相互作用的研究。

加拿大于2001年10月至2002年3月期间，在西北部麦肯齐三角洲区域进行了第一次天然气水合物试开采，采用降压联合加热法实现了79天产气。加拿大探明，加拿大近海区的天然气水合物储量约为 $1.8×10^{11}$t 石油当量。

1995年日本专门成立了甲烷水合物开发促进委员会，对勘察天然气水合物的相关技术进行深入研究。日本在1999年获得了天然气水合物样品，圈定了12块远景矿区，总面积达44000 km^2。2010年，日本对其海域实施商业性开发。

印度也已分别在其东、西部近海海域发现可能储存天然气水合物的区域。

韩国已在郁龙盆地东南部的大陆架区和西南部的斜坡区发现了可能储存天然气水合物的区域。

我国也已探明在我国近海区域存储有大量的天然气水合物，并已获得了天然气水合物的样品。国内多家研究机构正在进行天然气水合物勘探和开发的研究。天然气水合物的研究充分体现了国际合作关系，许多国家进行国际合作，为推进天然气水合物的研究作出了巨大贡献。我国从1999年起才开始对甲烷水合物开展实质性的调查与研究，我国甲烷水合物主要分布在南海海域、东海海域、青藏高原冻土带以及东北冻土带，并且已经在南海北部神狐海域和青海祁连山永久冻土带取得了甲烷水合物实物样品。

我国于2011年和2016年分别借助降压-联合加热法和降压法实施了水合物的试采

试验，但两次试采的产气量均不高。2017 年，南海神狐海域第一次试采是我国首次也是世界首次成功实现资源量占全球 90% 以上、开发难度最大的泥质粉砂型天然气水合物安全可控开采，连续稳定试采 60 天，累积产气 30.9×10^{4}m^3，实现了产气时长和总量的世界级突破，然而由于冰或二次水合物的形成导致产气速率逐渐减小和波动，平均日产气量 5151m^3，远没有达到商业化开采的要求。2020 年，南海神狐海域第二次试采使用水平井技术连续产气 30 天，总产气量 86.14×10^{4}m^3，日均产气 2.87×10^{4}m^3。第二次试采攻克了深海浅软地层水平井钻采关键核心技术，创造了"产气总量"和"日均产气量"两项新的世界纪录，实现了从"探索性试采"向"试验性试采"的重大跨越，为生产性试采、商业开采奠定了技术基础。我国也成为全球首个采用这一技术试采海域天然气水合物的国家。

9.3 天然气水合物的开发方法

天然气水合物开发的主要方法是通过改变水合物所处环境的温度、压力来打破水合物相平衡，从而分解得到天然气。与煤炭、石油等传统型能源开发不同，天然气水合物在开发过程中发生相变。天然气水合物在陆地永久冻土层和洋底埋藏是固体，在开采过程中分子构造发生变化，从固体变成气体。并且，天然气水合物如果开发不当，将会对环境造成灾难性影响。因此，天然气水合物合理有效的开发目前仍是个巨大难题。

目前天然气水合物分解开采技术和工艺还只停留在工业化试验阶段，主要有加热法、化学抑制剂法、降压法和 CO_2 置换法[6-8]，此外近年开始研究联合法[9]。加热法、化学抑制剂法和降压法的示意图如图 9.3 所示。

9.3.1 加热法

加热法又称热力开采法、热激发法，是对含天然气水合物的地层加热，以提高局部温度，使天然气水合物溶解。该方法主要是将蒸汽、热水、热盐水或其他热流体从地面泵入天然气水合物地层，也可采用开采重油时使用的火驱法或利用钻井加热器。总之，只要能促使温度上升达到天然气水合物分解的方法，都可称为加热法。加热法主要的不足之处是热流体注入过程中会造成大量的热损失，特别是在永久冻土区，即使利用绝热管道，永冻层也会降低传递给天然气水合物储层的有效热量。

加热法按照发热形式可以分为两种，一种是热量从表层进入水合物储层，例如注蒸汽、热水、热盐水等；另一种是热量在井下水合物储层内直接产生，例如电磁加热、微波加热等。

第一种加热方法传达热量的形式是通过媒介输送，热能以液体或气体为载体传到天然气水合物储层。热量的输送增加了井周围部分天然气水合物的温度，天然气水合物失去维持稳定的条件而分解。使用该方法开采的主要影响因素是热能的传递效率和可加热范围。在已有的输送热量的媒介中，循环注入热盐水的开采效果能量效率相对较高，而且多井注入生产比单井生产有利。

第二种加热方法主要有井下燃烧、井下电磁加热、微波加热等作业方式。井下燃烧多用于冻土层水合物燃烧，本质上是其分解气的燃烧，燃烧热量一部分传递至水合物内部加热分解水合物，另一部分加热汽化水分向周围空间散热。分解水层及石英砂层限制了分解气释放和热量向水合物内部传递，下层水合物分解缓慢，导致水合物不能燃尽而自行熄灭，因此井下原位直接燃烧加热开采冻土区，不会造成整个水合物储层燃烧失控。

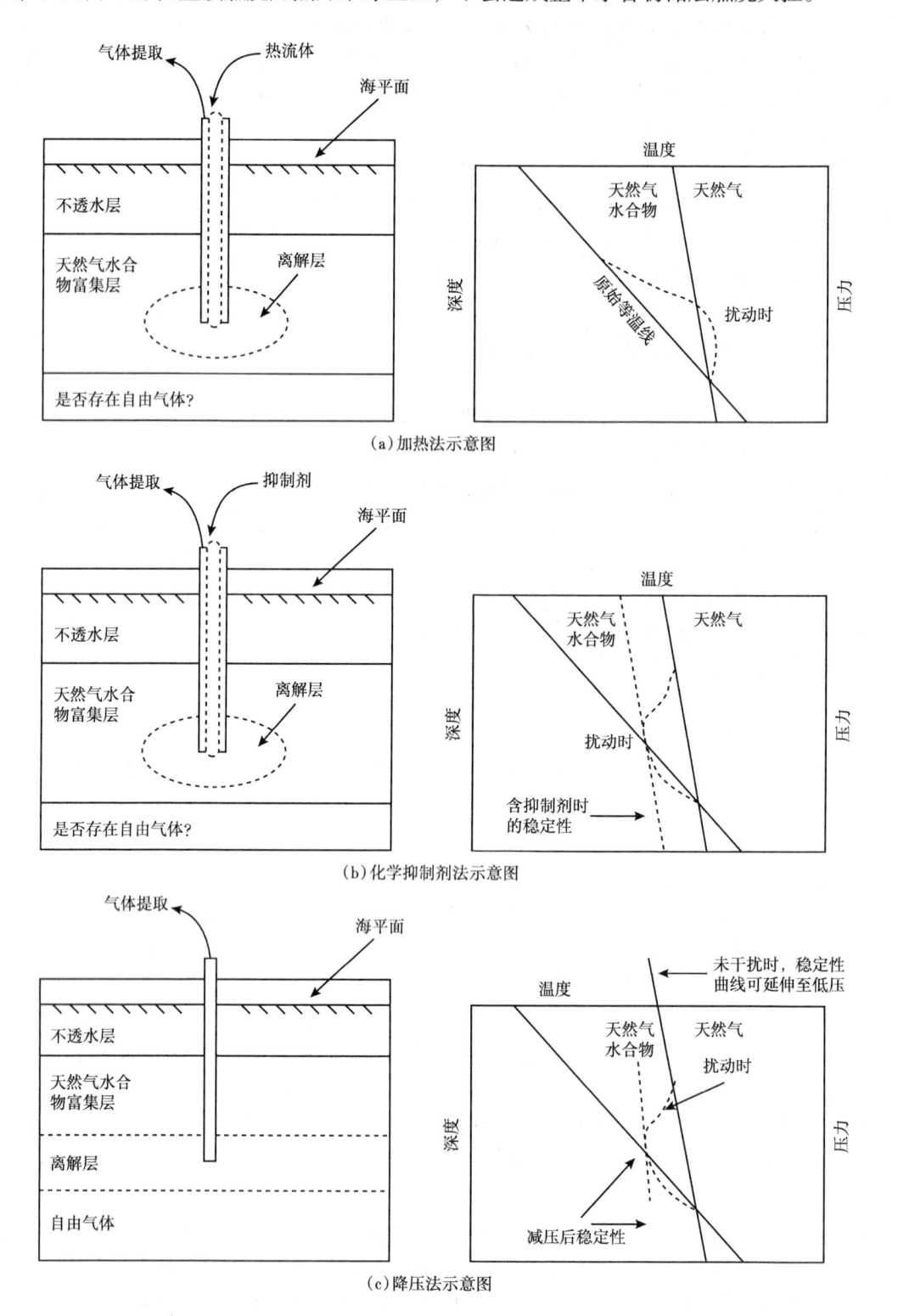

(a) 加热法示意图

(b) 化学抑制剂法示意图

(c) 降压法示意图

图 9.3　常见天然气水合物开采方法示意图

井下电磁加热技术就是在垂直或水平井中沿井的延伸方向在紧邻水合物储层的上下（或水合物储层内）放入不同的电极，再通以交变电流，使其生热直接对储层加热。井下电磁加热法具有加热迅速且易于控制的优点，但需要大量的能量来源且设备复杂。

微波加热是通过波导将微波导入井底，利用微波对物质的介电热效应对储层加热。微波对水合物有加热作用、造缝作用、非热效应三大作用，因此微波加热均匀。(1)加热作用：微波对物质的介电热效应是通过离子迁移和极性分子的旋转使分子运动来实现的。天然气水合物是一种极性分子，它对微波有一定的吸收作用，能量将以热的形式耗散在天然气水合物储层中。(2)造缝作用：由于不同的物质组分在微波作用下的温度变化和膨胀系数差异极大，造成膨胀收缩不均匀，产生热应力，致使地层岩石产生很多微裂缝，提高了地层的渗透率。(3)非热效应：天然气水合物是一种极性物质，当微波频率接近天然气水合物分子的固有频率时，极易引起强烈的共振，导致天然气水合物中天然气分子与水分子的结合键发生断裂，进一步促进了水合物的分解，从而提高采收率。

微波加热开采天然气水合物有三种途径：(1)微波将由地面注入地层的水或盐水加热，利用加热后的水或盐水使天然气水合物吸热分解；(2)直接将微波发生器置于井下，用微波对储层直接加热，使其温度升高，促进天然气水合物的分解；(3)微波通过多分支井对储层加热，从毗邻天然气水合物储层的陆地钻1口大位移井至储层的埋藏深度，且距储层70~100m处，再通过向水平段前端围岩中灌注水泥，形成盖层，盖层的长度最好在50~70m，形成盖层后，将微波沿井段向下传到多连通器中的功分器，并与开窗侧钻的多分支井内的天线相连通，微波就可以通过天线向地层辐射。天然气水合物气藏温度上升后分离成气和水，并沿井筒输送至地面。该结构的有效作用半径决定于开窗侧钻的多分支井的个数和沿水平方向延伸的距离。

影响微波加热的主要因素是微波源功率和微波频率以及微波穿透深度。

9.3.2　化学抑制剂法

某些化学试剂，诸如盐水、甲醇、乙醇、乙二醇、丙三醇等可以改变天然气水合物形成的相平衡条件，降低天然气水合物的稳定温度。当将上述化学试剂从井孔泵入后，就会引起天然气水合物的分解。因为化学反应是双向进行的，天然气和水反应生成天然气水合物的同时，天然气水合物也在分解成天然气和水，而反应最终会达到平衡，即两个方向反应速率相等。不同条件下（压力、温度、浓度和有无催化剂等）化学反应会达到不同的平衡状态，而天然气水合物在未开采时的状态就是在深海条件下的平衡状态，此时添加化学抑制剂，会使天然气水合物稳定存在的条件改变，当前环境条件无法保持天然气水合物合成和分解的速率相同，需要反应向分解的方向进行来达到新的平衡状态，从而促使天然气水合物分解。

化学抑制剂法比加热法作用缓慢，但确有降低能源消耗的优点。它最大的缺点是费用昂贵，而且会带来很多环境问题。大洋中天然气水合物所处的压力较高，不宜采用此方法。

9.3.3　降压法

该法通过降低压力达到分解天然气水合物的目的。降压法一般是通过降低水合物储层之下的游离气聚集层的压力,从而使与游离气接触的水合物变得不稳定而分解。如果天然气水合物储层与常规天然气储层相邻,则可通过开采水合物储层之下的游离气来降低储层压力。随着游离气体不断减少,天然气水合物与气之间的平衡不断受到破坏,使得天然气水合物开始融化并产出气体不断补充到游离气储层中,直到天然气水合物开采完为止。降压法可以开采两种类型的天然气水合物储层:(1)水合物底层和盖层都是非渗透层;(2)水合物盖层是非渗透层,而水合物层下面蕴藏着大量的游离天然气。

降压法最大的特点是不需要昂贵的连续激发,影响因素主要是外部温压条件。

9.3.4 CO_2 置换法

CO_2 置换法最早由日本研究人员提出。在一定的温度条件下,天然气水合物保持稳定需要的压力比 CO_2 水合物更高,因此在某一特定的压力范围内,天然气水合物会分解,而 CO_2 水合物则易于形成并保持稳定。如果此时向天然气水合物储层内注入 CO_2 气体,CO_2 气体就可能与天然气水合物分解出的水生成 CO_2 水合物,CO_2 水分子通过空间结构上的改变达到一种能量最低状态的平衡,比天然气水合物存在的状态能量要低,因此会有多余的能量以热的形式释放出来,促成周围的 CH_4 水合物笼状体进一步分解,最终完成置换反应过程。

影响 CO_2 置换开采天然气水合物的主要因素是反应速率、水合物所储存的稳压环境和多孔介质特性。

此外还可进一步采用氢气混合 CO_2 进行天然气水合物的置换开采,置换过程中第一个阶段是天然气水合物的分解,然后是二氧化碳水合物的生成。采用氢气混合 CO_2 置换时的甲烷回收率(高达71%)远高于纯 CO_2 置换时的甲烷回收率,并且氢气不会占据水合物的笼子形成水合物,但是却能极大地促进置换发生。

9.3.5 降压联合加热法

该法利用压差驱动力的同时,添加额外热量增加分解驱动力,扩大天然气水合物分解范围,进一步促进水合物分解,并避免二次水合物和冰的形成,故成为研究热点。

热量可以是通过注热水、注热蒸汽或热吞吐。开采效果主要受到热载体在水合物沉积层中传递的影响,通过热传导和热对流两种方式传递能量,能够加快热量传递的速率,因此受到储层渗透率影响较大。特别是储层范围较大时,热传导作用依靠温度差进行能量传递,当热量需要往储层深部传递时,温度损失较大,并且需要持续提供高热量以致传递范围受限。在这种情况下,热对流对于水合物开采作用更加重要。但是如果传递速率过快,渗透率过高,载体在储层内移动速率过快,特别是发生类似对流现象后更加不利于热传导作用的发挥。

注入热量温度(功率)越高,在一定程度上能够加快分解,但当热量依靠温度梯度传递至储层深部时,较高的温度意味着更多的能量损失。特别是在开采后期水合物饱和度不足时,高温度带来的热量损失更明显,造成开采的能量效率较低,甚至导致开采失效。

通过对比降压联合注热蒸汽法和降压联合注热水法,注热水比注热蒸汽具有更高的开采效率,但对于降压联合注热蒸汽法来说,增加储层中天然气水合物饱和度并且延长注热蒸汽注入时间比在一定范围内增加注入热蒸汽的温度能开采出更多气体。

对于没有载体输入热量的注热方式，原位加热时，主要依靠热传导作用将热量传递至储层各个区域，促使水合物分解（视频11）。

在降压联合加热法中，选取注热方式，平衡注热速率、注热温度和开采时间之间的关系以获得较优能量效率至关重要。

视频11 天然气水合物开发方法

9.4 天然气水合物开发的副作用

天然气水合物的开发利用涉及两个方面的问题：从能源方面考虑，这一资源储量巨大，有望满足人类未来对清洁能源的需求；从环境方面考虑，人们在关注其巨大资源潜力的同时，也不能忽视天然气水合物可能带来的负面环境效应和灾害性影响。

9.4.1 海底滑坡

海底滑坡通常认为是由地震、火山喷发、风暴波和沉积物快速堆积等事件或坡体过度倾斜而引起的。然而，近年来研究者不断发现，因海底天然气水合物分解而导致斜坡稳定性降低是海底滑坡产生的另一个重要原因。天然气水合物以固态胶结物形式赋存于岩石孔隙中，天然气水合物的分解会使海底岩石强度降低；另一方面，天然气水合物分解而释放岩石的孔隙空间，会使岩石中孔隙流体（主要是孔隙水）增加，岩石的内摩擦力降低，在地震波、风暴波或人为扰动下，孔隙流体压力急剧增加，岩石强度降低，以致在海底天然气水合物稳定带内的岩层中形成统一的破裂面而引起海底滑坡或泥石流。

现已证明，世界上最大的海底滑坡（挪威大陆边缘的Storrega滑坡）和美国大西洋大陆边缘最大的滑坡（Cape Fear滑坡）都与天然气水合物的失稳有直接关系。

9.4.2 海洋生态环境的破坏

基于天然气水合物储层的尺度和甲烷中同位素的组成，推断大陆边缘浅储层中的天然气水合物可以释放大量甲烷。进入海洋后可能会改变海洋中溶解碳的组成或大气中甲烷浓度。天然气水合物中释放的甲烷在古新世末增温事件中起了重要作用。目前已在始新世末、早白垩世、晚侏罗世、早侏罗世等时段发现了天然气水合物的大量分解、释放甲烷，导致全球变暖的确切证据。古新世晚期，强烈的火山活动释放的CO_2导致全球变暖。相对于全球气候的变暖，大量的海洋天然气水合物降解将释放巨大数量的甲烷进入空气和海洋。

如果在开采过中向海洋排放大量甲烷气体将会破坏海洋中的生态平衡。在海水中甲烷气体常常发生下列化学反应：

$$CH_4 + 2O_2 = CO_2 + 2H_2O$$

$$CaCO_3 + CO_2 + H_2O = Ca(HCO_3)_2$$

这些化学反应会使海水中O_2含量降低，一些喜氧生物群落会萎缩，甚至出现物种灭绝；另外会使海水中的CO_2含量增加，造成生物礁退化，海洋生态平衡遭到破坏。

9.4.3 气候

CH_4的温室效应比CO_2要大21倍。在自然界，压力和温度的微小变化都会引起天然气水合物分解，并向大气中释放甲烷气体。据测算，甲烷的全球变暖的潜能在20年内是二氧化碳的56倍。天然气水合物是温室气体CH_4等的主要来源，而目前进入平流层的温室气体中人为源较自然源相比占有很大的比率。从20世纪60年代到80年代间，大气中的甲烷以每年1%的速率增长。冰芯的气体分析结果表明，在最后一次冰期、间冰期转换的过程中，空气中的甲烷浓度变化近2倍。存在于地表浅层的天然气水合物含有巨大数量的甲烷气体，至少是大气中甲烷总量的3000倍。据报道，相同体积的甲烷对全球气候变暖产生的影响是二氧化碳的3.7倍，且甲烷燃烧后产生的二氧化碳也是一种重要的温室气体，对全球环境有重大的影响。天然气水合物的分解可能产生气态甲烷并增加海水中溶解态甲烷的浓度，甲烷将从过饱和的海水进入大气，使大气中的甲烷浓度随天然气水合物的分解而增加。因此，存在于地壳浅表层的天然气水合物稳定与否，对全球大气组分变化造成巨大的冲击，影响到全球气候变化的走势。

在开采天然气水合物过程中，如果向大气中排放大量甲烷气体，必然会进一步加剧全球的温室效应，极地温度、海水温度和地层温度也将随之升高，会引起极地永久冻土带之下或海底的天然气水合物自动分解，大气的温室效应会进一步加剧。如加拿大福特斯洛普天然气水合物层正在融化就是一个例证。

天然气水合物环境效应见图9.4。

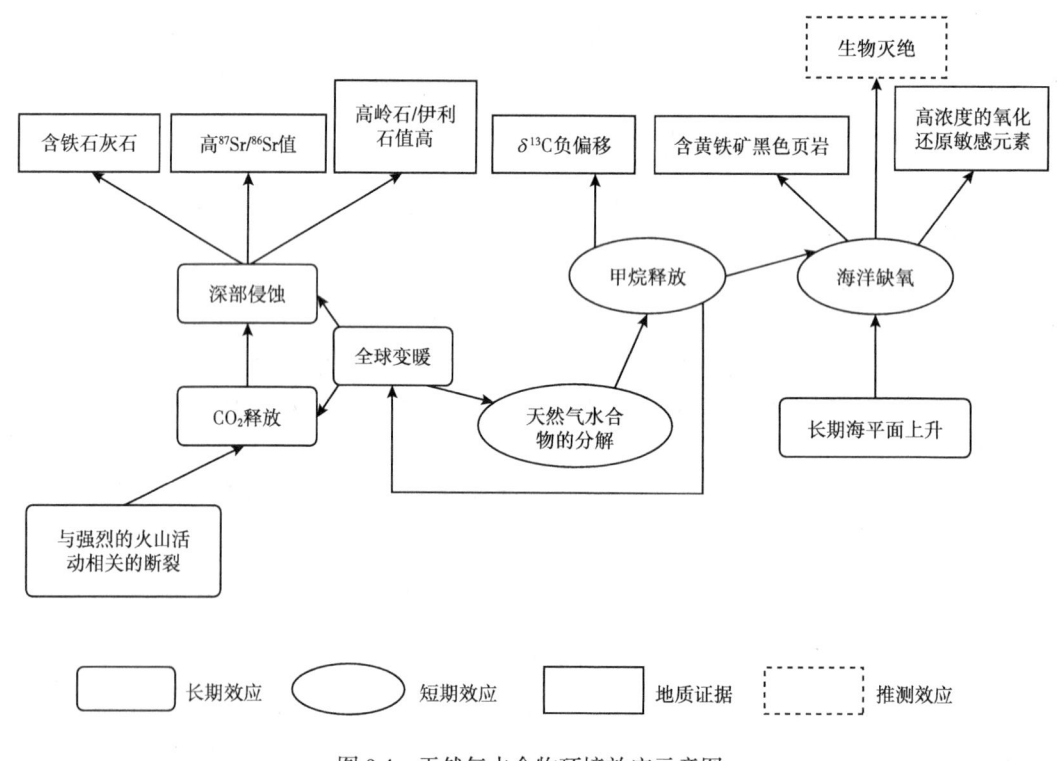

图9.4 天然气水合物环境效应示意图

参考文献

[1] 肖钢,白玉湖.天然气水合物:能燃烧的冰[M].武汉:武汉大学出版社,2012.
[2] 杜正银,杨佩佩,孙建安.未来无害新能源可燃冰[M].兰州:甘肃科学技术出版社,2012.
[3] 舟丹.天然气水合物[J].中外能源,2013,18(12):54.
[4] 吴西顺,黄文斌,刘文超,等.全球天然气水合物资源潜力评价及勘查试采进展[J].海洋地质前沿,2017,33(7):63-78.
[5] 吴传芝,赵克斌,孙长青,等.天然气水合物开采研究现状[J].地质科技情报,2008,1:47-52.
[6] 赖枫鹏,李治平.天然气水合物勘探开发技术研究进展[J].中外能源,2007,5:28-32.
[7] 吴传芝,赵克斌,孙长青,等.天然气水合物开采技术研究进展[J].地质科技情报,2016,35(6):243-250.
[8] 思娜,安雷,邓辉,等.天然气水合物开采技术研究进展及思考[J].中国石油勘探,2016,21(5):52-61.
[9] 刘姝.降压联合原位电加热开采天然气水合物研究[D].重庆:重庆大学,2021.

思考题

1. 天然气生产过程中,井筒中的水合物对生产有何影响?
2. 通过阅读课后文献,试述天然气水合物的联合开采法还有哪些,具体作用机理是什么。
3. 天然气水合物开发过程中,储层内泥质粉砂运移和水合物二次生成对生产有什么影响?